动植物学野外实习指导

陈旭辉 关 萍 主编

辽宁科学技术出版社
·沈阳·

图书在版编目（CIP）数据

动植物学野外实习指导 / 陈旭辉，关萍主编. — 沈阳：辽宁科学技术出版社，2023.9

ISBN 978-7-5591-3237-6

Ⅰ. ①动… Ⅱ. ①陈… ②关… Ⅲ. ①动物学—教育实习—高等学校—教学参考资料 ②植物学—教育实习—高等学校—教学参考资料 Ⅳ. ①Q95-45②94-45

中国国家版本馆CIP数据核字（2023）第176856号

出版发行：辽宁科学技术出版社
　　　　　（地址：沈阳市和平区十一纬路 25 号　邮编：110003）
印　刷　者：辽宁鼎籍数码科技有限公司
经　销　者：各地新华书店
幅面尺寸：185mm×260mm
印　　张：16.75
字　　数：350千字
出版时间：2023年9月第1版
印刷时间：2023年9月第1次印刷
责任编辑：陈广鹏　乔志雄
封面设计：周　洁
责任校对：栗　勇

书　　号：ISBN 978-7-5591-3237-6
定　　价：98.00元

联系电话：024-23280036
邮购热线：024-23284502
http://www.lnkj.com.cn

本书编委会

主　编：陈旭辉　关　萍

副主编：邵美妮　许玉凤　刘明超

参　编：孟祥南　张春宇　孙　权

　　　　林　凤　崔　娜　曲　波

　　　　李　楠　翟　强　苗　青

　　　　范海延　王维斌

前 言

　　动植物学实习是生物科学类专业实践教学内容的重要组成部分，实习内容以植物分类学和动物分类学为基础，涉及生态学、植物生理学、进化生物学、水生生物学等，是一项重要的综合性实践活动，对培养学生运用现代生物科学知识和原理，对生物科学领域复杂问题进行综合和深入分析，理解生态环境保护和可持续发展的理念和内涵，提高生态环境保护和可持续发展的意识具有重要作用。

　　社会发展新时代对理科人才培养提出新要求，需要构建新时代高等理科教育理论体系，构建新时代高等理科教育人才培养新范式，构建新时代高等理科人才培养的实现路径。随着教学理念的更新、教学改革的不断深入，动植物学实习内容不断扩展，在逐步向综合性方向转变的基础上，更加侧重能力培养，由单项实习转向一体化综合实习，由种类识别转向掌握识别分类方法，由观察认识动植物转向生态调查方法训练和能力提高。编写本书是为了满足生物科学类人才培养的需要，意在提供一体化综合性实习方案，以介绍生物学野外工作方法为主，体现出实用性和指导性。

　　本书分为五章及附图：第一章为动植物学野外实习技术与方法，主要介绍动植物标本采集与制作、手机拍摄动植物技术要点、生态学调查方法与技术、虚拟实景技术在植物学实习中的应用和红外线相机在野生动物调查中的应用；第二章为沈阳地区常见维管束植物，主要介绍沈阳市的蕨类植物、裸子植物和被子植物；第三章为沈阳地区常见脊椎动物，主要介绍鱼类、两栖类、爬行类、鸟类和哺乳类；第四章为生态适应与进化，主要介绍生物的适应性、外来物种入侵与进化、叶片功能性状与外来植物的入侵性；第五章为辽宁省国家级自然保护区简介；附图主要列出能体现适应生境特点的典型动植物彩色图片。本书可作为高等院校生物学及相关专业的野外实习指导书，也可供相关专业人员野外调查研究，以及生物学爱好者进行野外考察参考。本书插图由邵美妮制作；照片主要由苗青、翟强、曲波拍摄，高山植物照片由周繇提供。

　　动植物学实习是生物科学类专业一项重要的传统教学工作，由于气候变化、环境保护、经济需求等因素影响，实习地点环境变化较大，动植物学野外实习内容和调查方法手段也在不断变化，各校都在进行探索。由于作者水平有限，书中内容难免有不当之处，敬请广大读者指正。

编者

2023年5月

目　录

第一章　动植物学野外实习技术与方法 ……………………………………… 001

第一节　动植物标本采集与制作 …………………………………………… 001

一、植物标本的采集与制作 ……………………………………………… 001

（一）植物标本采集的准备工作 ……………………………………… 001

（二）植物标本的采集方法 …………………………………………… 002

（三）植物标本的制作和保存 ………………………………………… 003

二、动物标本的制作 ……………………………………………………… 005

（一）剥制标本的制作方法 …………………………………………… 005

（二）浸制标本的制作方法 …………………………………………… 009

第二节　手机拍摄动植物技术要点 ………………………………………… 010

一、植物摄影的特点和要求 ……………………………………………… 010

二、植物摄影的方法 ……………………………………………………… 011

（一）手机拍照特点 …………………………………………………… 011

（二）手机拍照的基本原则 …………………………………………… 012

（三）照片的审美提升 ………………………………………………… 013

第三节　生态学调查方法与技术 …………………………………………… 014

一、植物生态学调查方法与技术 ………………………………………… 014

（一）样地法取样技术 ………………………………………………… 014

（二）种群和群落特征的计量指标 …………………………………… 015

（三）植物群落的物种多样性分析 ································· 018

（四）植物群落的生活型分析 ································· 019

二、动物生态学调查方法与技术 ································· 020

（一）地面上动物种群野外调查的基本方法 ················· 020

（二）爬行类、两栖类的种群数量调查方法 ················· 022

（三）鸟类的种群数量调查方法 ························· 022

第四节　虚拟实景技术在植物学实习中的应用 ················· 023

第五节　红外线相机在野生动物调查中的应用 ················· 023

一、动物行为学研究 ································· 023

二、种群参数研究 ································· 024

三、野生动物调查 ································· 024

第二章　沈阳地区常见维管束植物 ················· 025

第一节　蕨类植物 ································· 025

一、蕨类植物分科检索表 ································· 025

二、沈阳地区蕨类植物各科的主要特征及每科、属、种检索表 ········· 025

（一）卷柏科Selaginellaceae ················· 025

（二）木贼科Equisetaceae ················· 026

（三）蹄盖蕨科Athyriaceae ················· 026

（四）球子蕨科Onocleaceae ················· 026

（五）槐叶苹科Salviniacae ················· 026

（六）苹科Marsileaceae ················· 027

（七）满江红科Azollaceae ················· 027

第二节　裸子植物 ································· 027

一、裸子植物门分科检索表 ································· 027

二、沈阳地区裸子植物各科的主要特征及每科、属、种检索表 ········· 028

（一）银杏科Ginkgoaceae ················· 028

（二）松科Pinaceae ………………………………… 028

（三）柏科Cupressaceae ……………………………… 030

（四）杉科Taxodiaceae ………………………………… 030

（五）红豆杉科Taxaceae ……………………………… 031

第三节 被子植物 …………………………………………… 031

一、被子植物门分科检索表 …………………………………… 031

二、沈阳地区被子植物各科的主要特征及每科、属、种检索表 …… 043

（一）杨柳科Salicaceae ……………………………… 043

（二）胡桃科Juglandaceae …………………………… 046

（三）桦木科Betulaceae ……………………………… 046

（四）壳斗科Fagaceae ………………………………… 047

（五）黄杨科Buxaceae ………………………………… 048

（六）榆科Ulmaceae …………………………………… 049

（七）大麻科Cannbiaceae ……………………………… 050

（八）桑科Moraceae …………………………………… 050

（九）荨麻科Urticaceae ……………………………… 050

（十）檀香科Santalaceae ……………………………… 051

（十一）桑寄生科Loranthaceae ……………………… 051

（十二）马兜铃科Aristolochiaceae …………………… 052

（十三）蓼科Polygonaceae …………………………… 052

（十四）藜科Chenopodiaceae ………………………… 055

（十五）苋科Amaranthaceae …………………………… 057

（十六）紫茉莉科Nyctaginaceae ……………………… 058

（十七）马齿苋科Portulacaceae ……………………… 058

（十八）石竹科Caryophyllaceae ……………………… 058

（十九）睡莲科Nymphaeaceae ………………………… 061

（二十）金鱼藻科Ceratophyllaceae ……………………………… 061

（二十一）毛茛科Ranunculaceae ………………………………… 062

（二十二）小檗科Berberidaceae …………………………………… 064

（二十三）防己科Menispermaceae ………………………………… 065

（二十四）木兰科Magnoliaceae …………………………………… 065

（二十五）罂粟科Papaveraceae …………………………………… 066

（二十六）白花菜科Capparaceae …………………………………… 067

（二十七）十字花科Cruciferae …………………………………… 067

（二十八）景天科Crassulaceae …………………………………… 070

（二十九）虎耳草科Saxifragaceae ………………………………… 071

（三十）蔷薇科Rosaceae …………………………………………… 072

（三十一）豆科Leguminosae ……………………………………… 078

（三十二）酢浆草科Oxalidaceae …………………………………… 086

（三十三）牻牛苗儿科Geraniaceae ………………………………… 087

（三十四）亚麻科Linaceae ………………………………………… 087

（三十五）蒺藜科Zygophyllaceae ………………………………… 088

（三十六）芸香科Rutaceae ………………………………………… 088

（三十七）苦木科Simaroubaceae …………………………………… 089

（三十八）远志科Polygalaceae …………………………………… 089

（三十九）大戟科Euphorbiaceae …………………………………… 089

（四十）漆树科Anacardiaceae …………………………………… 091

（四十一）卫矛科Celastraceae …………………………………… 091

（四十二）省沽油科Staphyleaceae ………………………………… 092

（四十三）槭树科Aceraceae ……………………………………… 092

（四十四）无患子科Sapindaceae …………………………………… 093

（四十五）凤仙花科Balsaminaceae ………………………………… 093

（四十六）鼠李科Rhamnaceae ……………………………… 094

（四十七）葡萄科Vitaceae ………………………………… 094

（四十八）椴树科Tiliaceae ………………………………… 095

（四十九）锦葵科Malvaceae ……………………………… 096

（五十）猕猴桃科Actinidiaceae …………………………… 097

（五十一）金丝桃科Hypericaceae ………………………… 097

（五十二）旱金莲科Tropaeolaceae ……………………… 098

（五十三）沟繁缕科Elatinaceae …………………………… 098

（五十四）柽柳科Tamaricaceae …………………………… 098

（五十五）堇菜科Violaceae ………………………………… 098

（五十六）瑞香科Thymelaeaceae ………………………… 100

（五十七）胡颓子科Elaeagnaceae ……………………… 100

（五十八）千屈菜科Lythraceae …………………………… 100

（五十九）柳叶菜科Onagoraceae ………………………… 101

（六十）菱科Trapaceae …………………………………… 102

（六十一）小二仙草科Haloragidaceae …………………… 102

（六十二）杉叶藻科Hippuridaceae ……………………… 102

（六十三）山茱萸科Cornaceae …………………………… 103

（六十四）五加科Araliaceae ……………………………… 103

（六十五）伞形科Umbelliferae …………………………… 104

（六十六）杜鹃花科Ericaceae …………………………… 107

（六十七）报春花科Primulaceae ………………………… 108

（六十八）木樨科Oleaceae ………………………………… 108

（六十九）龙胆科Gentianaceae …………………………… 110

（七十）夹竹桃科Apocynaceae …………………………… 111

（七十一）萝藦科Ascleiladaceae ………………………… 112

（七十二）旋花科Convolvulaceae ………………………………… 113

（七十三）花荵科Polemoniaceae ………………………………… 114

（七十四）紫草科Boraginaceae ………………………………… 115

（七十五）马鞭草科Verbenaceae ………………………………… 116

（七十六）唇形科Labiatae ………………………………… 116

（七十七）茄科Solanaceae ………………………………… 120

（七十八）玄参科Scrophulariaceae ………………………………… 122

（七十九）紫葳科Bignoniaecae ………………………………… 124

（八十）胡麻科Pedaliaceae ………………………………… 125

（八十一）列当科Orobanchaceae ………………………………… 125

（八十二）狸藻科Lentibulariaceae ………………………………… 126

（八十三）透骨草科Phrymaceae ………………………………… 126

（八十四）车前科Plantaginaceae ………………………………… 126

（八十五）茜草科Rubiaceae ………………………………… 127

（八十六）忍冬科Caprifoliaceae ………………………………… 127

（八十七）五福花科Adoxaceae ………………………………… 129

（八十八）败酱科Valerianaceae ………………………………… 129

（八十九）山萝卜科（川续断科）Dipsacaceae ………………………………… 130

（九十）葫芦科Cucurbitaceae ………………………………… 130

（九十一）桔梗科Campanulaceae ………………………………… 132

（九十二）菊科Compositae ………………………………… 133

（九十三）香蒲科Fyphaceae ………………………………… 146

（九十四）黑三棱科Sparganiaceae ………………………………… 146

（九十五）眼子菜科Potamogetonaceae ………………………………… 147

（九十六）茨藻科Najadaceae ………………………………… 148

（九十七）水麦冬科Juncaginaceae ………………………………… 148

（九十八）泽泻科Alismataceae ………… 148

（九十九）花蔺科Butomaceae ………… 149

（一〇〇）水鳖科Hydrocharitaceae ………… 149

（一〇一）禾本科Gramineae（Poaceae） ………… 150

（一〇二）莎草科Cyperaceae ………… 161

（一〇三）天南星科Araceae ………… 167

（一〇四）浮萍科Lemnaceae ………… 167

（一〇五）谷精草科Eriocaulaceae ………… 168

（一〇六）鸭跖草科Commelinaceae ………… 168

（一〇七）雨久花科Pontederiaceae ………… 169

（一〇八）灯心草科Juncaceae ………… 170

（一〇九）百合科Liliaceae ………… 170

（一一〇）薯蓣科Dioscoreaceae ………… 173

（一一一）菝葜科Smilacaceae ………… 174

（一一二）鸢尾科Iridaceae ………… 174

（一一三）美人蕉科Cannaceae ………… 175

（一一四）兰科Orchidaceae ………… 175

第三章　沈阳地区常见脊椎动物 ………… 177

第一节　鱼类 ………… 177

一、硬骨鱼纲（OSTEICHTHYE） ………… 177

二、辽宁野外常见硬骨鱼 ………… 178

（一）鲑形目 ………… 178

银鱼科Salangidae ………… 178

（二）鲤形目 ………… 178

1. 鲤科 ………… 179

2. 鳅科Cobitidae ………… 182

（三）鲈形目 ·· 182

　　1. 塘鳢科Eleotridae ·· 183

　　2. 鳢科Channidae ·· 183

　　3. 斗鱼科Belontiidae ·· 184

（四）鲇形目Siluriformes ·· 184

　　1. 鲿科Bagridae ·· 184

　　2. 鲇科Siluridae ·· 185

第二节　两栖类 ·· 185

一、两栖类分目检索表 ·· 185

（一）有尾目Caudata ·· 186

（二）无尾目Anura ·· 186

二、辽宁野外常见两栖类动物 ···································· 187

（一）有尾目Caudata ·· 187

　　1. 小鲵科Hynobiidae ·· 187

　　2. 蝾螈科Salamandridae ·· 187

（二）无尾目Anura ·· 187

　　1. 蟾蜍科Bufonidae ·· 187

　　2. 铃蟾科Bombinatoridae ······································ 188

　　3. 蛙科Ranidae ·· 188

　　4. 雨蛙科Hylidae ·· 189

　　5. 姬蛙科Microhylidae ·· 189

第三节　爬行类 ·· 189

一、爬行类分目检索表 ·· 190

（一）龟鳖目Testudoformes ······································ 190

（二）有鳞目Squamata ·· 190

二、辽宁野外常见爬行类 ·· 192

（一）龟鳖目常见物种 ·· 192

1. 龟科Emydidae ·· 192

2. 泽龟科Emydidae ·· 192

（二）蜥蜴亚目常见物种 ·· 192

1. 蜥蜴科Lacertian ··· 192

2. 石龙子科Scincidae ··· 193

（三）蛇亚目常见物种 ··· 193

1. 游蛇科Colubridae ··· 193

2. 蝰科Viperidae ··· 194

第四节 鸟类 ·· 194

一、鸟类分目检索表 ·· 195

二、辽宁野外常见鸟类 ··· 196

（一）鸡形目Passeriformes ··· 196

雉科Phasianidae ··· 196

（二）雁形目Anseriformes ·· 197

鸭科Anatidae ··· 197

（三）戴胜目Upupiformes ··· 198

戴胜科Phoeniculidae ·· 199

（四）佛法僧目Coraciiformes ······································· 199

翠鸟科Alcedinidae ··· 199

（五）鹃形目Cuculiformes ·· 200

杜鹃科Cuculidae ··· 200

（六）鸽形目Columbiformes ·· 200

鸠鸽科Columbidae ··· 200

（七）鹤形目Gruiformes ·· 201

1. 鹤科Gruidae ··· 201

2. 秧鸡科Rallidae ·· 201

（八）鹳形目Ciconiiformes ·· 201

1. 丘鹬科Threskiorothidae ·· 202

2. 鸻科Charadriidae ·· 203

3. 燕鸻科Glareolidae ··· 203

4. 鹭科Ardeidae ·· 204

5. 鹳科Ciconiidae ·· 204

（九）鸥形目Lariformes ··· 205

鸥科Laridae ··· 205

（十）隼形目Falconiformes ·· 206

1. 鹰科Accipitridae ·· 206

2. 隼科Falconidae ·· 206

（十一）䴙䴘目Podicipediformes ·································· 207

䴙䴘科Podicedidae ··· 207

（十二）雀形目Passeriformes ······································ 207

1. 伯劳科Laniidae ·· 208

2. 鸦科Corvidae ·· 208

3. 燕科Hirundinidae ·· 209

4. 雀科Passeridae ·· 209

5. 鹡鸰科Motacillidae ·· 209

6. 鹀科Emberizidae ··· 209

7. 黄鹂科Oriolidae ··· 210

第五节　哺乳类 ·· 210

一、哺乳类分目检索表 ·· 210

二、辽宁野外常见哺乳动物 ·· 211

（一）食肉目Carnivora ·· 211

鼬（貂）科Mustelidae ………………………………………… 211

（二）啮齿目Rodentia ………………………………………… 212

1. 鼠科Muridae ………………………………………………… 212

2. 仓鼠科Cricetidae ………………………………………… 212

3. 松鼠科Sciuridae ………………………………………… 212

（三）食虫目Insectivora ……………………………………… 213

猬科Erinaceidae …………………………………………… 213

第四章　生态适应与进化 …………………………………… 214

第一节　生物的适应性 ……………………………………… 214

第二节　外来物种入侵与进化 ……………………………… 215

第三节　叶片功能性状与外来植物的入侵性 ……………… 215

一、外来入侵植物与本地植物叶片性状差异的原因 ………… 216

（一）外来入侵植物增强竞争能力的进化 …………………… 216

（二）表型可塑性 ……………………………………………… 218

（三）外来入侵植物先天的性状优势 ………………………… 218

二、性状差异的比较方法 ……………………………………… 219

（一）成对物种比较的优势 …………………………………… 219

（二）整合分析在生态学中的应用 …………………………… 219

第五章　辽宁省国家级自然保护区简介 …………………… 221

一、辽宁蛇岛老铁山自然保护区 ……………………………… 221

二、大连斑海豹国家级自然保护区 …………………………… 221

三、辽宁城山头海滨地貌国家级自然保护区 ………………… 222

四、辽宁仙人洞国家级自然保护区 …………………………… 222

五、辽宁老秃顶子国家自然保护区 …………………………… 223

六、辽宁鸭绿江口滨海湿地国家级自然保护区 ……………… 224

七、辽宁白石砬子国家级自然保护区 ………………………… 225

八、辽宁医巫闾山国家级自然保护区 ·································· 226

九、海棠山国家级自然保护区 ······································· 227

十、辽宁章古台国家级自然保护区 ··································· 228

十一、辽宁双台河区国家级自然保护区 ······························ 228

十二、辽宁努鲁儿虎山国家级自然保护区 ····························· 229

十三、北票市鸟化石国家级自然保护区 ······························ 230

十四、辽宁省白狼山国家级自然保护区 ······························ 230

参考文献 ···································· 232

附图 ···································· 233

第一章　动植物学野外实习技术与方法

第一节　动植物标本采集与制作

一、植物标本的采集与制作

（一）植物标本采集的准备工作

植物标本是进行教学和科研工作的重要材料，"没有植物标本，也就没有植物分类学"。由此可见，掌握植物标本的采集、制作和保存的一整套方法，对一个植物学工作者来讲是极为重要的。

采集标本所需要的器具：

（1）标本夹：用板条钉成长约45cm、宽约35cm的2块夹板。

（2）吸水纸：易于吸水的草纸或旧报纸。

（3）采集袋（箱）：铁皮箱或塑料袋、塑料背包。

（4）小丁字镐：用来挖掘草本植物的根，以保证采到完整的标本。

（5）枝剪和高枝剪：枝剪用于剪枝条。高枝剪用于剪高大树上的枝条。

（6）手锯：采集木材标本时用锯。刀锯和弯锯携带比较方便。

（7）号签、野外记录签和定名签：号签是用较硬的纸，剪成4cm×2cm，一端穿孔，以便穿线用。作用是在采集标本时，编好采集号，系在标本上。野外记录签的大小约7cm×10cm，用以在野外记录植物的产地、生境和特征。定名签的大小约为7cm×10cm，是经过正式鉴定后，用来定名的标签。

（8）放大镜：观察植物的特征。

（9）测高表：测量山的海拔高度。

（10）方位盘：观测方向和坡向。

（11）钢卷尺：测量植物高度和胸径。

（12）照相机和望远镜：拍摄植物的全形、生态等照片，以补充野外记录的不足；观察远处的植物或高大树木顶端的特征。

（13）小纸袋：保存标本上落下的花、果和叶。

（14）其他：如广口瓶、酒精、福尔马林、地图等。

（二）植物标本的采集方法

1. 采集的时间和地点

各种植物生长发育的时期各不相同，因此，必须在不同季节、不同时间进行采集，才能得到各类不同时期的标本。有些早春开花植物，在北方冰雪融化时开花，而有些植物到深秋才开花，因此必须根据待采植物的生长发育周期，决定外出采集的时间，否则过了季节，有些种类无法采到。

采集地点也很重要，因为在不同的环境里生长着不同的植物，在阳坡见到的植物，阴坡上一般见不到；在平原和高山上生长的植物不一样，随着海拔高度增加，地形变化复杂，高山上的植物种类比平原上的植物种类丰富得多。因此，我们在采集植物标本时，必须根据采集对象和采集要求，确定采集时间和采集地点，这样才能采到所需的不同类群的植物标本。

2. 采集标本时应注意的事项

（1）必须采集完整的标本。除采集植物的营养器官外，还必须有花或果，因为花、果是鉴别植物的重要依据。

（2）对有地下茎块根等变态器官的科属，应特别注意采集这些植物的地下部分。

（3）采集草本植物，应采带根的全草。如发现茎生叶和基生叶不同时，要注意采基生叶。高大的草本植物，采下后可折成"V"或"N"字形，然后再压入标本夹内，也可以选其形态上有代表性的部分剪成上、中、下3段分别压在标本夹内，注意编号要一致。

（4）雌雄异株的植物，应分别采集雌株和雄株，以便研究用。

（5）乔木、灌木或特别高大的草本植物，只能采其植物体的一部分，这一部分应尽量能代表该植物的一般情况。如有可能，最好拍一张该植物的全株照片，以补充标本的不足。

（6）水生植物，提出水面后，很容易缩成一团，不易分开。如金鱼藻、水毛茛等，可以用硬纸板从水中将其托起，连同纸板一起压入标本夹内，这样可以保持形态特征的完整性。

（7）有些植物一年生新枝和老枝的叶形不同，或新生叶有茸毛且叶背具白粉，而老叶无毛，因此，幼叶和老叶都要采。对先叶开花的植物，先采花枝，待出叶后应在同株上采其带叶和果的标本，如桃。很多树木的树皮颜色和剥裂情况是鉴别植物种类的依据，因此，应剥取一块树皮附在标本上。

（8）对寄生植物的采集，应注意连同寄主一起采下，并要分别注明寄生或附生植物及寄主植物名称。

（9）采集标本的份数一般为2～3份，同一编号，每个标本上都要系上号签。

3. 植物标本的整理和压制方法

采得的标本，要立即放在标本夹的吸水纸中进行压制。压制标本时，首先要对采集到的标本进行修整，对较长的草本植物，如禾本科植株，可以把它们折成"V"字形，使其长度不超过45cm（将来标本要装订在台纸上，台纸的尺寸标准为30cm×42cm），也可以根据需要压制更大的标本。修整后的标本要能表现其自然状态，如果枝、叶、果太密，可适当剪去一部分，以免重叠，影响观察和压干。此外，在压制时，还要注意叶片不可全部腹面朝上，要有一部分叶片背面朝上，这样才能看到叶的背腹两面的特征。对于多汁的果实、大型块根、根茎、鳞茎等，一般用化学药品浸制。如需压制块根和块茎，可将其切去一半或切成几片较薄的横切片后，放在一张白纸上（由于肉质根、茎中常有汁液，易使标本与吸水纸粘在一起），压入夹中。亦可用沸水将块根、块茎或肉质茎、叶烫死后压制，否则不易压干。

将修整好的标本平展在吸水纸上，每份标本上加4～5张或更多的吸水纸，以吸收标本里的水分（吸水纸应选用吸水性较强的为宜）。在展放标本和捆扎时，尽量使标本与吸水纸贴近，不留空隙，这样标本就会被压得很平，以避免发生皱缩。捆扎好的标本夹，要放在通风之处。

以后每天换纸1～2次。换纸的方法有两种：一种方法是对于坚硬、不易落叶、不易变形的标本，可直接用手提起，置于干燥的吸水纸上；另一种方法是对于柔软且易变形或易于落叶、落花、落果的标本，可将干燥的吸水纸放于该标本上，然后连同底层旧吸水纸一同翻转，翻转后，除去翻上来的旧吸水纸即可。在第一次换纸时，还要用镊子进行修整，将没有展平的叶片、花瓣等展平，然后换纸。这样连续更换吸水纸，大约一星期即可压干。压干的标本可暂存在吸水纸中，等待将来装订在台纸上。换下的湿纸，应及时晒干再用，如遇阴天、雨天，可用火烤，以便循环使用。

（三）植物标本的制作和保存

植物标本的种类很多，其中以腊叶标本和浸制标本最为常见。腊叶标本是将带有叶、花和果实的植物枝条或其全株，经过整理、压平、干燥、装贴而制成的一种植物标本。这种已干燥的植物标本便于长期保存，供植物分类学的教学和研究使用。浸制标本是指用一些化学药品配制成溶液来浸泡，固定后保存的植物标本。浸制标本能保持植物原有的形状和颜色，这种标本也称为液浸标本。多数植物肉质果实的标本采用此法保存。

1. 腊叶标本的制作和保存

植物经采集、压制成干标本以后，再进一步加工，装订在台纸上，就制成了一份植物腊叶标本。在装订前，通常要对压制好的干标本进行消毒处理，因为植物体内部往往有虫子或虫卵，如不消毒，标本就会被虫子蛀食破坏。常用的消毒方法有3种：第一种消毒方法是升汞浸除法。用粉末状或晶体状的升汞溶于95%的酒精中制成饱和溶液，称作原液，取1份原液与9份95%的酒精相混合后盛于搪瓷盘中，然后将压干的标本从吸水纸中取出放入盘中浸一下即可取出，再置于标本夹的吸水纸中压干。制作少量标本时，可用毛笔蘸升汞酒精液直接刷在标本的两面即可。升汞有剧毒，使用时须加注意。第二种消毒方法是气熏法。即把标本放进消毒室或消毒箱内，将敌敌畏或四氯化碳、二硫化碳混合液置于玻璃皿内，再放入消毒室或消毒箱内，利用药液挥发来熏杀标本上的虫子或虫卵，约3d后即可。第三种消毒方法是超低温冰箱消毒。

经过消毒并压干的标本，可以装订在台纸上。台纸一般采用质地坚硬的道林纸或白板纸切成30cm×42cm标准尺寸。首先将植物按自然姿态放在台纸上，可直放或从左下方向右上方斜放，使左上角和右下角留出贴标签的位置。如标本过大，需加修剪，使其不露出台纸之外。幼苗标本要按从小到大的顺序排列，植株较小的，可在一张白纸上多放几个，放妥之后，用铅笔做一记号。

为了使标本能牢固地固定在台纸上，要在标本的主茎、侧枝、主脉、果实等处，用纸条或棉线进行进一步装订固定。对标本比较细的部位，如草本植物的茎秆、复叶的总叶柄、叶柄、叶子的主脉等一般常采用纸条粘贴固定。纸条常用描图纸或玻璃纸等，裁成宽0.4cm，长5～6cm的细条。粘贴前先用小刀在要贴纸条部位的两侧划两条平行的纵切口，然后把纸条跨过枝条的主茎或叶脉，再把纸条的两端用小镊子或刀片穿入平行的切口中，在台纸背面把它们左右分开，再用白乳胶（或桃胶）把分开的两端粘贴在台纸上。也可用水溶性牛皮纸胶带固定。

对于茎叶粗硬的标本及果实或花序等，一般用针线进行装订固定。在较粗的枝上选2～3个固定点用针线缝上，然后再在小枝及较大的叶片主脉或果实、花序上同样用线缝上。每缝订一处，均在台纸背面打结，并把线剪断，使之不与第二个固定点相连，这样可防止在台纸背面拉线，避免数张标本叠在一起时上面的标本刮坏下面的标本。

标本装订完毕后，在右下角贴上鉴定标签（定名签），在左上角贴上野外记录表。标本经鉴定，填写标签后，可以分门别类地保存起来。如果标本的数量不多，可以收存在一般的柜子中；如果标本很多，则要设置标本柜存放或建立标本室保管。保存标本的柜内一定要放置樟脑和干燥剂，以防虫、防潮、防霉变。存放标本的柜子，要放在通风干燥、不被日光直射的地方。

2. 浸制标本的制作和保存

植物的花、果或地下部分（如鳞茎、球茎等），为了教学、陈列和科研之用，把它们浸泡在药液中才能长期保存。浸泡液分为一般溶液和保色溶液两种。

（1）一般溶液：有些花和果是用于实验的材料，可浸泡在4%的福尔马林溶液中，也可浸泡在70%的酒精溶液中，前者配法简单，价格便宜，但易于脱色；后者脱色虽比前法慢一些，但价格昂贵。

FAA溶液是一种简单的固定液，配方是：福尔马林5mL、70%酒精90mL和冰醋酸5mL。此溶液浸泡的材料是为做切片之用。

（2）保色溶液：保色溶液的配方很多，但到目前为止，只有绿色较易保存，其余的颜色都不稳定。这里简单介绍几种保色溶液的配方。

①绿色果实的保存配方：

配方Ⅰ：硫酸铜饱和水溶液75mL，福尔马林50mL，水200mL；配方Ⅱ：亚硫酸1mL，甘油3mL，水100mL。

将材料在配方Ⅰ中浸泡10～20d，取出洗净后，再浸入4%的福尔马林中长期保存。配方Ⅱ则是先将果实浸在饱和硫酸铜溶液中1～3d，取出洗净后再浸入0.5%亚硫酸中1～3d，最后在配方Ⅲ中长期保存。

②黄色果实的保存配方：6%亚硫酸268mL，80%～90%酒精568mL，水450mL。

直接把要浸泡的材料浸泡于此混合液中，便可长期保存。

③黄绿色果实的保存配方：

先用20%的酒精浸泡果实4～5d，当出现斑点后，再加15%亚硫酸，浸泡1d，取出洗净，再浸入20%酒精中硬化、漂白，直到斑点消失后，再加入2%～3%亚硫酸和2%甘油，即可长期保存。

④红色果实的保存配方：

配方Ⅰ：福尔马林4mL，硼酸3g，水400mL；配方Ⅱ：福尔马林15mL，甘油25mL，水1000mL；配方Ⅲ：亚硫酸3mL，冰醋酸1mL，甘油3mL，水100mL，氯化钠50g；配方Ⅳ：硼酸30g，酒精132mL，福尔马林20mL，水1360mL。

先将洗净的材料浸泡在配方Ⅰ中24h，如不发生混浊现象，即可放在配方Ⅱ、配方Ⅲ、配方Ⅳ的混合液中长期保存。

无论采用哪一种配方，在浸泡果实时，药液不可过满，以能浸泡材料为原则。浸泡后应用凡士林、桃胶或聚氯乙烯等黏合剂封口，以防止药液蒸发变干。

二、动物标本的制作

（一）剥制标本的制作方法

动物剥制标本的制作是就脊椎动物而言的，也就是说脊椎动物的大部分种类都可以制成剥制标本，但在实际应用中，主要适用于哺乳类和鸟类和一些不宜采用浸制方法的其他各纲的大型种类，如鲸、鲨鱼、海龟等。

动物的种类繁多，外部形态、躯体大小、皮肤情况等都很不一样，在制作过程中需根据不同情况采取不同方法进行制作。例如，一般鸟类的剥皮是从腹部剖开，但鸊鷉因腹部脂肪较多，在腹部开口易污染羽毛，就可改为从背部剖开。除此之外，在制作标本的过程中也因人而异，有很多种制作方法，例如在制作鸟类标本时就有从胸口剖开和腹部剖开的区别。

1.常用药品

（1）三氧化二砷（As_2O_3），俗称砒霜，无色无味粉末，剧毒，有防腐功能。

（2）硫酸铝钾[$K_2SO_4 \cdot Al_2(SO_4)_3 \cdot 24H_2O$]，俗称明矾，无色、透明晶体，具有防腐、硝皮作用。

（3）樟脑（$C_{10}H_{16}O$），具有防止虫蛀标本作用。

（4）硼酸（H_3BO_3），有防腐作用，但效果较差。

（5）石炭酸（C_6H_5OH），俗称来苏水。有消毒防腐作用，可防止残留肌肉变质。

2.防腐剂的配制

（1）防腐粉：主要用于爬行类、哺乳类动物标本保存。配制时将砒霜、明矾、樟脑按2：7：1研成粉末，混匀即可。

（2）硼酸防腐粉：可代替防腐粉，虽然效果比防腐粉差，但使用较安全，配制时将硼酸粉、明矾粉、樟脑粉按5：3：2混匀即可。

（3）防腐膏：具有防腐防虫及保护羽毛不致脱落的功能，主要用于鸟类标本保存。

3.常用工具和材料

（1）解剖工具：如镊子、剪刀、骨剪等，可根据条件准备。

（2）木工、金工工具：如台钳、锤头、电钻、锯等，可根据条件准备。

（3）石膏粉：有吸水功能，主要用于吸收鸟类羽毛清洗后的水分，在剥制过程中撒在肌肉和皮肤之间，防止粘连，也防止血液、脂肪等污染羽毛。

（4）铅丝：用于制作动物标本支架。可根据动物的大小选用粗细不同的型号。

（5）填充物：主要用于填入标本体内，可选用棉花、竹丝、麻、棕等。

（6）玻璃义眼：可用来代替动物的眼睛。

（7）针线：用于缝合标本剖口。

（8）标本台、树枝等：用于固定动物标本。

（9）标签：记录动物标本的名称、性别、采集地点等。

4.剥制标本的制作方法（鸟类为例）

在剥制前如果是活的，需处死；如果是死的，需对躯体做检查，包括羽毛是否完整以及躯体是否腐坏等。躯体是否腐坏的检查是非常重要的。检查方法是：用力揪拉面颊部、腹部、嗉囊部的羽毛，如不脱落方可使用。

有的鸟类是击毙的，常从伤口等处流出血液或污物沾污羽毛，可用毛刷蘸水或洗涤剂清洗，然后拭去水分，将石膏粉撒在洗涤处，待羽毛干燥后刷去石膏粉块即可使羽毛蓬松，如一次未能干燥，可再做一次。

鸟类标本的剥皮方法基本相同（特殊种类例外），现以家鸽为例，叙述如下：

将鸟置于桌上，胸部向上，头部向左。分开胸部的羽毛，露出裸毛区，由胸龙骨前部的凹陷处开口，沿皮肤直剖至胸龙骨。开口长度应比鸟的胸宽稍大。初学者开口可适当加大一些，但不宜过大，过大在后期缝合整形时不好处理。开口的前端应露出颈部，然后沿鸟胸部的皮肤和肌肉之间剥离，直剥至胸部两侧的腋下。在剥皮的过程中要经常在皮肤内侧和肌肉上撒一些石膏粉，以防止羽毛被血液和脂肪沾污。

向前将鸟的嗉囊与皮肤分开，并露出颈部。用手握住鸟的头部，使鸟的颈部向腹面弯曲，再用剪刀在靠近胸部处将鸟的颈部及食管、气管一起剪断。这时应注意：①要把颈部与皮肤分开后再剪，勿将颈部皮肤剪破；②如有血污要及时撒上石膏粉，不要使血污污染皮肤；③不要把嗉囊弄破，如不小心将嗉囊弄破时，需及时将鸟体拿起，将嗉囊中的食物剥出，勿使食物污染羽毛。

将鸟体翻转，使背部向上，然后把头部和颈部翻向背上，沿皮肤将鸟的背部剥离，露出两肩。

继续剥离两翅的肱骨处。将肱骨上的肌肉去掉，并在肩关节处将肱骨与鸟体分离。

继续向背部剥离，直至腰部。在剥腰部时要背腹面同时进行，当两腿显露时，要将皮肤一直剥至跗跖骨之间的关节处，去掉胫骨上的肌肉，并在胫骨上端关节处剪开，使胫骨与鸟体分离。

向尾部剥离时，剥至泄殖孔时要用刀把直肠基部剪断；剥至尾部时要将尾脂与皮肤分离，并用剪刀在尾综骨末端剪断。剪断后内侧皮肤呈"V"字形，注意不要把尾羽的羽轴根剪断，以防止尾羽脱落。这时躯体肌肉与皮肤已分离。

随后进行翼部皮肤的剥离，先将肱骨拉出直剥至尺骨。在剥尺骨时，因翼部飞羽轴根牢固地长在尺骨上，要用手指紧贴羽轴根将翼部皮肤与尺骨分离，一直剥至腕骨，然后将尺骨、桡骨上的肌肉全部清除干净。

在做展翅标本时，不能用上述方法剥离两翅。因为把尺骨上的羽根与尺骨分离后，在展翅时，飞羽失去支撑就会下垂，无法使飞羽张开。因此，在做展翅标本时，要在尺骨内侧切开皮肤，将尺骨、桡骨上附着的肌肉去除后，再沿皮肤切口缝合。

两翅剥离后，最后进行头部的剥离。先拉颈部，使颈部的皮肤向头部翻过，逐渐剥离露出枕骨。这时在枕骨两侧会出现呈灰褐色的耳道，紧靠耳道基部将其割断，或用尖头镊子沿耳道基部将其拉出。再向前剥去，两侧会出现暗黑部分，即鸟的眼球，把眼睑边缘薄膜割开，用镊子将眼球取出（注意不要割破眼球和眼睑），同时观察虹膜颜色以备安装义眼时按此着色。

在枕孔周围，用剪刀将枕孔扩大，并剪下颈部。同时沿下颌骨两内侧剪开肌肉，拉出鸟舌，将头部肌肉剔除干净。用镊子从扩大的枕孔中伸进颅腔，夹住脑膜把脑取出。这样，整个剥离过程就完成了。

有些鸟类，如啄木鸟、鸭等头大颈细，头部骨骼无法从颈部皮肤中翻出时，可先剪除颈项，然后从外部沿枕部剖开一小口（大小视鸟头大小而定）将头骨从小口中翻出，挖出耳道、去除眼球肌肉等。做完除腐处理，并安装完义眼后，再将小口缝合即可。

鸟体剥好后应再检查一遍，将附在皮肤上的肌肉、脂肪等清除干净，刷去剥制过程中撒在皮肤上的石膏粉，缝合在剥离过程中不小心割破的皮肤（从内面缝）。

鸟类躯体经剥皮后，其皮肤内侧必须马上进行防腐处理。在防腐处理过程中，逐渐把有羽毛的一侧翻回到体表，恢复原形。防腐及复原步骤如下：

首先，在眼窝、脑颅腔、下颌部分涂上防腐膏，用两团如同眼球一样大小的棉球填入眼眶，并在适当的位置上装好义眼，再在颈部皮肤内侧用毛笔刷上防腐膏，逐步把头部翻转过来（注意不要强拉，以免颈部羽毛脱落）。

其次，在两脚胫骨上涂上防腐膏，并在胫骨上缠上棉花，上大下小，和原来小腿上的肌肉一样；同时，在小腿内侧、尾部、两翅内侧等部位全部涂遍防腐膏后可将其皮肤翻回原样。

5. 鸟类姿态标本的填充

鸟类标本的填充方法有多种，现将比较简便、易于掌握、效果较好的方法介绍如下：

（1）支架制作及安装。填充前，应先在鸟体内安装支架以便支撑鸟体。支架用铅丝制作，铅丝的粗细视鸟体大小而定。取两段铅丝，一段为鸟喙到趾端长度的1.3倍（以鸟体仰卧伸直时为准），另一段较前者长3～6cm，弯制成支架（绞合处要绞紧）。支架制成后将4个端点用钳子斜剪一下形成一个锐尖，并缠上棉花，粗细比原颈部略小。将两端分别从两脚胫骨与跗跖骨关节间的后侧向脚跟方向插入，由脚掌部穿出，同时插入尾部，由尾部腹面穿出，以支撑尾羽。

市场上出售的义眼大部分是透明玻璃的，中间只有一个大小不等的黑点（瞳孔），这时我们就要根据鸟的虹膜颜色，在义眼背面用油画色（也可用广告色）涂上相应颜色，然后再熔一点石蜡将颜色盖上。如果义眼未在防腐过程中安装，也可在整形时安装。

（2）鸟类标本的填充。将已安装好支架的鸟皮仰放于桌上，首先在支架下面（支架与背部皮肤之间）填充填充物（棉花、麻类、竹丝等），顺次为尾、腰、背。在背部填充时一定要保持填充物的平整，填充厚度约为胸高（活体时）的1/3左右，这样才能使制成的鸟体标本不致背部凹凸不平和有铅丝支架的痕迹。填充背部时还要注意靠近颈部的填充，填少会出现凹陷，填多会凸起，都会影响标本的美观。

在颈部要用一长条棉花，用镊子直送到鸟的下颌处，其一使鸟的颈项呈椭圆形，其二是用来补充下颌处舌和肌肉的空缺，颈的两侧也要适当填充一些填充物，以代替气管等。填好背部及颈项后，将鸟的肱骨拉出，放于支架上方（靠近鸟腹面），肱骨和支架中轴近似平行，放好后可将鸟体翻转过来，观察一下双翅位置是否合适以及背部填充是否平坦等。

然后将鸟体腹面向上放好，在肱骨上方压上重物，不使翅移动，并将鸟双腿稍稍向上翘起，再根据鸟活体时情形继续填充腹部与尾部。填充时要比原鸟活体时多填一些，以备鸟皮肤干燥后收缩。同时，要注意在鸟小腿两侧填一些填充物，以使鸟体两侧丰满。

填充的总体原则是要使标本符合原来鸟的生态，所以在做鸟标本前要多观察，对鸟的各部分位置，如颈长、身长、翼长、翅尾之间长度等事先量好，并做记录，以做参考。填充后要将鸟体的开口缝合，填充工作即完成。

（二）浸制标本的制作方法

1. 使用工具

（1）解剖刀：用来解剖器官、神经和血管。

（2）剪刀：用来解剖和剪除多余的组织，制作神经标本，剪除骨骼，最好用阔头剪刀。

（3）镊子：用来夹取材料。

（4）解剖板（蜡盘）：用来固定材料。

（5）注射器：注射防腐剂用。

（6）标本瓶或标本缸：用来盛浸制标本。

（7）大头针：标本定型用。

（8）玻璃片：插入标本瓶内，用作绑扎标本。

（9）塑料薄膜和纱布、蜡线：用作标本瓶封口。

2. 药品

（1）40%甲醛溶液（福尔马林）或95%酒精：用作防腐剂。

（2）乙醚：麻醉动物用。

（3）聚氨酯（马利当）黏合剂：用作标本瓶封口。

（4）石蜡：配制标本瓶封口蜡。

（5）合成樟脑或萘：用作驱虫剂。

3. 动物标本（草蜥）的制作

（1）防腐。浸制动物整体标本时，保存液不易渗入，时间一长，内脏容易腐烂，要注入保存液防腐。可将注射器插入草蜥的头部、胸部和腹部，各注入少量10%福尔马林。

（2）整形。固定解剖板或解剖蜡盘。将注射过防腐剂的草蜥，背部朝上平放在解剖板上，头颈下面衬垫一团棉絮，使头部仰抬。如果要使口张开，可在口内塞入一团棉絮。将前肢、后肢、躯干和尾部按自然状态摆好，用大头针固定指、趾和尾，如果标本瓶短，可将尾巴弯曲。草蜥的尾容易断，如果尾部断脱，可以用细竹丝插入，连接断尾，再整理姿态。用毛笔蘸40%福尔马林，在草蜥皮肤上涂遍两次。1h以后，草蜥标本前后肢的指、趾和尾尖部已经定形硬化，拔去大头针，取下浸在10%福尔马林里。10%福尔马林用作过渡浸液，可以浸掉草蜥体内的黄液，以免正式上瓶时污染浸液。标本要浸1~3个月，中间换新液3~4次，直到浸液不再发黄为止。

（3）固定。从10%的浸液中取出草蜥，用针穿好白丝线，在装瓶草蜥的胸部靠近前肢处和腹部靠近后肢处各穿过一条白丝线，将线缚在玻璃片上，在玻璃片的边缘处打结，尾部也可绑扎一条白丝线，使整个标本缚扎于玻璃片上，然后制作玻璃片的垫角，安装于玻璃片上，再装入已洗刷干净的标本瓶中。标本装瓶后再加入保存液，盖好瓶盖。瓶中的保存液不宜装得过满，液面不能接触瓶盖。取树脂胶或蜡，用毛笔蘸着填入瓶盖与瓶身的缝隙处，直到填平为止，然后，在瓶身贴上标签。

4. 浸制标本的保存

浸制标本不宜放在阳光直射的地方，以防瓶口封蜡融化，浸液挥发。也不宜放置在零度以下的地方保存，防止浸液冰冻，玻璃破裂。在搬动时，不能剧烈震动，且要平直放置，以免翻倒。

第二节　手机拍摄动植物技术要点

一、植物摄影的特点和要求

自从1839年法国人特格勒（Daguerre）发明摄影术以来，该技术已广泛应用到各个领域。它不仅是人们在日常生活中从事的一项富有欣赏意味的艺术活动，而且也是一种必不可少的科学记录方式。它的特点是既具体又生动，具有真实感和强烈的说服力。

在植物科学领域中，摄影技术也得到了广泛的应用。诸如植物生境，植被结构、演替特点，不同生态条件下的植物，经济植物的栽培、生长发育及各种试验，试验材料的对比；各种类型植物标本；植物某一器官的描述记录；植物内部解剖结构的显微摄影等，都属于植物摄影的范畴。植物摄影往往也是科学研究、报告、论文或成果的重要组成部分。因此，植物摄影这种记录方式，首先要求真实性，即要如实地反映事物的本质；其次，要有时间性，因为植物群落和植物个体都有一个动态生长过程，必须抓住适当时机进行拍摄；最后，同时也应考虑到艺术性，使作品更逼真、感人。

植物摄影所用的工具主要指照相机。随着手机的普及，作为一种新型的摄影工具，大多数型号的手机已经达到了植物摄影所需要的标准。

二、植物摄影的方法

植物摄影的方法包括普通摄影、平面物体摄影、小物体摄影、标本摄影和显微摄影等。传统植物摄影的整个过程包含两个原理（透镜成像原理和感光原理）和3个阶段，即拍摄（按动快门使胶卷曝光变成潜影）、冲洗（通过显影、定影将潜影变为负片）和印相、放大（通过相纸曝光、显影过程，使负片变成正片过程）。随着数字技术的发展，这种传统方法已经不适用，下面介绍利用手机进行植物摄影的方法。

（一）手机拍照特点

1. 基本组成

镜头焦距：指镜头光学中心到焦点的距离，是镜头的重要性能指标。镜头焦距的长短决定着拍摄的成像大小、视场角大小、景深大小和画面的透视强弱。

操作界面：快门、闪光灯、焦点、高动态范围图像（HDR）、滤镜。

辅助配件：三脚架（拍摄近距离的珍贵植物）

外接镜头：普通的镜头套装有3种，包括广角、鱼眼和微距，还有一种镜头是长焦镜头，用来把远处的景物拉近来拍摄。

2. 曝光和对焦

（1）手动曝光：通常来说，如果拍摄环境过暗，需要进行曝光补偿时，要增加曝光指数（EV值）；如果拍摄环境过亮，要减小EV值。有时手机计算出的"合适"曝光值和实际见到的美丽效果也不一定一致，可以根据自己的主观意识判断究竟什么程度的亮度最合适，一般情况下不用调整。

（2）手动对焦：当自动变焦不方便或者需要非常精准的对焦控制时，可以使用手动对焦，在对焦模式（AF/MF）下进行控制。

（3）虚焦：调整好距离，聚焦对准拍摄主体，使拍摄主体背景虚化的应用。

3. 专业拍照模式

一般拍照采用自动模式即可，有时拍摄还需用专业拍照模式。采用该模式可手动调节光圈、快门速度和感光度。

（1）光圈：光圈是一个用来控制光线透过镜头进入机身内感光面的光量的装置，

一般的手机光圈都是2.8左右，更高一级的有2.0款，数值越小，光圈越大，进光量就越充足，尤其是夜间的时候，大光圈可以保证拍出更为清晰的照片。

（2）快门速度：快门速度（S）是镜头从打开到关闭的时间，拍摄运动的物体时快门速度要快，不然就会模糊；拍摄运动轨迹时快门速度就要慢，否则就看不到轨迹。

（3）感光度：感光度（ISO）是指镜头对光的敏感程度。感光度对摄影的影响表现在两方面；一是快门速度，更高的感光度能获得更快的快门速度；二是画质，低感光度带来更细腻的成像质量，而高感光度的画质则是噪点比较大。

4. 内置拍照模式

手机还内置了其他特殊场景的拍照模式。

（1）全景模式：拍摄超宽幅度的画面（如山脉、大海）时，相机会在每张相片后留出多余位置，帮助摄影者连续拍摄多张风景相片，再组成一张超宽的风景照。

（2）夜景模式：使用较慢的快门速度，以保证相片充分曝光，相片画面也会比较亮。夜景模式使用较小的光圈进行拍摄，同时闪光灯也会关闭。

（3）延时摄影：是以一种将时间压缩的拍摄技术，其拍摄结果通常是一张照片或是视频。可将长时间录制的影像合成为短视频，在短时间内再现景物变化的过程。

还有HDT、效果增强、流光溢彩等。

（二）手机拍照的基本原则

利用手机拍摄植物所遵循的原则和普通摄影相同，主要有以下原则：

1. 取景

（1）确定取景范围：根据景象的距离，取景可分为远景、近景和特写。

（2）确定画面主体：主体是表达画面内容的主要对象，画面若没有主体，内容就无法表现。主体又是结构画面的中心。

2. 构图

摄影通常又被称为减法的艺术，因此主体明确，比例关系、大小位置适合，能够体现对比、明暗、虚实、色彩关系等都是有效突出主体的方法。常见构图方法有：

（1）居中构图法：将拍摄主体置于画面中间。人的视觉习惯会先注意中间的物体，然后才会关注旁边的是什么，这是突出主体最简单直接的方法。

（2）"三分之一"法：利用手机拍摄界面中的网格线可以把画面横分或竖分成3份，每一份都可放置主体景物，能让画面主题鲜明突出，构图简洁。如果拍摄对象的位置不在照片的正中，会令整个照片情趣盎然。

（3）对称构图法：以一个点或一条线作为中心，保证两边的形状和大小一致且呈对称状，可使画面的色彩、线条、结构统一和谐，具有对称感。对称构图是一种较为均衡的构图形式，具有平衡、稳定、交相辉映的特点。

3. 光线

（1）柔光、弱光和强光。

柔光：柔化光线，让暗部和亮部的对比度减小，可保证被拍摄主体受光均匀。

弱光：如果使用的手机有这种功能，可以用它来增强在极度弱光环境下拍摄的照片效果。它的工作原理类似于HDR照片，在不同的曝光水平下拍摄一系列图像，然后，利用算法将这些图片进行合成，并从所有的图片中提取细节，以创建一张最好的图片。

强光：一般来说强光条件下是不适合拍照的，但并不是绝对不能拍。有些时候强光反而能营造出一些不同的氛围，拍出一些特色鲜明的照片。

（2）顺光、逆光和侧光。

顺光：采用顺光拍摄，光在画面中分布较大，植物受光面均匀，但缺点是主体缺乏立体感、层次感，影调平淡。

逆光：从后面照射物体，能够勾画出清晰的植物轮廓线。使用这种光源，特别要注意必须在植物正面进行补光并选用较暗的背景衬托，这样才能更突出地表现植物形象。

侧光：使用前侧光或后侧光拍摄植物，是人们认为最理想，也是最常用的摄影用光。这种采光对植物光照造型效果好，立体感强，层次分明，阴影和反差适度，色彩明度和饱和度对比和谐适中。

（三）照片的审美提升

1. 植物摄影审美的审美观

（1）对美有自己的判断。

（2）熟悉场景和光线。

2. 提升植物摄影审美的方法

（1）通过大量浏览优秀的植物摄影作品，对每一张作品的光影处理、构图、色彩搭配在大脑中形成一种思维。

（2）多分析好摄影作品。对于优秀的作品，从构图、光影的处理等方面认真地进行分析、品味。

（3）多练习。

第三节 生态学调查方法与技术

一、植物生态学调查方法与技术

（一）样地法取样技术

在研究植物种群或群落时，不可能对整个种群或群落进行全面的测度和分析，因此，有必要从所要研究的群落中选取一定范围进行研究。这样，既能以尽可能低的代价，又能从选取的代表群落地段中获得较高的信息量的角度来对整个植物群落的种类组成和结构进行分析。所谓的取样技术就是代表地段的选取，包括设置的方法、范围大小等，它们常依据具体的群落类型、群落分析的目的等的不同而不同。

样地法取样技术是目前最常用的取样技术。通过样地确定的代表群落地段通常是由一个或若干个取样单位，一般由称为样地或样方法的分离或连续的群落片段组成，具体的要求之一是取样的植物群落必须是一致的。因此，不应选择在地形地貌变化或土壤环境变化较大地段上的样地，尤其不宜设置在群落交错区上，除非有特殊目的。而决定在什么地方取样、如何取样和取什么样之前，对群落进行初步观察或路线踏查是绝对必要的。

1. 样地的大小

样地大小的确定应以抽样植物的大小和密度为基础，样地应当足够大，应包含足够的个体数，同时又要足够小到便于区分、计数和测定现存个体，避免由于重复或漏掉个体而产生的混乱。建议草本植物的样地大小为$1m^2$，灌木或高度超过3m的小树群落为$10 \sim 25m^2$，森林乔木群落为$100m^2$。

2. 样地的形状

传统的样地形状为方形，因此样地也称为样方。由于边缘效应的影响，有时也使用圆形以减少这种误差，特别是在调查草本群落时，样圆更适合。就相对面积而言，长方形的样地（样地或样条）优于等径形状的样地，因为只需少数的样地就能较好地代表整个群落，而长度16倍于宽度的样地比长度较小的样地更加有效。在有些情况下，也采用线状样条（或称为线条接触法），或样线取样，这种方法是把那些沿着线出现的种加以记载。

3. 样地的数目

一般来说，估算的准确性有赖于样地的数量和质量，但是，由于人力和时间的原因，调查的样地数目不是越多越好，但要能确切地反映群落的本来面目，样地数目所合计成的总面积，应达到一个最低限度，一般应稍大于最小面积。而且，在完成应调查的全部样地之后，应在被调查的群落内巡走一次，记下样地内未被记入的种类和应记的项目。

最小面积通常采用绘制群落的种-面积曲线来确定。具体方法是，开始使用小样方（草本群落10cm×10cm，灌木群落20cm×20cm，乔木群落1m×1m），随后用一组逐渐成倍扩大的巢式样方逐一调查每个样方，统计每个样方内的植物种数，然后以种的数目为纵坐标，样方面积为横坐标，绘制种-面积曲线。此曲线开始平伸的一点所对应的面积即群落取样的最小面积。也可将85%的种出现的面积作为群落取样的最小面积，它可以作为样方大小的初步标准。

4. 样地的排列

样地的排列或布置有6种主要方法，可根据调查的目的和群落的实际情况选用。

（1）代表性样地。样地是主观设置的，设置在被认为有代表性的地段上和某些特殊的地点上。在某些情况下，从实际出发，这种样地设置方法往往成为唯一可供选择的方法。

（2）随机取样。随机确定样地的方法很多，通常可在两条互相垂直的轴上选择，根据成对的随机数字来确定样地的位置。或者沿着任意方向，以随机步程法来确定样地的地点，然后换一个方向再重复进行。

（3）规则取样（系统取样）。包括梅花形取样、对角线取样、方格法取样等。

（4）限定随机取样（部分随机取样）。以规则取样的方法，把整个群落分成几个较小的区域，然后在每个较小的区域内随机布设样地。

（5）样条取样法。是一种特殊类型的规则取样，其区别主要是样地在样条上是连续的，一个接一个地设置。这种方法适合研究梯度变化情况。

（6）分层取样。当被调查的植物群落有时由于地形、砍伐等因素，使整体显出很大的不整齐性时，往往会由于取样点之间的巨大变差而影响调查结果，此时可以使用分层取样的方法以减少这种误差。

5. 调查记录

调查记录的内容、项目随研究目的的不同而不同，应简明扼要，以免影响调查进度，更细致的数据整理分析应在室内进行。研究群落的组成和结构，可使用常规的群落调查表格，并根据自己的研究目的和对象进行调整。

（二）种群和群落特征的计量指标

根据野外调查数据，可以对种群和群落特征进行计算和分析，通常包括相对多度、密度和相对密度、频度和相对频度、盖度、植物的生长高度、叶面积指数等方面。

1. 相对多度

相对多度指种群在群落中的丰富程度。相对多度越大，则群落中某一植物的个体数越多。相对多度可以根据实测计算，也可以通过目测估计。

$$相对多度（\%）= \frac{某一植物的个体总数}{某一生活型植物个体总数} \times 100\%$$

2. 密度和相对密度

密度指单位面积上某种植物的个体数目，通常用计数方法测定。而当计数根茎禾草时，应以丛为计数单位，即把能数出来的独立植株作为一丛。丛和株并非等值，所以必须同它们的盖度结合起来才能获得较正确的判断。

种群密度通常用株（丛）/m² 表示。

$$密度= \frac{某一植物的个体总数}{样方面积（m^2）} \times 100\%$$

$$相对密度（\%）= \frac{某一植物的密度}{样方内所有植物密度之和} \times 100\%$$

3. 频度和相对频度

频度指某种植物在全部调查样方中出现的百分率，表示某种植物在群落中分布是否均匀一致的测度。它既与密度、分布格局和个体大小有关，又受样方大小的影响，用大小不同的样方所取得的数值不能进行比较。因此，任何时候，记录频度值时都必须说明样方的大小。

$$频度（\%）= \frac{某一植物出现的样方数}{样方总数} \times 100\%$$

$$相对频度（\%）= \frac{某一植物的频度}{所有植物的频度之和} \times 100\%$$

4. 盖度

盖度指群落中某种植物遮盖地面的百分率，反映了植物在地面上的生存空间，也反映了植物利用环境及影响环境的程度。植物种群的盖度可以分为投影盖度（基面积盖度）。投影盖度是某种植物冠层在一定地面所形成的覆盖面积与占地表面积的比例；基面积盖度一般多就乔木种群而言，以胸高断面积的比表示。

$$投影盖度 Cc（\%）= \frac{某一植物冠层在地面的覆盖面积}{样方面积} \times 100\%$$

$$基面积盖度 Cb（\%）= \frac{某一植物胸高断面之和}{样方面积} \times 100\%$$

5. 植物的生长高度

一般用实测或目测方法进行，以cm或m表示。在测量植物种群高度时，应以自然状态的高度为准，不要将植株拉直。在测量单株植物时，应测其绝对高度，植株高度因种的生活型及其生长环境不同而异，同时随时间变化而表现出明显的季节变化。种群高度H应以该种植物成熟个体的平均高度表示。

6. 叶面积指数

叶面积指数（LAI）是单位土地面积上全部植物的总叶面积除以土地面积，是衡量群落的生长状况和光能利用率的重要指标。叶面积指数的测量方法包括计算纸（方格纸）法、纸模称重法、干重法、求积仪法、长宽系数法、叶面积仪法、拓印法等。

（1）计算纸法。选用被测植物的代表性叶片若干（N）片，将其形态描于计算纸（小方格面积为1mm^2）上。然后统计每一叶形所包含的计算纸小方格数n，对于边缘的小格可根据被占面积的多少，分别以0.5、0.5 ± 0.2小格进行统计，或者分为3个级别：大部分划入叶形内的记为1小格，一半划入叶形内的记为0.5小格，小部分划入叶形内的记为0小格。

由于计算纸的小方格面积为1mm^2，所以被测植物的平均叶面积S为：

$$S = \frac{\sum ni}{N}$$

（2）纸模称重法。使用一些质地厚薄均匀的纸，剪取一定面积（S_0）、烘干后称重（G_0），则可求得这种纸的单位质量面积$D = S_0/G_0$。

野外工作时，可取被测定植物有代表性的叶片若干（N）片，在纸上将其叶片形状印描下来，然后在这张印有植物叶片形状的纸上，编上号码及取样地点、时间等一系列与其他调查项目有联系的记录，待所有植物都测定完毕后，带回实验室将每种植物叶形纸模分别剪下来，烘干、称重（G），则该植物平均叶片面积为：$S = GD/N$。

（3）干重法。选取被测植物有代表性的叶片若干（N）片，烘干，称重（G）。同时，用打孔器取一定数量（n_i）的叶圆片，同样烘干，称重（G_0）。由于打孔器面积（S_0）是固定而可测定的，所以该植物平均每片叶的叶面积（S）则可用以下公式求得：

$$S = \frac{GS_0 n_i}{G_0 N^{-1}}$$

这种方法在离实验室很近，或者某些植物（如禾本科植物）的叶片剪下后很容易卷起、且利用其他方法较困难的情况下，使用这种方法可以得到较准确的结果。

（4）林木标准木总叶面积及叶面积指数的测定方法。伐倒标准木，确定所有叶片的干重，根据实测的比叶面积计算标准木总叶面积，然后换算成林分的叶面积指数。

（5）草灌丛群落叶面积指数的测定方法。采用直接测定和干重系数相结合的综合测定方法。首先，采用光电面积仪直接测量单株植物的叶面积，然后将叶片放入干燥箱于70～80℃烘干，称重，之后求出单株植物的平均面积-干重系数，即面积/干重比（cm²/g）。再结合群落生物量测定，测出样方中每种植物叶片的总干重，乘以各自的干重系数即可求出每种植物的叶片总面积，进而统计出各种群和群落的叶面积指数。

（三）植物群落的物种多样性分析

生物群落的物种多样性能反映群落组织化水平，通过结构与功能的关系间接反映群落功能特征的指标。群落的物种多样性是反映群落结构的一个指标，可以用来比较两个群落中物种的复杂性和丰富程度。

1. 物种丰富度指数

物种丰富度即物种的数目，是最简单、最古老的物种多样性的测度方法。如果研究地区或样地面积在时间和空间上是确定的或可控制的，则物种丰富度会提供很有用的信息，否则物种丰富度几乎是没有意义的，因为物种丰富度与样方大小有关。为了解决这个问题，一般采用两种方法：第一，用单位面积内的物种数目即物种密度来测度物种的丰富程度，这种方法多用于植物多样性研究，一般用每平方米的物种数目表示；第二，用一定数量的个体或生物量中的物种数目，即数量丰度来进行测度物种的丰富程度，这种方法多用于水域物种的多样性研究。

2. 香农-维纳（*Shannon-Wiener*）多样性指数

Shannon-Wiener提出了信息不确定性的测度公式。如果在群落中随机抽取一个个体，它将属于哪个种是不确定的，而且物种数越多，其不确定性越大，因此，可将其不确定性当作多样性的量度。

香农-维纳多样性指数的意义在于物种间数量分布均匀时，多样性最高。两个个体数量分布均匀的群落，物种数越多，多样性越高。

3. Simpson多样性指数

Simpson多样性指数是基于概念论提出的，并广泛用于植物群落的生态学研究。Simpson多样性指数的意义是，从包含N个个体、s个物种的样方中随机抽取两个个体并不再放回，如果这两个个体属于相同物种的概率越大，则认为该样方的多样性越低，反之则越高。

4. Pielou均匀度指数

Pielou把均匀度J定义为群落的实测多样性指数（H'）与最大多样性指数（H'_{max}，即在给定物种数s下的完全均匀群落的多样性）之比率。其计算公式为：

$$J = \frac{-\sum p_i \ln p_i}{\ln s}$$

式中，J为Pielou均匀度指数；p_i为物种i的相对重要值（相对高度+相对盖度）；s为物种i所在样方的物种总数，即丰富度指数。

5. 基于Simpson多样性指数的群落均匀度指数

群落均匀度是指群落中各物种的多度的均匀程度。它的计算可通过多样性指数值和该样地物种数、个体总数不变的情况下具有的最大的多样性指数值的比值来度量。这个理论值实际是在假定"群落中所有物种的多度分布是均匀的"这个基础上实现的。

当$n_i/N=1/s$时，有最大的物种多样性，则可得最大多样性指数：

$$SP_{max}=\frac{s（N-1）}{（N-s）}$$

物种均匀度的计算公式为：$E=\dfrac{SP}{SP_{max}}$

式中，SP为Simpson多样性指数；SP_{max}为最大的Simpson多样性指数。

6. 群落相似性系数

相似性系数用以测度群落的物种相似性。在众多的相似性指数中应用最广泛、效果最好的是早期提出的Sorenson指数。

$$Cs=\frac{2j}{a+b}$$

式中，Cs为Sorenson指数；j为两个群落或样地共有的物种数；a为样地A的物种数；b为样地B的物种数。

（四）植物群落的生活型分析

按照生活型分类，植物可分为高位芽植物、地上芽植物、地面芽植物、隐芽植物（地下芽植物）和一年生植物。高位芽植物为多年生芽着生在空气中的枝条上，至少高于地面25cm以上，包括乔木和高灌木、木质藤本、附生植物、高茎的肉质植物。地上芽植物为多年生芽紧接地表，高度低于25cm，如草本、匍匐灌木、矮木本植物、矮肉质植物、垫状植物。地面芽植物为多年生草本，植物空中部分在生长季结束后死去，留下休眠芽在地表或地表下，如季节性宽叶草本和禾草、莲座状植物。隐芽植物为休眠芽位于土壤表层以下或没入水中，如具有深根茎、球茎、块根的陆生植物和水面植物，根生于水底的沉水植物。一年生植物为一年生草本植物，用种子度过不良季节。

应用上述植物生活型分类系统，针对某一群落的植物区系，计算出每一个生活型类别植物物种的百分率，即：

$$某一生活型植物物种的百分率（\%）=\frac{某一生活型的植物种数}{全部植物的物种数}\times100\%$$

根据所得到的各个生活型类别植物物种的百分率可以绘制群落的生活型谱。

二、动物生态学调查方法与技术

（一）地面上动物种群野外调查的基本方法

地面上需要调查的动物种类通常包括大、中、小型兽类以及爬行类、两栖类、鸟类和昆虫等，由于它们的生境和习性不同，因此在野外对其观测的方法也有所不同。

1. 总体计数法

对于一些栖息范围有限的昼行性大型兽类来说，可直接点数统计其全部数量。一些群居性动物在繁殖季节通常集群生活，更容易集中记数。总体计数时，时间要相对集中，最好在同一天完成，防止动物迁移造成漏计或重复计。这种方法适用于生活在开阔地段或狭小地区的大、中型兽类。对于一些无脊椎动物来说，可采取小范围内的总体计数，如在一块木头和树皮之下、植物的基部、墙和岩石的裂缝中、枯叶、鸟巢中找到它们。

2. 样方计数法

如果调查的面积很大，又不可能对全部动物加以计数时，可以用抽样的方法计数。将调查区分割成若干样方，然后抽取部分样方调查动物的数量，根据多个样方算出平均数推断出整个地区的种群数量。样方数量的多少要预先进行计算，样方的选择应具有代表性。一般来说，昆虫的样方为1m×1m，小型无脊椎动物的样方为5m×5m，鸟类的样方为100m×100m等。

获取一部分样地的动物数量后，需要对这些数据加以处理，算出平均数、变异范围或标准差。如果这些数据变化较大，则可能需要增加样方，或检查样方设置是否具有代表性，或对没有到过的区域增加取样点。

3. 样地哄赶法

对于一些隐藏在草丛或灌丛中的兽类，采用哄赶的方法可以统计动物的绝对数量。此法适用于地势平坦或坡度不大的山地、密集的草丛和树丛。

哄赶前要选择有代表性的样地，根据调查区域的天然分界，如林间小路、防火带、山口及通道确定哄赶区。哄赶前应在分界四周布满人员观察、记录逃出的动物数，其他哄赶人员以一定的间隔队列向前哄赶，相邻哄赶人员之间的间距以能够看清相互之间区域中的动物为宜。哄赶时可采用狗、石头、响铃、锣鼓、汽车、摩托车等。哄赶人员只记录向后逃逸的动物，向前逃跑的动物不记，横向逃跑也不记，以免重复。位于哄赶区两边的人员，应特别注意逃出样地的动物，与边界四周的观察人员密切配合，以免漏记。

4. 样线带法

样线带法是在大面积上进行大、中型动物数量统计的最基本方法。此法不受生境条件的限制，省人力和物力，一个统计人员在短时间内可以调查相当大的区域。

具体操作时按照预定路线行走，观察遇到的动物个体数，记录动物出现的距离。以动物与行走路线的平均垂直距离作为样带的宽度。最后将观察到的动物数除以样地宽度与路线长度的积，得出单位面积上的种群数量，再乘以研究区的总面积，以此获得整个研究区的动物种群数量。

若要获得预定的精确程度，还必须进行多次重复，重复的次数可以通过计算得到。此外，还有一种简化的方法，观察者只需要记录所遇到的动物数，然后除以调查的样线长度，从而得到相对密度或相对丰富度。

5. 标记重捕法

如果种群的一部分个体用某种方法做出标记后放回原来种群中去，然后在完全混合之后采集第二样本。原来释放的标记个体总数与种群总数形成比例时，第二样本的标记个体数与第二样本的总数就会形成系统比率。

在应用标记重捕法时应注意，标记物或标记液的选取及标记位置不能在动物关节和活动剧烈的区域，以免失去标记。同时注意不能选择毒性大的标记。释放的时间应选在动物的不活动期间，不能在中午释放，以免它们迁移到生境隐蔽地以外的空间，或由于热流将它们带到若干千米以外的地方。标记重捕法适用于昆虫、鸟类、鱼类和哺乳动物。

6. 指数标定法

指数标定法是利用一些与动物的实际数量有关的测定指标来估测动物的种群密度，如沿着一定的线路调查动物的洞穴、巢、足迹、粪堆、鸣叫、幼体等相关指标的数量来推算该区域动物的种群密度。

在运用指数标定法时，通常需要建立观测指数与动物种群的回归方程，然后通过实际观测的相关指标数据，运用回归方程进行估算。

7. 去除法

如果研究者想考虑一个封闭种群，并把捕获到的个体移走，那么每次剩下的动物就越来越少，则捕获到的动物数量将逐渐减少。如果将每次捕获的动物数与之前已经捕获的动物总数绘制成图，则下降的趋势是明显的。根据所得的数据进行直线回归，就能得出种群数量。

在研究中要注意捕获器的密度不能太大，否则容易造成相互干扰，同时注意也不能太少，否则效率又太低。为防止迁入个体占据被捕获动物腾出的空间，最好也将动物标记，但在计算时需做移走处理。

标记重捕法的计算公式：

$$N= \frac{n}{m} \times M$$

N：估算的种群个体数量；n：重捕的个体数；m：重捕中标记的个体数；M：第一次捕获标记的个体数。

（二）爬行类、两栖类的种群数量调查方法

爬行类、两栖类种群数量调查方法常采用样线统计法。样线统计法是在非繁殖期，根据生境类型，选择若干调查线路，沿线路按一定速度行走，仔细观察两侧的爬行类和两栖类，记录其种类和数量。

以调查数量除以总路线长可求得相对数量（只/m）。按截线法可计算绝对数量。随机选择若干样点，同步记录环境要素。

（三）鸟类的种群数量调查方法

1. 样方统计法

此法适用于鸟类动物成对生活的繁殖季节，用鸟巢统计法求得鸟类动物的数量。操作步骤如下：①设置样方。常用样方的大小为100m×100m和50m×50m。两种样方可设计标本如木桩，每一垂直带都要设置3～4个样方。②鸟数或鸟巢统计。统计时要对样方内的鸟或鸟巢全部计数，并要进行如隔天或隔周的重复调查，每天最好在一定时间如鸟禽最活跃的早晨或傍晚进行统计。如果样方内植被稠密，为求统计准确还可把样方进行分段统计。③最好能按比例绘出生境如植被、道路、河流等的配置简图和鸟巢的分布位置。④在草地上，可用条带样方统计，如用30～40m或更长的带铃绳子，两个人各持其一端拉开，向前行进，第三个人跟在绳中间，带上计步器记录行进距离，并记录鸟巢的种类、位置和数目。由上述调查可以求出各样方统计密度的平均值，进而求出一定调查面积内全部鸟类的数目。

2. 样线统计法

调查者的行进速度要匀速，如果步行统计，行进速度一般为1～3km/h，行进过程不间断，统计时带上望远镜，以准确鉴别鸟的种类。如果行进路线为直线并限定统计路线两侧一定宽度的鸟，则可求出单位面积上遇到的鸟数，作为相对多度指标。要注意，统计时应避免重复统计，调查时由后向前飞的鸟不予统计，而由前向后飞的鸟要统计在内。

3. 样点统计法

样点统计法是在调查区内，根据生境不同，选定若干有代表性的统计点，在鸟的活动高峰时逐点对鸟予以相同时间的统计，统计时间一般为5～20min。也可以以点为中心划出一定大小的样方，如250m×250m，进行相同时间的统计。样点应随机选择，样点之间的距离应大于鸟鸣距离。

简化的样点统计法即"线-点"统计法。该统计法一般先选定一统计路线，隔一定距

离如200m，标出一统计点，于鸟活动高峰期逐点停留，如3min，记录鸟的种类和数量，但在行进路线上不做统计。这种方法只是统计鸟的相对多度的指标，以此可以了解各种鸟的相对多度及同一种鸟的种群季节变化。

第四节　虚拟实景技术在植物学实习中的应用

"基于虚拟实景的植物学分类实习教学系统"是由沈阳农业大学自主研发，以校园植物为素材，构建的植物学分类教学辅助系统。通过虚拟VR现实技术，利用学生熟悉的校园，按照校园植物的分布特点，设置实习路线。对叶之帆、复旦园、克威园等33个主要场景，进行720°全景浏览，每个场景包含了4~8种植物的介绍，以图文并茂的形式对植物形态特征和应用进行详细的描述，每张图片均为课程组教师原创拍摄，并配有主讲教师的语音讲解，学生可以通过点击"脚印"标识或者"下一个场景"功能按钮，即可完成既定路线的学习，也可以通过地理位置导航实现场景的随机切换，导航路径可选，方便实用。创造一种沉浸式虚拟学习环境，充分调动学生积极性，吸引学生自发性学习，让学生独立自主学习成为提高植物学分类实习教学效果的重要途径，真正体现植物学分类实习这一教学环节的重要作用。

系统支持PC端和手机端，手机端网址为http://pano.syau.edu.cn/view/zwfldh1/，PC端网址为http://pano.syau.edu.cn/view/zwfldh/。学生直接点击网址即可进入学习，无须下载App。

第五节　红外线相机在野生动物调查中的应用

一、动物行为学研究

在野外动物调查中，为研究好动物行为学，应利用红外相机技术，该技术具有24h持续监测的功能，并且可以根据野生动物活动情况，进行特定的监测。在这样的监测中，可针对红外线相机照片拍摄概率确定好动物活动强度及指数，进而发挥行为学研究效果。同时，在利用红外相机针对动物日常活动进行评估时，也可以按照动物领地的标记情况进行深入研究。最后，在红外相机被应用到食肉动物研究中时，可根据食肉动物气味进行标记与研究，其标记巢捕食的行为也具有一定的研究意义与价值。

二、种群参数研究

在种群数量及其密度的计算中，应合理利用红外线相机技术，针对动物种群数量及其密度进行评估工作。例如，可按照动物特表特征进行识别，并利用好红外相机技术使获得的数据可以标记并建立出模型，进而为后续专项数据分析做好基础工作。例如，在个体识别中，可按照不同野生动物，如猫科、硬骨类、两栖类、爬行类、鸟类、哺乳类、无脊椎类等的特点进行评估与标记。如，猫科动物体表斑纹等，也可以在人为标记上进行识别。其次，在红外相机中，可以按照自然特点识别出具体的特体动物。例如，在评估东北虎等大型猫科动物中，可按照空间标记以及其重捕模型对动物个体进行调查工作，以此按照具体移位情况进行分析，在特定位置上可以不断增加监测频次。例如，当地组织专业技术人员开展了野生动物红外相机监测阶段性数据采集工作。此次对布设在保护区内重点森林的10台红外相机数据监测进行了全部采集，采集照片和视频数据接近5GB。

三、野生动物调查

随着经济社会的快速发展，人类的活动范围日益扩大，与野生动物的活动范围有了更多重叠与交叉，在进行野生动物调查工作时，应积极利用目前高科技技术，确保野生动物调查工作顺利进行。目前，红外相机具有隐蔽性、适应性等特点，可有效观察野生动物的生活状态，并加强研究人员对野生动物的研究力度。例如，在检测荒漠猫以及北极狐动物时，可有效利用红外相机监测出珍稀动物的活动情况，为研究人员提供研究基础。例如，生活在高海拔、人迹罕至的裸岩峭壁地带的雪豹近年来也频频出现在人们的视野中。针对这些野生动物究竟是需要同人类共享栖息地，还是应该单独享有独立的生活区域等问题，可利用红外相机记录区域中动物的生活区域，并发挥其技术调查功能，进而为我国野生动物研究与保护提供有力的证据支撑。

第二章 沈阳地区常见维管束植物

第一节 蕨类植物

一、蕨类植物分科检索表

1.具地上气生茎，小型叶具1条叶脉。

  2.厚孢子囊单生孢子叶腋基部，孢子叶密集枝端形成孢子叶球 …………（1）卷柏科Selaginellaceae

  2.厚孢子囊5～10个生于孢囊柄六角形盘状体下面 ……………………（2）木贼科Equisetaceae

1.仅具根状茎，大型叶。

  2.中、小型陆生植物；根状茎细长；叶簇生，有叶柄。

    3.孢子叶同型 ………………………………………………………（3）蹄盖蕨科Athyriaceae

    3.孢子叶异型 ………………………………………………………（4）球子蕨科Onocleaceae

  2.水生植物。

    3.叶3列 ……………………………………………………………（5）槐叶苹科Salviniaceae

    3.叶2列。

      4.叶片十字形，由2～4小叶组成 …………………………………（6）苹科Marsileaceae

      4.叶片2行互生，深裂为腹、背2裂片，沉于水中 ………………（7）满江红科Azollaceae

二、沈阳地区蕨类植物各科的主要特征及每科、属、种检索表

（一）卷柏科Selaginellaceae

陆生植物，茎通常背腹扁平，横走。叶小型，单叶，有中脉，腹面基部有一叶舌，舌状或扇状，通常在成熟时即脱落。孢子叶穗四棱柱形或扁圆形。孢子囊二型，单生于叶腋之基部，1室。孢子异型，大孢子通常4枚，小孢子多数，均为球状四面形。

卷柏属*Selaginella* Beauv.

  卷柏*S. tamariscina*（Beauv.）Spring.

（二）木贼科Equisetaceae

多年生草本。根状茎横走，茎细长，直立，节明显，节间常中空，分枝或不分枝，表面粗糙，富含硅质，有多条纵脊。叶小，鳞片状，轮生，基部连合成鞘状。孢子叶盾形，在小枝顶端排成穗状；孢子圆球形，表面着生十字形弹丝4条。

木贼属*Hippochaete* Milde

1.茎二型 ··· 问荆*H. arvense* L.

1.茎一型。

　2.茎上部分枝或从基部分枝，分枝斜升，每槽具1至多行气孔 ···多枝木贼*H. ramosissimum*（Desf.）Boern

　2.茎通常不分枝，每槽具1行气孔 ····················木贼*H. hyemale*（L.）Boern

（三）蹄盖蕨科Athyriaceae

中型陆生植物。根状茎横走，直立或斜升。叶簇生或远生。叶柄淡草绿色，有2条维管束向叶轴底部汇合成V字形；叶片多为一至三回羽状或四至五回羽裂，各回羽轴和主脉上面往往有纵沟，两侧有隆起的狭边，此狭边在各回纵沟相接处成为缺刻，使各沟彼此相通，往往在缺刻下侧有1个刺状突起。孢子囊群圆形、长圆形、新月形、线形或马蹄形。

蹄盖蕨属*Athyrium* Roth.

1.囊群盖全缘或近全缘；叶表面羽轴和小羽轴交接处具肉质角状突起

·· 禾秆蹄盖蕨*A. yokoscense*（Franch. Et Sav.）Christ.

1.囊群盖边缘啮蚀状至流苏状；叶表面叶轴和小羽轴交接处无肉质突起

·· 猴腿蹄盖蕨*A. multidentatum*（Doll.）Ching

（四）球子蕨科Onocleaceae

根状茎长而横展，近光滑。叶远生，二型，不育叶的柄长20～48cm，叶片宽卵形，革质，长17～24cm，一回羽状，下部羽片长8～12cm，边缘波状至浅裂；能育叶二回羽状，羽片条形，小羽片紧缩成小球形，成熟时开裂。孢子囊群圆形。

球子蕨属*Onoclea* L.

球子蕨*O. sensibilis* var. *interrupta* Maxim.

（五）槐叶苹科Salviniacae

多年生根退化型的浮水性蕨类植物，喜温暖、光照充足的环境。根茎平展于水面，或偶尔匍匐于湿泥上；叶为3片轮生，排成3片具短柄，两型：水上叶2枚，卵状椭圆形，绿色，厚质，两面密被毛；叶脉离生；叶片上表面毛4根成一束并作张开状，下表面毛单生，密被；水下叶1枚，淡褐色，演化成胡须状，胡须细长，外密被多数褐色毛，以取代根的作用。孢子囊果球形，密被褐色毛，着生于水下叶的叶片基部，呈集结状排列，多发生于旱季或冬季。

槐叶苹属*Salvinia* Adans.

槐叶苹*S. natans*（L.）All.

（六）苹科**Marsileaceae**

水生植物。根状茎长匍匐，二叉分枝，内具双韧管状中柱。叶片漂浮于水面。孢子囊群生于特化的孢子囊果内，孢子囊果的壁由羽片或小羽片变态形成，孢子囊果两性，每一孢子囊果内生许多孢子囊群，每一孢子囊群都同时具有大、小孢子囊；孢子异型。

苹属*Marsilea* L.

苹*M. quadrifolia* L.

（七）满江红科**Azollaceae**

小型浮水植物。 根状茎纤细。叶微小，每叶有上下2裂片，上裂片浮水而覆盖根状茎，下裂片沉水中。孢子果有大小两型，小孢子果球形，大孢子果卵形。

满江红属*Azolla* Lam.

1.植物体通常绿色，主茎明显；侧枝腋外生，少于茎上的叶片数目········ 细叶满江红*A. filiculoides* Lam.

1.植物体通常变紫红色，主茎不明显；侧枝明显腋生，与茎上叶片数目相等

·····························满江红*A. imbricata*（Roxb.）Nakai

第二节　裸子植物

一、裸子植物门分科检索表

1.叶扇形，雌雄异株·····························（1）银杏科Ginkgoaceae

1.叶针状、鳞片状、线形或刺状。

　2.大孢子叶球仅具1个顶生胚珠；种子为假种皮所包围 ·············（5）红豆杉科Taxaceae

　2.大孢子叶球的每枚孢子叶上各具2至多枚胚珠；种子无肉质假种皮。

　　3.叶互生或簇生，或2~5枚成一束；球果的种鳞与苞鳞离生··············（2）松科Pinaceae

　　3.叶交互对生或轮生或螺旋状着生；球果的种鳞与苞鳞合生。

4.种鳞与叶均螺旋状着生，稀交叉对生（水杉属），每种鳞具2~9粒种子；叶披针形、钻形、鳞片状或线形，常绿或落叶 ……………………………………………… （4）杉科Taxodiaceae

4.种鳞与叶均交叉对生或轮生，每种鳞具1至多粒种子；叶鳞片状或刺状，常绿

………………………………………………………………… （3）柏科Cupressaceae

二、沈阳地区裸子植物各科的主要特征及每科、属、种检索表

（一）银杏科Ginkgoaceae

落叶大乔木，树干端直，尖削度大，分枝多，枝条有长、短两型。叶扇形，有长柄，具多数叉状细脉，在长枝上螺旋状着生，在短枝上为簇生状。雌雄异株，雄蕊多数，螺旋状着生，具短柄，花药2，药室纵裂，药隔不发达；雌球花具长梗，梗端常分二叉，稀不分叉或分成3~5叉，叉顶生珠座，每珠座具一直立胚珠。种子核果状，具长梗，下垂，外种皮肉质；中种皮骨质，内种皮膜质，胚乳丰富；子叶常2，发芽时不出土。

银杏属*Ginkgo* L.

银杏（白果、公孙树）*G. biloba* L.

（二）松科Pinaceae

常绿或落叶乔木，稀为灌木状，枝仅有长枝或兼有长枝和短枝，短枝通常明显或极度退化而不明显。叶线形，扁平或四棱形，在长枝上螺旋状散生，在短枝上呈簇生状，或针形2~5枚为一束，着生于极度退化的短枝顶端，基部有叶鞘，宿存或脱落。花单性，雌雄同株；雄球花卵形或圆柱形，腋生或单生于枝端，或多数集生于短枝上部；雄蕊多数，螺旋状着生，每雄蕊具2花药，花粉有气囊或无；雌球花具多数螺旋状着生的珠鳞和苞鳞，每珠鳞腹面着生2枚倒生胚珠，背面的苞鳞与珠鳞分离，仅基部合生。球果下垂或直立，当年或次年稀第三年成熟，成熟时种鳞开裂，稀不开裂；种鳞背腹面扁平，木质或革质，宿存或熟后脱落；每种鳞基部具2粒种子。种子通常上端具一膜质翅，稀无翅；子叶2~16，发芽时出土或不出土。

分属检索表

1.叶单生。

  2.球果上的种鳞于成熟后不脱落，枝上具显著突出的叶枕 …………………… （3）云杉属*Picea*

  2.球果上的种鳞于成熟后脱落，枝上不具叶枕 ………………………………… （1）冷杉属*Abies*

1.叶多数簇生，或2~3枚为一束，基部为叶鞘所包被。

  2.叶2~5枚成一束，基部围以叶鞘（脱落或宿存），常绿 …………………… （4）松属*Pinus*

  2.叶簇生（每簇常在10枚以上），冬季脱落 ………………………………… （2）落叶松属*Larix*

（1）冷杉属*Abies* Mill.

1.小枝无毛；叶先端锐尖 ··· 杉松冷杉*A. holophylla* Max.

1.小枝有毛；叶先端微凹，或钝尖 ····································· 臭冷杉*A. nephrolepis* Max.

（2）落叶松属*Larix* Mill.

1.在当年的球果上，于种鳞背部常有细小瘤状突起。

　2.球果上种鳞约20枚，先端不反卷；一年枝黄褐色，有光泽 ············ 黄花落叶松*L. olgensis* A. Henry

　2.球果上种鳞在50枚以上，先端反卷；一年枝暗赤褐色，有时有白粉

　　·· 日本落叶松*L. kaempferi*（Lamb.）Carr.

1.在当年的球果上，于种鳞背部无细小瘤状突起；一年枝淡褐色或淡褐黄色

　　·· 华北落叶松*L. principis-rupprechtii* Mayr.

（3）云杉属*Picea* Dietr.

1.小枝基部宿存的芽鳞多少向外反曲，一年生枝黄褐色。

　2.叶先端微钝或钝 ··· 白杆*P. meyeri* Rehd.ex Wils.

　2.叶先端尖或锐尖，或有急尖 ································· 红皮云杉*P. koraiensis* Nakai

1.小枝基部宿存的芽鳞不反曲；一年枝淡灰色 ····························· 青杆*P. wilsonii* Masf.

（4）松属*Pinus* L.

1.叶鞘早落，针叶基部的鳞叶不下延，叶内具1条维管束。

　2.叶通常5针一束，树皮红褐色或灰绿色。

　　3.小枝被黄褐色或红褐色毛；幼树树皮灰褐色，近光滑；大树树皮带红褐色，鳞块状不规则开裂

　　　·· 红松*P. koraiensis* Sieb. et Zucc.

　　3.小枝绿色或灰绿色，无毛；幼树树皮灰绿色或淡灰绿色，老则呈灰色，裂成大方形厚片

　　　·· 华山松*P. armandii* Franch.

　2.叶通常3针一束，树皮灰白色 ································· 白皮松*P. bungeana* Zucc.

1.叶鞘宿存，针叶基部的鳞叶下延，叶内具2条维管束。

　2.针叶3枚成一束；叶横剖面为近似三角形 ····························· 刚松*P. rigida* Mill.

　2.针叶2枚成一束；叶横剖面为半圆形。

　　3.针叶扭曲，长2～9cm。

　　　4.针叶长2～4cm，球果上种鳞的鳞盾及鳞脐扁平，无刺尖 ·········· 北美短叶松*P. banksiana* Lamb.

　　　4.针叶长4～9cm；鳞盾明显隆起，鳞脐瘤状，上具短刺 ······樟子松*P. sylvestris* L. var. *mongolica* litv.

　　3.针叶不扭曲，长10～15cm。

　　　4.树干上部的树皮呈红褐色 ································· 油松*P. tabulaeformis* Carr.

　　　4.树干的树皮深灰褐色 ·········· 黑皮油松*P. tabulaeformis* Carr. var. *mukdensis* Uyeki

（三）柏科Cupressaceae

常绿乔木或灌木。树皮通常纵裂成条片。叶通常为鳞片形或刺形，或二者皆有，交互对生或3~4轮生，稀螺旋状着生。球花单性，雌雄同株或异株，单生于枝顶或叶腋；雄球花具3~4对交互对生的雄蕊，每雄蕊具2~6花药，花粉无气囊；雌球花有3~16交互对生或3~4轮生的珠鳞，全部或部分珠鳞腹面的基部有1至多数直立的胚珠，稀胚珠单生于两珠鳞之间，苞鳞与珠鳞完全合生。球果圆球形、卵圆形、倒卵状圆形或圆柱形，种鳞薄或厚，扁平或盾形，木质或近木质，熟时开裂，发育种鳞有1至多粒种子。种子周围具窄翅，或上部具一长一短的翅或无翅。

分属检索表

1.球果在成熟时呈浆果状，不开裂；叶对生或3枚轮生，鳞片状或刺状；小枝不扁平，不排成一平面。

  2.球花单生于枝顶；叶全为刺叶或鳞叶，或同一树上刺叶及鳞叶兼有，刺叶基部无关节

      ··· （3）圆柏属*Sabina*

  2.球花生于叶腋；叶全为刺叶，于基部有关节 ·············· （1）刺柏属*Juniperus*

1.球果木质，在种鳞顶端下方有一弯曲的钩状尖头；叶鳞片状；小枝扁平，排列成一平面

      ·· （2）侧柏属*Platycladus*

（1）刺柏属*Juniperus* L.

杜松*J. figida* Sieb. et Zucc.

（2）侧柏属*Platycladus* Spach.

侧柏*P. orientalis*（L.）Franco

（3）圆柏属*Sabina* Mill.

1.叶全为鳞叶或兼有鳞叶和刺叶，或仅幼株全为刺叶，乔木或灌木。

  2.灌木；刺叶背部具细长凹陷的腺体 ·················· 叉子圆柏*S. vulgaris* Ant.

  2.乔木；刺叶背部无凹陷的腺体 ·········· 塔柏*S. chinensis*（L.）Ant. var. *pyramidalis*（Carr.）Beiss

1.叶全为刺叶，匍匐灌木 ················· 铺地柏*S. procumbens*（Endl.）Iwataet *Kusaka*

（四）杉科Taxodiaceae

常绿或落叶乔木。树干端直，大枝轮生或近轮生。叶螺旋状排列，散生，稀交叉对生，披针形、钻形、鳞形或线形，同一树上叶同型或二型。球花单性，雌雄同株，雄蕊及珠鳞均螺旋状着生，稀交叉对生；雄球花小，单生或簇生枝顶，或排成圆锥花序状，或生于叶腋，雄蕊具2~9花药，花粉无气囊；雌球花顶生或生于去年生枝近枝顶，珠鳞与苞鳞半合生或完全合生，或珠鳞甚小，或苞鳞退化，珠鳞腹面基部具2~9直立或倒生胚珠。球果当年成熟；熟时张开，种鳞扁平或盾形，木质或革质，螺旋状着生或交叉对生，宿存或

熟后逐渐脱落，能育种鳞腹面具2~9种子。种子扁平或三棱形，周围或两侧有窄翅，或下部长翅；子叶2~9。

水杉属*Metasequoia*

水杉*M. glyptostroboides* Hu et Cheng

（五）红豆杉科**Taxaceae**

常绿乔木或灌木。叶线形或披针形，螺旋状排列或交叉对生，基部常扭转成2列状，表面中脉明显，背面中脉两侧各具1气孔带。球花单性，雌雄异株，稀同株；雄球花单生于叶腋或苞腋，或组成穗状花序集生于枝顶，雄蕊多数，各有3~9花药，药室纵裂，花粉无气囊；雌球花单生或两个成对生于叶腋或苞腋，有梗或无梗，基部具多数覆瓦状排列或交叉对生的苞片，胚珠1，直立，生于花轴顶端，基部具辐射对称的盘状或漏斗状珠托。种子核果状或坚果状，全部或部分包于肉质假种皮内，胚乳丰富；子叶2。

红豆杉属*Taxus* L.

东北红豆杉（紫杉）*T. cuspidata* Sieb. et Zucc.

第三节　被子植物

一、被子植物门分科检索表

1.胚有2个子叶；叶脉通常是网状；茎内维管束排列成环状，有形成层，茎中央有髓部；花部基数常是四出数或五出数 ·· 双子叶植物纲Dicotyledoneae

2.花有花萼和离瓣的花冠，或全没有，或仅有花萼。

  3.花没有花萼和花冠或仅有花萼。

    4.花单性。

     5.雌花和雄花都组成葇荑花序或葇荑状花序，或仅雌花如此。

      6.复叶 ···（2）胡桃科Juglandaceae

      6.单叶。

       7.雄花有微小的花萼。

        8.植物体有乳汁；雌花花萼于果时肉质；果为瘦果 ·····················（8）桑科Moraceae

        8.植物体无乳汁；雌花花萼于果时不为肉质；果为坚果或小坚果。

         9.雌花有萼片，雌蕊由3~6心皮组成；坚果全部或部分包被在杯状或带刺的壳斗内

    …………………………………………………………（5）壳斗科Fagaceae

  9.雌花无萼片，雌蕊由2个心皮组成；小坚果，外无壳斗包被 … （3）桦木科Betulaceae

 7.雄花无花萼。

  8.雌雄异株；花内常有蜜腺或花盘；蒴果，外无叶状总苞包被 ……（1）杨柳科Salicaceae

  8.雌雄同株；花内无蜜腺或花盘；坚果，外为叶状的总苞包被 … （3）桦木科Betulaceae

5.花序不为葇荑花序或葇荑状花序。

 6.子房上位。

  7.水生植物，叶轮生，叉状数回分裂 …………………（20）金鱼藻科Ceratophyllaceae

  7.陆生植物。

   8.心皮离生；藤本植物 ………………………………（24）木兰科Magnoliaceae

   8.心皮合生，或只有1个心皮；直立草本或木本。

    9.花柱1个 …………………………………………………（9）荨麻科Urticaceae

    9.花柱2～5个。

     10.木本植物。

      11.叶互生。

       12.子房3室，花柱3个。

        13.胚珠具腹脊 …………………………（39）大戟科Euphorbiaceae

        13.胚珠具背脊 ……………………………（5）黄杨科Buxaceae

       12.子房1室，花柱2个 ……………………………（6）榆科Ulmaceae

      11.叶对生。

       12.雄蕊2个；果实为单翼细长的翅果 ……………（68）木樨科Oleaceae

       12.雄蕊4～10个，常为8个；果实为双翼的翅果 ……（43）槭树科Aceraceae

     10.草本植物。

      11.子房3室 …………………………………………（39）大戟科Euphorbiaceae

      11.子房1室。

       12.叶柄基都有托叶鞘 ……………………………（13）蓼科Polygonaceae

       12.叶柄基都无托叶鞘。

        13.叶互生。

        14.花有膜质的苞片和花萼 ………………（15）苋科Amaranthaceae

        14.花的苞片和花萼不为膜质 ……………（14）藜科Chenopodiaceae

        13.叶对生或至少下部对生。

        14.叶掌状深裂或全裂 ……………………（7）大麻科Cannabiaceae

        14.叶全缘不分裂 …………………………（15）苋科Amaranthaceae

6. 子房下位。

　　7. 叶对生，全缘；寄生在树木上 ·················· （11）桑寄生科Loranthaceae

　　7. 叶轮生，羽状全裂叶；水生植物 ·············· （61）小二仙草科Haloragidaceae

4. 花两性。

　5. 子房上位或半下位。

　　6. 心皮分离或仅有1个（无特立中央胎座类型存在）。

　　　7. 合萼，花冠状。

　　　　8. 心皮1个。

　　　　　9. 花下无总苞；花丝在花芽内直立 ·············· （56）瑞香科Thymelaeaceae

　　　　　9. 花下有总苞，有时类似花萼；花丝在芽内卷曲 ········· （16）紫茉莉科Nyctaginaceae

　　　　8. 心皮多数 ························· （21）毛茛科Ranunculaceae

　　　7. 离萼

　　　　8. 心皮多数，通常4个以上（稀2～3个），子房上位下位花··· （21）毛茛科Ranunculaceae

　　　　8. 心皮1～3个，子房上位周位花 ············· （30）蔷薇科Rosaceae

　　6. 心皮全部连合或至少在基部连合（特立中央胎座类型于此项查找）。

　　　7. 具托叶鞘 ···························· （13）蓼科Polygonaceae

　　　7. 无托叶鞘存在。

　　　　8. 雄蕊与萼片同数，或较少或较多，但从不为萼片的2倍。

　　　　　9. 木本植物。

　　　　　　10. 复叶，对生 ·························· （68）木樨科Oleaceae

　　　　　　10. 单叶，互生。

　　　　　　　11. 叶全缘，有银白色鳞片；子房位于杯状的花托内 ··· （57）胡颓子科Elaeagnaceae

　　　　　　　11. 叶缘有锯齿，无银白色鳞片；子房不位于杯状的花托内 ··· （6）榆科Ulmaceae

　　　　　9. 草本植物。

　　　　　　10. 子房2～4室。

　　　　　　　11. 叶互生 ·························· （27）十字花科Cruciferae

　　　　　　　11. 叶对生或轮生 ····················· （58）千屈菜科Lythraceae

　　　　　　10. 子房1室。

　　　　　　　11. 雄蕊与萼片互生；柱头1个 ··············· （67）报春花科Primulaceae

　　　　　　　11. 雄蕊与萼片对生；柱头2～3个。

　　　　　　　　12. 花有膜质的苞片和花萼；果横裂或不开裂 ········ （15）苋科Amaranthaceae

　　　　　　　　12. 花的苞片和萼片不为膜质；果不裂 ·········· （14）藜科Chenopodiaceae

　　　　8. 雄蕊为萼片的2倍。

9. 叶对生 ………………………………………… （18）石竹科Caryophyllaceae

9. 叶互生 ………………………………………… （29）虎耳草科Saxifragaceae

5. 子房下位。

6. 叶轮生；每花内只有雄蕊1个；水生植物 ………………… （62）杉叶藻科Hippuridaceae

6. 叶互生或对生；每花内有雄蕊2～6个；陆生植物。

7. 子房4～6室，胚珠多数 ………………………… （12）马兜铃科Aristolochiaceae

7. 子房1室，胚珠1～3个。

8. 常绿木本性的寄生植物 ………………………… （11）桑寄生科Loranthaceae

8. 草本性的寄生植物 ………………………………… （10）檀香科Santalaceae

3. 花有花萼和分离的花瓣。

4. 心皮分离（如一个心皮，则于另一项中检索），或仅基部连合。

5. 雄蕊多数，在12个以上。

6. 花单性，雌雄异株。

7. 直立草本，复叶。

8. 花瓣叉状二深裂，顶端有2个空花药；雄花的雄蕊螺旋状排列

………………………………………………… （21）毛茛科Ranunculaceae

8. 花瓣不分裂；雄花的雄蕊轮状排列 ……………………… （30）蔷薇科Rosaceae

7. 藤本；单叶 ……………………………………… （23）防己科Menispermaceae

6. 花两性。

7. 叶有托叶。

8. 叶具托叶1片，圆锥状，包于芽的顶端，脱落后于茎上留下环状的托叶痕；心皮多数，
螺旋状排列于伸长而呈柱状的花托上 ………………… （24）木兰科Magnoliaceae

8. 叶具托叶2片，位于叶柄两侧，脱落后不具环状的托叶痕；心皮少数至多数，轮状排列
于圆锥状或球状的花托上或着生于凹限的花托内 …………… （30）蔷薇科Rosaceae

7. 叶无托叶。

8. 水生植物；叶为圆形或为盾形，并具沉水的根茎；心皮完全埋于大而宽的肉质组织内
………………………………………………… （19）睡莲科Nymphaeaceae

8. 多为陆生植物，少为水生；心皮着生于球状或圆锥状的花托上或着生于钟状或杯状的花
托内。

9. 心皮着生于球状或圆锥状的花托上 ……………… （21）毛茛科Ranunculaceae

9. 心皮着生于钟状或杯状的花托内 ………………………… （30）蔷薇科Rosaceae

5. 雄蕊在12个以下。

6. 花杂性；叶为奇数羽状复叶；木本 ……………… （37）苦木科Simaroubaceae

6. 花两性或单性。

 7. 叶有托叶 ·· （30）蔷薇科Rosaceae

 7. 叶无托叶。

  8. 叶肉质；心皮与花瓣同数 ··············· （28）景天科Crassulaceae

  8. 叶不为肉质；心皮较花瓣数为少 ··········· （29）虎耳草科Saxifragaceae

4. 心皮单生或几个心皮连合成一复雌蕊（有时仅子房基部连合，而花柱有不同程度合生者亦在此查找）。

 5. 雄蕊不定数，通常在12个以上。

  6. 雄蕊组成单体或多体雄蕊。

   7. 单体雄蕊 ······································· （49）锦葵科Malvaceae

   7. 多体雄蕊。

    8. 花序柄有一半与一舌状大苞片相合生 ······ （48）椴树科Tiliaceae

    8. 花序柄不与苞片合生 ··············· （51）金丝桃科Hypericaceae

  6. 雄蕊分离，不为单体或多体雄蕊。

   7. 子房上位。

    8. 萼片2片或4片而2片早落。

     9. 体内含乳汁 ························· （25）罂粟科Papaveraceae

     9. 体内不含乳汁 ··············· （26）白花菜科Capparidaceae

    8. 萼片4～6片。

     9. 水生植物 ························· （19）睡莲科Nymphaeaceae

     9. 陆生植物。

      10. 子房1室或5室至多室。

       11. 花柱很多，通常在10个以上；藤本植物 ··········· （50）猕猴桃科Actinidiaceae

       11. 花柱仅1个或5个。

        12. 萼片在花蕾时作镊合状排列 ·········· （48）椴树科Tiliaceae

        12. 萼片在花蕾时作覆瓦状排列。

         13. 周位花；果为蒴果或核果 ······ （30）蔷薇科Rosaceae

         13. 下位花；果为蓇葖果或瘦果 ········· （21）毛茛科Ranunculaceae

      10. 子房3室。

       11. 花单性，组成穗状花序 ·········· （39）大戟科Euphorbiaceae

       11. 花两性，生于叶腋 ··············· （48）椴树科Tiliaceae

   7. 子房下位或半下位。

    8. 水生植物 ····························· （19）睡莲科Nymphaeaceae

8.陆生植物。

 9.萼片2片 ……………………………………………（17）马齿苋科Portulacaceae

 9.萼片通常4～7片。

  10.托叶通常存在 …………………………………（30）蔷薇科Rosaceae

  10.托叶不存在 ……………………………………（29）虎耳草科Saxifragaceae

5.雄蕊定数，常在12个以下（12个雄蕊亦放此项检索）

 6.花整齐。

  7.雄蕊与花瓣的数目相等或为其2倍。

   8.雄蕊与花瓣数目相等。

    9.雄蕊与花瓣对生。

     10.雄蕊6个，花药瓣裂 …………………………（22）小檗科Berberidaceae

     10.雄蕊4～5个。

      11.直立乔木或灌木 ……………………（46）鼠李科Rhamnaceae

      11.草质或木质藤本 ……………………（47）葡萄科Vitaceae

    9.雄蕊与花瓣互生。

     10.雄蕊2至4个。

      11.雄蕊2～3个。

       12.雄蕊2个。

        13.子房上位 …………………（27）十字花科Cruciferae

        13.子房下位 …………………（59）柳叶菜科Oenotheraceae

       12.雄蕊3个 …………………………（53）沟繁缕科Elatinaceae

      11.雄蕊4个。

       12.子房上位。

        13.木本。

         14.羽状复叶。

          15.叶有透明腺点，有香味 …………………（36）芸香科Rutaceae

          15.叶无透明腺点 …………………………（37）苦木科Simaroubaceae

         14.单叶 …………………………………（41）卫矛科Celastraceae

        13.草本 ……………………………………（58）千屈菜科Lythraceae

       12.子房下位。

        13.木本 …………………………………（63）山茱萸科Cornaceae

        13.草本。

         14.子房内只有1个胚珠，果为坚果并有刺；水生植物；有漂浮叶

　　　　　　　　　　　　　…………………………………………（60）菱科Trapaceae

　　　　14. 子房内胚珠多数，蒴果；没有漂浮叶…（59）柳叶菜科Oenotheraceae

10. 雄蕊5个。

　　11. 子房上位。

　　　　12. 花盘存在。

　　　　　　13. 子房1室。

　　　　　　　　14. 叶片小而呈鳞片状；子房内有许多胚珠 …（54）柽柳科Tamaricaceae

　　　　　　　　14. 叶片大而不呈鳞片状；子房室内只有1个胚珠

　　　　　　　　　　…………………………………………（40）漆树科Anacardiaceae

　　　　　　13. 子房2~5室。

　　　　　　　　14. 单叶；种子有红色假种皮 …………………（41）卫矛科Celastraceae

　　　　　　　　14. 复叶或为分裂叶；种子无假种皮。

　　　　　　　　　　15. 叶有透明腺点，有香味 ………………（36）芸香科Rutaceae

　　　　　　　　　　15. 叶没有透明腺点，没有香味。

　　　　　　　　　　　　16. 三出复叶 …………………（42）省沽油科Staphyleaceae

　　　　　　　　　　　　16. 羽状复叶 …………………（37）苦木科Simaroubaceae

　　　　12. 花没有花盘。

　　　　　　13. 雄蕊花丝基部连合 …………………………………（34）亚麻科Linaceae

　　　　　　13. 雄蕊花丝分离。

　　　　　　　　14. 叶全缘不裂 …………………………………（18）石竹科Caryophyllaceae

　　　　　　　　14. 叶羽状分裂 …………………………（33）牻牛苗儿科Geraniaceae

　　11. 子房下位。

　　　　12. 藤本，具茎卷须；瓠果 …………………………（90）葫芦科Cucurbitaceae

　　　　12. 茎直立，不具卷须；果不为瓠果。

　　　　　　13. 花序由伞形或复伞形花序组成，少数由头状花序所组成，极少数由伞形
　　　　　　　　花序组成基本单位，排列成其他形状的花序。

　　　　　　　　14. 浆果或核果；多数为木本 ……………………（64）五加科Araliaceae

　　　　　　　　14. 双悬果；草本 ……………………………（65）伞形科Umbelliferae

　　　　　　13. 花序为总状花序或圆锥花序。

　　　　　　　　14. 草本，体内有乳汁；中轴胎座 …………（91）桔梗科Campanulaceae

　　　　　　　　14. 灌木，体内无乳汁；侧膜胎座 …………（29）虎耳草科Saxifragaceae

8. 雄蕊数目是花瓣的2倍。

　　9. 子房上位。

10. 木本植物。

  11. 复叶。

    12. 叶有透明腺点 ···（36）芸香科Rutaceae

    12. 叶没有透明腺点 ···（37）苦木科Simaroubaceae

  11. 单叶。

    12. 叶互生；在花瓣下有2片长形的附属物 ···········（54）柽柳科Tamaricaceae

    12. 叶对生；在花瓣下没有附属物 ·····················（43）槭树科Aceraceae

10. 草本植物

  11. 叶对生。

    12. 叶呈掌状分裂 ···（33）牻牛儿苗科Geraniaceae

    12. 叶全缘，不分裂。

      13. 雄蕊通常是10个 ·································（18）石竹科Caryophyllaceae

      13. 雄蕊通常是12个 ·································（58）千屈菜科Lythraceae

  11. 叶互生。

    12. 雄蕊的花丝丝状，并且互相分离。

      13. 单叶，不分裂 ·································（29）虎耳草科Saxifragaceae

      13. 羽状全裂叶 ·····································（35）蒺藜科Zygophyllaceae

    12. 雄蕊的花丝扁平，并在基部相连接。

      13. 掌状三出复叶 ·································（32）酢浆草科Oxalidaceae

      13. 掌状深裂至全裂 ·······························（33）牻牛儿苗科Geraniaceae

9. 子房下位。

  10. 水生植物；水生沉水叶羽状丝裂，在子房的每室内只有1个胚珠

    ···（61）小二仙草科Haloragidaceae

  10. 陆生植物；单叶，通常不分裂；在子房内，在每室中有许多胚珠。

    11. 木本植物 ···（29）虎耳草科Saxifragaceae

    11. 草本植物 ···（59）柳叶菜科Onagraceae

7. 雄蕊与花瓣数不等亦不为花瓣的2倍。

  8. 雄蕊数目为花瓣的1.5倍（雄蕊6个，花瓣4个）。

    9. 四强雄蕊 ···（27）十字花科Cruciferae

    9. 二体雄蕊 ···（25）罂粟科Papaveraceae

  8. 雄蕊数目不为花瓣的1.5倍。

    9. 花单性或杂性。

      10. 叶对生，果实有翅 ·······························（43）槭树科Aceraceae

10. 叶互生，果实无翅。

　　11. 草本，茎攀缘 ················· （90）葫芦科Cucurbitaceae

　　11. 木本，茎直立 ················· （44）无患子科Sapindaceae

9. 花两性。

　　10. 叶具膜质托叶 ················· （18）石竹科Caryophyllaceae

　　10. 叶无托叶。

　　　11. 木本，花仅有雄蕊2个 ················· （68）木樨科Oleaceae

　　　11. 草本；花有雄蕊8至多数。

　　　　12. 多体雄蕊；叶不为肉质 ················· （51）金丝桃科Hypericaceae

　　　　12. 不为多体雄蕊；叶常为肉质 ················· （17）马齿苋科Portulacaceae

6. 花不整齐。

　7. 子房1~2室。

　　8. 子房1室。

　　　9. 侧膜胎座，蒴果。

　　　　10. 胎座2个 ················· （25）罂粟科Papaveraceae

　　　　10. 胎座3个 ················· （55）堇菜科Violaceae

　　　9. 边缘胎座；荚果 ················· （31）豆科Leguminosae

　　8. 子房2室。

　　　9. 单叶，无托叶 ················· （38）远志科Polygalaceae

　　　9. 复叶，有托叶 ················· （31）豆科Leguminosae

　7. 子房3~5室。

　　8. 子房3室 ················· （44）无患子科Sapindaceae

　　8. 子房5室。

　　　9. 每室含多个胚珠 ················· （45）凤仙花科Balsaminaceae

　　　9. 每室仅1个胚珠 ················· （52）旱金莲科Tropaeolaceae

2. 花具花萼及合瓣的花冠。

　3. 子房上位。

　　4. 花整齐（辐射对称）。

　　　5. 心皮两个分离，仅在花柱或柱头处合生。

　　　　6. 花内有副花冠，花粉连合成花粉块 ················· （71）萝藦科Asclepiadaceae

　　　　6. 花内无副花冠，花粉不连合成花粉块 ················· （70）夹竹桃科Apocynaceae

　　　5. 心皮合生，或仅有1个心皮。

　　　　6. 雄蕊与花瓣同数而对生 ················· （67）报春花科Primulaceae

6.雄蕊与花瓣同数而互生，或不等。

　　7.具有上位或下位花盘。

　　　8.缠绕性藤本；花冠无裂片 ……………………………………（72）旋花科Convolvulaceae

　　　8.直立草本；花冠有裂片 ……………………………………（73）花葱科Polemoniaceae

　　7.不具花盘。

　　　8.子房深4裂，果为4分小坚果，稀少是中果皮木栓质的核果 ……（74）紫草科Boraginaceae

　　　8.子房不分裂，从不产生4个小坚果，或中果皮为木栓质的核果。

　　　　9.穗状花序 ……………………………………………………（84）车前科Plantaginaceae

　　　　9.不为穗状花序。

　　　　　10.二回羽状复叶；雄蕊4个或多数；荚果 ……………………（31）豆科Leguminosae

　　　　　10.单叶或具各种分裂叶，或为羽状复叶；雄蕊不超过10个；不为荚果。

　　　　　　11.雄蕊常较花冠裂片为多；花粉常组成四合体 ………（66）杜鹃花科Ericaceae

　　　　　　11.雄蕊常为花冠瓣裂片同数或较少，花粉散生。

　　　　　　　12.雄蕊2个 ……………………………………………（68）木樨科Oleaceae

　　　　　　　12.雄蕊不为2个，与花瓣同数而互生。

　　　　　　　　13.侧膜胎座 …………………………………………（69）龙胆科Gentianaceae

　　　　　　　　13.中轴胎座 …………………………………………（77）茄科Solanaceae

4.花不整齐（两侧对称）。

　5.能育雄蕊5～10个。

　　6.萼片2个；雄蕊6个；草本植物 ……………………………（25）罂粟科Papaveraceae

　　6.萼片5个；雄蕊5个或10个；灌木或小乔木 ……………（66）杜鹃花科Ericaceae

　5.能育雄蕊2个或4个。

　　6.子房4裂，花柱着生在子房基部 ……………………………（76）唇形科Labiatae

　　6.子房不裂，花柱顶生。

　　　7.在萼片中有3个萼片具钩 …………………………………（83）透骨草科Phrymaceae

　　　7.所有萼片全无钩。

　　　　8.子房1室。

　　　　　9.基底胎座；食虫植物 ………………………………（82）狸藻科Lentibulariaceae

　　　　　9.侧膜胎座；寄生植物 ………………………………（81）列当科Orobanchaceae

　　　　8.子房2～4室。

　　　　　9.子房内通常只有4个胚珠 …………………………（75）马鞭草科Verbenaceae

　　　　　9.子房内有很多胚珠。

　　　　　　10.木本植物。

11. 蒴果长，常为细长圆筒形；种子有翅，或在两端有束毛；无胚乳

　　　　　……………………………………………（79）紫葳科Bignoniaceae

11. 蒴果短，常为卵圆形或椭圆形；种子仅有翅，有胚乳

　　　　　………………………………………（83）玄参科Scrophulariaceae

10. 草本植物。

11. 花有花盘；蒴果四棱形，具腺毛；种子无胚乳 ………（80）胡麻科Pedaliaceae

11. 花无花盘；蒴果不为四棱形，不具腺毛；种子有胚乳

　　　　　………………………………………（78）玄参科Scrophulariaceae

3. 子房下位或半下位。

4. 水生浮水草本 ………………………………………（80）胡麻科Pedaliaceae

4. 陆生植物。

5. 花序为头状花序（如花序全为单性花时，至少在雄花序中是如此）。

6. 雄蕊花药分离。

7. 花两性 ……………………………………………（89）山萝卜科Dipsacaceae

7. 花单性 ………………………………………………（92）菊科Compositae

6. 雄蕊花药连合 ………………………………………（92）菊科Compositae

5. 花序从不为头状花序。

6. 雄蕊与花瓣同数或为花瓣的2倍；从不为藤本植物。

7. 雄蕊与花冠分离或几分离。

8. 雄蕊为花瓣的2倍，花药孔裂；浆果；体内无乳汁管…………（66）杜鹃花科Ericaceae

8. 雄蕊为花瓣同数，花药纵裂；蒴果；体内有乳汁管 ………（91）桔梗科Campanulaceae

7. 雄蕊着生在花冠上。

8. 叶对生。

9. 木本，稀为草本，如为草本时则体被密绒毛 ………（86）忍冬科Caprifoliaceae

9. 草本，植物体光滑无毛 ………………………（87）五福花科Adoxaceae

8. 叶轮生 ……………………………………………（85）茜草科Rubiaceae

6. 雄蕊与花瓣数不等，如相等则为藤本。

7. 藤本，具茎卷须（栽培植物西葫芦无卷须）；瓠果 ……（90）葫芦科Cucurbitaceae

7. 直立草本，没有茎卷须；瘦果 ………………（88）败酱科Valerianaceae

1. 胚只有1个子叶；叶脉通常是平行脉；茎内维管束散生，没有形成层；花部基数通常是三出数

　　　　　…………………………………………单子叶植物纲Monocotyledoneae

2. 植物是小型叶状的扁平体；浮水植物 ………………………（104）浮萍科Lemnaceae

2. 植物不是小型叶状的扁平体；陆生或水生。

3.花单性。

 4.雄花和雌花都没有花被，或花被退化成2片肉质的鳞片。

  5.花被退化成2片肉质的鳞片（至少在雄花中是这样） ····················· （101）禾本科Gramineae

  5.花没有花被。

   6.沉水植物；叶缘有锯齿；花生在叶腋 ························· （96）茨藻科Najadaceae

   6.不为沉水植物。

    7.肉穗花序包在佛焰苞内；叶分裂或全缘，常为网状脉或为弧形脉

     ·· （103）天南星科Araceae

    7.花序不包在佛焰苞内；叶全缘不裂；叶为平行脉。

     8.柱头单一，不分裂 ································· （93）香蒲科Typhaceae

     8.柱头2~3裂 ····································· （102）莎草科Cyperaceae

 4.雄花和雌花都有花被，或在其中仅1种花有花被。

  5.雄花和雌花都有花被。

   6.子房上位。

    7.叶片为箭形或卵形或心形。

     8.水生植物；直立 ································· （98）泽泻科Alismataceae

     8.陆生植物；藤本 ································· （111）菝葜科Smilacaceae

    7.叶片为线形，禾草状。

     8.叶横剖面扁平；雌花和雄花生在同一个头状花序上 ······ （105）谷精草科Eriocaulaceae

     8.叶横剖面为扁三棱形；雌花和雄花生在不同的头状花序上

      ··· （94）黑三棱科Sparganiaceae

   6.子房下位。

    7.水生植物；子房1室或6室 ·················· （100）水鳖科Hydrocharitaceae

    7.陆生植物，缠绕草本；子房3室 ·············· （110）薯蓣科Dioscoreaceae

  5.在雄花和雌花中仅有1种花有花被，雌花仅具1个离生心皮 ············· （96）茨藻科Najadaceae

3.花两性。

 4.子房上位或半下位。

  5.离生心皮。

   6.圆锥花序或伞形花序。

    7.伞形花序；聚合蓇葖果 ························· （99）花蔺科Butomaceae

    7.圆锥花序；聚合瘦果 ··························· （98）泽泻科Alismataceae

   6.穗状花序 ·· （95）眼子菜科Potamogetonaceae

  5.合生心皮。

6.没有花被，或退化为2片肉质的鳞片或下位刚毛。

　7.没有花被 ·· （102）莎草科Cyperaceae

　7.花被退化为2片肉质的鳞片，或下位刚毛。

　　8.茎有明显的节，圆形而中空（稀少为实心）；叶通常2列，叶鞘在一面开裂

　　　·· （101）禾本科Gramineae

　　8.茎无明显的节，多数为三棱形，稀少为圆筒形；叶通常3列，叶鞘封闭

　　　·· （102）莎草科Cyperaceae

6.花被正常存在。

　7.花被无萼、冠之分，呈萼片状或花冠状。

　　8.花被萼片状，小而不显著。

　　　9.叶有叶舌 ·································· （97）水麦冬科Juncaginaceae

　　　9.叶无叶舌。

　　　　10.花柱分离或单一，柱头3裂 ·············· （108）灯心草科Juncaceae

　　　　10.没有花柱，柱头呈头状不裂 ············· （103）天南星科Araceae

　　8.花被花瓣状，通常显著。

　　　9.陆生植物；花被整齐，花序下无佛焰苞状的叶鞘 ·············· （109）百合科Liliaceae

　　　9.水生植物；花被不整齐，花序下有一片佛焰苞状的叶鞘

　　　　·· （107）雨久花科Pontederiaceae

　7.花被之萼、冠区分明显 ·············· （106）鸭跖草科Commelinaceae

4.子房下位。

　5.花整齐。

　　6.沉水性草本；子房6室 ·············· （100）水鳖科Hydrocharitaceae

　　6.陆生或湿生植物；子房3室；雄蕊3 ·············· （112）鸢尾科Iridaceae

　5.花不整齐。

　　6.雄蕊和雌蕊分离 ·············· （113）美人蕉科Cannaceae

　　6.雄蕊和雌蕊连合 ·············· （114）兰科Orchidaceae

二、沈阳地区被子植物各科的主要特征及每科、属、种检索表

（一）杨柳科Salicaceae

　　落叶乔木或直立、垫状、匍匐灌木。树皮通常有苦味，有托叶或早落。花单性，雌雄异株，偶同株；花序荑葇状，直立或下垂，花先于叶开放，或与叶同时开放，稀叶后开放，着生在苞片和花序轴间；苞片脱落或宿存，基部有杯状花盘或腺体，稀缺；雄蕊2至

多数，花药2室，纵裂，花丝离生至合生；子房无柄或有柄，由2～4心皮合成，1室，侧膜胎座，胚珠少至多数，花柱明显或无，柱头2～4裂。蒴果2～4瓣裂；种子小，胚直立，无胚乳或有少量胚乳，成熟后与胎座上的白色丝状长毛一起脱落。

分属检索表

1.芽鳞多数；苞片先端分裂；花盘杯状 ·· （1）杨属*Populus*

1.芽鳞1枚；苞片不裂；无杯状花盘，仅具蜜腺 ································ （2）柳属*Salix*

（1）杨属*Populus* L.

1.叶背面密被绒毛。

  2.叶3～5（7）裂，侧裂片不对称。

    3.树皮灰白色，枝斜展，树冠宽大 ·················· 银白杨*P. alba* L.

    3.树皮灰绿色，枝直立，树冠圆柱形 ·········· 新疆杨*P. alba* L. var. *pyramidalis* Bunge

  2.叶缘不分裂，具波状齿；叶三角状卵形 ·········· 毛白杨*P. tomentosa* Carr.

1.叶背面无毛或仅有柔毛。

  2.叶柄扁平或叶柄上部扁平。

    3.长枝与短枝叶不同形 ·················· 胡杨*P. euphratica* Oliv.

    3.长枝与短枝叶同形。

      4.叶缘具波状浅齿 ·················· 山杨*P. davidiana* Dode

      4.叶缘具锯齿。

        5.短枝叶三角形，幼时叶缘有毛；叶柄先端常有腺点 ············ 加拿大杨*P. canadensis* Moench

        5.短枝叶卵形、菱形、菱状卵形，或三角形，叶缘无毛（仅北京杨有疏毛）；叶柄先端无腺点。

          6.短枝叶卵形 ·················· 北京杨*P. beijingensis* W. Y. Hsu

          6.短枝叶菱状三角形、菱状卵圆形、菱形或三角形。

            7.长短枝叶同形，呈菱形、菱状卵形或三角形；树冠宽大 ·········· 黑杨*P. nigra* L.

            7.长短枝叶异形，长枝叶扁三角形，短枝叶菱状三角形或菱状卵形；树冠圆柱形

            ·· 钻天杨*P. nigra* L. var. *italica* Koch.

  2.叶柄半圆形。

    3.叶最宽处于中部以上 ·················· 小叶杨*P. simonii* Carr.

    3.叶最宽处于中部以下 ·················· 小青杨*P. pseudo-simonii* Kit.

（2）柳属*Salix* L.

1.雄蕊3个；花序下苞叶全缘，稀少具锯齿 ·················· 日本三蕊柳*S. nipponica* Franch. et Sav.

1.雄蕊2个，有时花丝及花药全都合生似一个雄蕊。

  2.雄蕊2个全部合生，外形似一个雄蕊。

    3.叶近于对生。

　　　4.子房花柱短或无 ··· 无叶紫柳*S. koriyanagi* Kimura

　　　4.花柱明显 ·· 杞柳*S. integra* Thunb.

3.叶互生。

4.蜜腺长度为苞片的2/3或更长 ································ 细柱柳*S. gracilistyla* Miq.

4.蜜腺长度不到苞片的1/2 ································· 筐柳*S. 1inearistipularis* Hao.

　2.雄蕊2个分离或仅部分合生。

　　3.雄蕊有背腹2个蜜腺。

　　　4.小枝下垂，节间一般长1.5cm以上。

　　　　5.子房无毛或仅基部有疏毛。

　　　　　6.二年枝褐色，叶柄长6～12mm ···························· 垂柳*S. babylonica* L.

　　　　　6.二年枝淡黄色或橄榄色，叶柄长2～5（8）mm ··· 绦柳*S. matsudana* Koidz. f. *pendula* Schneid

　　　　5.子房下部有柔毛。

　　　　　6.花药黄色 ··································· 朝鲜垂柳*S. Pseudo-lasiogyne* Levl.

　　　　　6.花药红色 ··········· 红花朝鲜垂柳*S. pseudolasiogyne* Levl. var. *erythrantha* C. F. Fang

　　　4.枝直立或开展间或弯曲。

　　　　5.花药红色。

　　　　　6.苞片两面有毛，花丝离生，幼叶背面苍白色 ·················· 朝鲜柳*S. koreensis* Anderss.

　　　　　6.苞片仅基部有短柔毛，花丝半合生或离生，幼叶背面带蓝绿色

　　　　　　　····································· 长柱柳*S. eriocarpa* Franch. et Sav.

　　　　5.花药黄色。

　　　　　6.苞片倒卵形或倒卵状椭圆形，背面下部有毛，边缘有疏缘毛 ············ 爆竹柳*S. fragilis* L.

　　　　　6.苞片卵形，基部有毛，常无缘毛。

　　　　　　7.枝直立 ····································· 旱柳*S. matsudana* Koidz.

　　　　　　7.枝弯曲 ·················· 龙爪柳*S. matsudana* Koidz. f. *tortuosa*（Vilm.）Rehd.

　　3.雄花仅有腹蜜腺。

　　　4.幼叶和成叶长圆状椭圆形至近圆形，叶长不足宽的3倍。

　　　　5.雌花序近无梗，雄花序粗1.5cm以上；叶大，长6～8cm以上，质厚发皱，背面脉纹明显

　　　　　　　····································· 大黄柳*S. raddeana* Laksh.

　　　　5.雌花序有梗；雄花序粗一般为1cm；叶较小，质薄，平滑不发皱。

　　　　　6.一年生枝有毛，幼叶、成叶背面密被绒毛或绢毛 ·············· 崖柳*S. floderusii* Nakai

　　　　　6.一年生枝无毛，幼叶背面有或无柔毛，成叶背面无毛

　　　　　　　····························· 沈阳柳*S. oblanceolata*（Wang et Fang）Yang comb. nov.

　　　4.幼叶或成叶线形至披针形，稀倒卵状长圆形或长圆形，长为宽的3.5倍以上。

5.幼叶或成叶线形至披针状线形，稀于披针形。

　　6.苞片披针形或舌状；花柱约为子房的1/3长　……………………　卷边柳*S. siuzevii* O. V. Seem.

　　6.苞片为其他形状；花柱长达子房的1/2以上。

　　　7.叶线状披针形，背面密被绢毛；雄花序盛开时粗1.5cm以上　…………　蒿柳*S. viminalis* L.

　　　7.叶广披针形，背面被疏薄的绢毛，雄花序粗不足1cm　…………　龙江柳*S. sachalinensis* Fr. Schm.

5.幼叶或成叶披针形或倒披针形至倒卵状长圆形，比上述宽。

　　6.二年生枝常有白粉；雌、雄苞片基部两侧边缘常有3～4个腺点；子房无毛；托叶广卵形

　　……………………………………………………………………………粉枝柳*S. rorida* Laksch

　　6.小枝无白粉；雌、雄花的苞片基部两侧边缘无腺点；子房有毛；托叶披针形或卵状披针形

　　………………………　司氏柳*S. skvortzovii* Y. L. Chang et Y. L. Chou

（二）胡桃科Juglandaceae

　　乔木或小乔木，落叶或半常绿，有气味。枝圆筒形，髓坚实或疏松成层状薄片。芽被有鳞片或完全裸露。叶互生，稀对生，无托叶，奇数羽状复叶，稀偶数羽状复叶，小叶具短柄或无柄，羽状脉。花单性，雌雄同株；雄花序为下垂的荑荑花序，腋生，雄花生于一苞片腋内，小苞片2；花被片1～4；雄蕊3至多数，花丝特短，离生，花药两室，纵裂；雌花序顶生，直立，具少数雌花，或雌花多数；荑荑花序，下垂，雌花生于一苞片腋内，每花下部具2小苞片，花被片2～4，贴生于子房上，雌蕊1，子房下位，1室或不完全的2～4室，花柱极短，柱头2裂，稀4裂。果实为核果或坚果。种子大型，无胚乳，子叶肉质，多褶曲，富含油脂。

分属检索表

1.总叶柄无翅；核果　………………………………………………………………（1）胡桃属*Juglans*

1.总叶柄有翅；翅果　………………………………………………………（2）枫杨属*Pterocarya*

（1）胡桃属*Juglans* L.

1.小叶5～9枚，全缘或有微齿　………………………………………………………………　胡桃*J. regia* L.

1.小叶9～12枚，有锯齿　………………………………………………　核桃楸*J. mandshurica* Max.

（2）枫杨属*Pterocarya* Kunth

　　枫杨*P. stenoptera* DC.

（三）桦木科Betulaceae

　　落叶乔木或灌木。小枝常具树脂疣。单叶互生，有柄，羽状脉，多直伸，边缘有锯齿或牙齿，稀具浅裂或全缘，在短枝上常呈簇生状；托叶分离，早落，稀宿存。花单性，同株，风媒传粉；雄花序伸长，顶生或侧生，春季或秋季开放；雄花具苞鳞，有或无花被，

雄蕊（1）2～20，花丝短，花药2室，分离或合生，纵裂；雌花序球状、穗状、总状或头状，直立或下垂，具多数苞鳞，每苞鳞内具2～3花，花下各具1苞及1～2小苞片，无花被，或有花被与子房贴生，子房2室或不完全2室，每室具1～2枚倒生胚珠（2枚的，其中1枚败育），花柱2，分生，宿存。坚果或小坚果，生于叶状或囊状总苞内，或者生于球穗果的果苞腋部。种子无胚乳，胚直立，子叶扁平或肉质；果苞由花下的苞片及小苞片结合而成，木质、革质或膜质，宿存或脱落。

分属检索表

1.雄花具萼片，果为具翅的小坚果。

　2.果苞木质，宿存，具5裂片，每果苞内具2枚小坚果，果序呈球果状；雄蕊4枚；叶螺旋状排列
　…………………………………………………………………………（1）赤杨属*Alnus*

　2.果苞革质，成熟后脱落，具3裂片，每果苞内具3枚小坚果，果序成穗状；雄蕊2枚；叶2列排列
　…………………………………………………………………………（2）桦属*Butula*

1.雄花无萼片，果为坚果或小坚果。

　2.果为坚果，大部或全部为果苞所包，果苞钟状或管状 ……………（3）榛属*Corylus*

　2.果为小坚果，全部为果苞所包，果苞囊状 ………………（4）虎榛子属*Ostryopsis*

（1）赤杨属*Alnus* L.

1.叶圆形，稀近卵形，常为浅裂，边缘具钝齿；小坚果具翅，果翅宽为果的1/4
…………………………………………………………水冬瓜赤杨*A. sibirica* Fisch.

1.叶椭圆形至长椭圆形，不分裂，边缘具尖锯齿；小坚果近无翅
……………………………………………日本赤杨*A. japonica*（Thunb.）Steudel

（2）桦属*Betula* L.

1.树皮近于深褐色；叶柄密生长条毛；叶片卵形或菱状卵形 ……………黑桦*B. davurica* Pall.

1.树皮白色；叶柄无毛；叶片三角状卵形 ……………白桦*B. platyphylla* Suk.

（3）榛属*Corylus* L.

1.总苞钟状，边缘具齿牙状裂片，长于坚果近等长或稍长于坚果，坚果顶部外露；叶较厚，先端微内凹或急尖……………………………………………………榛*C. heterophylla* Fisch.

1.总苞囊状，密被刺毛，先端具小尖裂片，长为坚果的3～6倍；叶较薄，先端急尖
………………………………………………毛榛*C. mandshurica* Maxim. et Rupr.

（4）虎榛子属*Ostryopsis* Decne

　　虎榛子*O. davidiana* Decne.

（四）壳斗科**Fagaceae**

　　落叶或常绿乔木，稀灌木。顶芽有或无，芽鳞覆瓦状排列。单叶，有柄，互生，羽状

脉，边缘全缘、有锯齿、牙齿或呈羽状浅裂；托叶有早落性。花单性同株，稀异株，常出自新枝叶腋；花被4~8裂；雄荑黄花序下垂，稀直立，每苞具1花，雄蕊与花被裂片同数或为花瓣的2倍，稀较多，花丝细，丝状；雌花单生或3花簇生于总苞内，或再集成穗状或头状花序，有时生于雄花序基部，子房下位，基部3（6）室，具3（6）花柱，每室2胚珠（1发育，另1退化）。坚果，部分或全部包被于称为壳斗的木质总苞内。种子无胚乳；子叶肥厚。

分属检索表

1.雄花序直立；坚果全为壳斗所包被，壳斗具长刺 ··（1）栗属*Castanea*

1.雄花序下垂；坚果仅下部或2/3为壳斗所包被 ·································（2）栎属*Quercus*

（1）栗属*Castanea* Mill.

栗*C. mollissima* B.

（2）栎属*Quercus* L.

1.叶边缘具刺毛状锯齿。

 2.叶背灰白色，具白色绒毛 ··栓皮栎*Q. variabilis* Blume

 2.叶背除脉腋外均无毛 ···麻栎*Q. acutissima* Carr.

1.叶边缘为波状。

 2.小枝无毛。

  3.总苞的鳞片细小而呈卵形。

   4.鳞片扁平，侧脉少，5~7对 ·······································辽东栎*Q. liaotungensis* Koidz.

   4.鳞片背部有疣状突起；侧脉多，7~16对 ····················蒙古栎*Q. mongolica* Fisch.

  3.总苞的鳞片线状披针形，松散，但不开展 ····················柞槲栎*Q. mccormickii* Carr.

 2.小枝及叶下方具黄色毡毛；总苞鳞片呈线状披针形，但松散开展 ·············槲树*Q. dentata* Thunb.

（五）黄杨科Buxaceae

灌木至小乔木，稀草本。单叶，互生或对生，全缘或有齿牙，羽状脉或离基三出脉，无托叶。花小、整齐，无花瓣，单性，雌雄同株或异株，花序总状或密集的穗状，有苞片；雄花萼片4，雌花萼片6（黄杨属萼片4），均二轮，雄蕊4，与萼片对生（黄杨属雄蕊6），分离，花药大，花丝多个扁阔，花粉粒具多个圆孔；雌蕊常由3（稀2）心皮组成，子房上位，3（稀2）室，花柱3（稀2），常分离，宿存，具多少向下延伸的柱头，子房每室有2下垂的倒生胚珠。蒴果，室背裂开，或为肉质的核果，胚乳肉质，有扁薄或肥厚的子叶。

黄杨属*Buxus* L.

1.叶椭圆形，宽1~1.5cm ······ 朝鲜黄杨*B. sinica*（Rehd. et Wils.）M. Cheng var. *insularis*（Nakai）M. Cheng

1.叶长椭圆形，宽0.5～1cm ·· 小叶黄杨*B. sincia* Rehd.

（六）榆科Ulmaceae

乔木或灌木，常绿或落叶；合轴分枝，顶芽不发育，芽具鳞片，稀裸露。单叶互生，2列；全缘，有齿或有裂，基部常偏斜，有托叶早落。单被花两性、单性或杂性，常排成簇状聚伞花序；花被裂片4～8，离生或合生，覆瓦状（稀镊合状）排列，常宿存；雄蕊4～8，排成两轮，与花被裂片同数而对生，花丝明显，花药2室，纵裂；雌蕊在雄花中常不发育，在雌花中由2心皮连合而成，花柱极短，柱头2，子房上位，通常1室，稀2室，其中1室不育，无柄或有柄，每室含1倒生胚珠。果为翅果、核果或小坚果。胚直立、弯曲或内卷，无胚乳；子叶扁平，折叠或弯曲。

分属检索表

1.枝有刺；翅果不对称 ······································· （2）刺榆属*Hemiptelea*

1.枝无刺，翅果对称，或为核果。

　2.翅果；叶脉羽状 ·· （3）榆属*Ulmus*

　2.核果；叶脉为三出脉 ····································· （1）朴属*Celtis*

（1）朴属*Celtis* L.

1.叶顶端稍呈截形，中央具尾状尖头，叶较大，锯齿尖锐 ············· 大叶朴*C. koraiensis* Nakai

1.叶顶端不呈截形，不具尾状尖头，叶较小，锯齿钝 ················· 小叶朴*C. bungeana* Bl.

（2）刺榆属*Hemiptelea* Planch.

　刺榆*H. davidii* Planch

（3）榆属*Ulmus* L.

1.叶先端常3～7裂 ·· 裂叶榆*U. laciniate*（Trautv.）Mayr.

1.叶不裂。

　2.果实无毛。

　　3.叶椭圆形或卵状披针形，上表面光滑无毛。

　　　4.小枝卷曲下垂 ······················· 垂枝榆*U. pumila* L. var. *pendula* Kirchr. Rehd.

　　　4.小枝直立或斜伸 ··································· 榆*U. pumila* L.

　　3.叶倒卵形或椭圆状倒卵形，上表面粗糙，沿叶脉散生粗毛 ·········· 春榆*U. japonica*（Rehd.）Sarg.

　2.果实有毛。

　　3.果实长1.5mm左右，仅于种子处有毛，嫩枝上具粗毛 ············· 黑榆*U. davidiana* Planch.

　　3.果实全部有毛，长2.5～3.5mm，嫩枝具粗毛及腺毛混生。

　　　4.果实表面具隆起 ····························· 大果榆*U. macrocarpa* Hance

　　　4.果实表面不具隆起 ····························· 美国榆*U. americana* L.

（七）大麻科 Cannbiaceae

直立或缠绕草本。单叶互生或对生，掌状分裂，有托叶。花单性，雌雄异株，雄花有柄，排列为聚伞圆锥花序，雌花无柄，组成小聚伞花序，于主轴上排列为穗状；雄花有5片萼片，雄蕊5个与萼片对生；花丝在芽内直立；雌花花萼杯状，环绕在子房基部，上位子房，雌蕊由二心皮组成，一室，有1个下垂的胚珠。果为瘦果，含多量肉质的胚乳。

分属检索表

1.茎直立；掌状全裂叶 ………………………………………………………………（1）大麻属 *Cannabis*

1.茎缠绕；掌状深裂叶 ………………………………………………………………（2）葎草属 *Humulus*

（1）大麻属 *Cannabis* L.

大麻 *C. sativa* L.

（2）葎草属 *Humulus* L.

1.叶通常5~7裂；雌花苞片基部没有黄色透明点 ……………………………… 葎草 *H. scandens* Merr.

1.叶通常3裂；雌花苞片基部有黄色透明腺点 ……………………………………… 勿布 *H. lupulus* L.

（八）桑科 Moraceae

乔木、灌木或藤本，稀为草本，有时有刺，常具乳汁。单叶互生，稀对生，全缘，有齿或分裂，羽状脉或掌状脉；托叶2，常早落。花小，单性，雌雄同株或异株，无花瓣，组成穗状、头状、总状、聚伞状或隐头状花序，或单生，花序轴有时肉质增厚，雄花花被片2~6，多为4片，覆瓦状或镊合状排列，分离或基部合生，雄蕊常与花被片同数并对生，有时少，花丝在花蕾中内折或直立，花药2室，内向纵裂，雌花花被片2~4，分离或合生，宿存，常增大包围果实，子房上位、半下位或下位，通常1室，每室有倒生胚珠1枚，花柱顶生或偏向一侧，单生，线形，有时2枚。果为瘦果或小核果，围以肉质变厚的花萼，或藏于其内形成聚花果，或隐藏于肉质的隐头状花序内，或花序轴特别发育形成聚花果。种子的胚直生或弯曲；子叶厚，平或折叠，常不等大。

桑属 *Morus* L.

1.雌蕊无花柱；叶缘锯齿不为刺芒状 …………………………………………………… 桑 *M. alba* L.

1.雌蕊有花柱；叶缘锯齿顶端为刺芒状 …………………………… 蒙桑 *M. mongolica* Schneider.

（九）荨麻科 Urticaceae

草本，稀木本。有螫毛或无，叶、花及枝的表皮细胞内有点状、纺锤状、棒状钟乳体。单叶，互生或对生；常具托叶，早落，稀缺。花小形，绿色，单性，稀两性，雌雄同株或异株，花序聚伞状，呈各种花序式排列，有时整个花序密集成头状或盘状，稀退化为单花，腋生，稀近顶生；雄花花被片2～5，稀1～3，覆瓦状或镊合状排列，雄蕊与花被片同数目对生，花丝在芽时内折，花药2室，纵裂，退化雌蕊常存在；雌花花被片2～5，稀1～3，基部多少合生，果时增大，宿存，退化雄蕊鳞片状或缺，子房上位，具单一心皮，1室，与花被片离生或贴生，无柄或具短柄，花柱1，柱头头状、画笔状或羽毛状，有时丝状。瘦果或肉质核果。种子具直生胚，胚乳常为油质或缺；子叶肉质，卵形、圆形或椭圆形。

分属检索表

1.体被螫毛；花序柔软下垂 ···（2）荨麻属*Urtica*

1.体无螫毛；花序不下垂 ··（1）冷水花属*Pilea*

（1）冷水花属*Pilea* Lindl.

1.叶全缘或具波状锯齿，背面有褐色斑点；雌花花被片2，其中一片大；茎鲜时非肉质透明
···矮冷水花*P. peploides* Hook. et Arn.

1.叶具粗钝锯齿，背面无褐色斑点；雌花花被片3，近等长；茎鲜时肉质透明
···透茎冷水花*P. mongolica* Wedd.

（2）荨麻属*Urtica* L.

1.叶不裂，叶片长圆形或卵状披针形 ·····················狭叶荨麻*U. angustifolia* Fisch.

1.叶掌状三全裂，裂片又羽裂 ·····························麻叶荨麻*U. cannabina* L.

（十）檀香科Santalaceae

多年生草本、乔木或灌木，通常为具有叶绿素的半寄生植物。叶互生或对生，有时退化为鳞片状，无柄，全缘，托叶缺。花小，通常具苞片及小苞片；花辐射对称，两性或单性；花被单层，花瓣状或萼片状，常肉质，与花盘合生，基部多少成管状，先端具3～6齿，或3～6全裂，在芽中镊合状排列；雄蕊生于花被裂片基部，与花被裂片同数且对生，花药2室，纵裂；子房下位或半下位，稀为上位，包于花盘内，1室，胚珠1～3，稀4～5，花柱通常短于花被裂片，柱头不裂或3～6裂。果实为核果或坚果。种子近球形，胚直，含丰富胚乳。

百蕊草属*Thesium* L.

1.果无梗或长仅4mm ···百蕊草*Th. chinense* Turcz.

1.果梗长4～8mm ··长梗百蕊草*Th. chinense* Turcz. f. *longipedunculatum* Kit.

（十一）桑寄生科Loranthaceae

半寄生性灌木，稀为草本，通常以寄生根寄生于其他植物枝干上。叶对生，稀为互生或轮生，常绿或凋落，有时退化为鳞片状，无托叶。花两性或单性，雌雄同株或异株，辐

射对称或两侧对称，排成总状、穗状或聚伞花序，稀单生，具苞片或小苞片；花托贴生于子房，副萼环状，全缘或具齿，或无副萼，花被片3~8，花瓣状或萼片状，镊合状排列，分离或合生成管；雄蕊与花被片同数且着生于其上，花丝短或缺，花药两室至多室；子房下位，1至数室，不形成胚珠，仅具造孢细胞，花柱1，线状，短至近不存在，柱头1。果实通常呈浆果状，稀为核果，果皮具黏胶质。种子1，无种皮，胚乳丰富，胚圆柱形，有时具2~3个胚。

槲寄生属*Viscum* L.

槲寄生*V. coloratum*（Kom.）Nakai

（十二）马兜铃科Aristolochiaceae

草本或藤本。单叶互生或基生，全缘或分裂；具叶柄，无托叶；叶脉多为掌状，稀为羽状。花两性，单生或簇生，或排成总状花序；花被单层，辐射对称或两侧对称，基部多少合生，上部3裂，整齐，或管部作各种扭曲管状，再向上扩大成略整齐的檐部或不等二唇形；雄蕊9~12，稀多数，花丝短或较长；子房下位或半下位，稀近上位，4~6室，胚珠多数，柱头与雄蕊分离或雄蕊贴合柱头下面成合蕊柱状。果实为蒴果或浆果状蒴果，成熟时由顶端开裂或由果基部向果梗开裂，或不裂。种子扁平或呈舟状，胚乳丰富，胚细小。

分属检索表

1.花被壶形，雄蕊12个；地上茎不发达，仅具茎生叶 ……………………………（1）细辛属Asarum

1.花被筒状，顶端向一侧偏斜；茎缠绕 ………………………………………（2）马兜铃属Aristolohia

（1）细辛属*Asarum* L.

辽细辛*A. heterotropoides* Schmidt *var. manshuricum* Kit.

（2）马兜铃属*Aristolochia* L.

马兜铃*A. contorta* Bunge

（十三）蓼科Polygonaceae

一年生或多年生草本，稀为乔木或灌木。茎直立或缠绕，有时平卧，节部常膨大。托叶鞘多膜质包茎；单叶互生，稀对生或轮生，全缘，稀分裂。总状或圆锥状花序，呈穗状，花两性，稀单性，辐射对称，花被片3~6；雄蕊6~9，稀较少，花盘腺状、环状或缺；子房上位，由2~3心皮组成，1室，花柱2~3，分离或下部结合。胚珠1，直立。小坚果，三棱形或两面凸形，部分或全部包于宿存之花被内；胚侧生或多少偏于一侧，子叶扁平，胚乳丰富，粉状。

分属检索表

1.花被片5或花被5裂，稀4~6裂，柱头头状。

2. 花被片5 ···（1）荞麦属*Fagopyrum*

2. 花被5裂，稀4～9裂。

   3. 花被的一部分具龙骨状突起或具翅，柱头头状 ·····························（2）蔓蓼属*Fallopia*

   3. 花被无龙骨状突起或翅 ···（3）蓼属*Polygonum*

1. 花被片6，柱头画笔状 ···（4）酸模属*Rumex*

（1）荞麦属*Fagopyrum* Mill

1. 瘦果三角形，棱角尖锐 ···荞麦*F. esculentum* Moench.

1. 瘦果三角形，但仅于上方具尖锐之棱角，而下方则钝而不锐·············苦荞麦*F. tataricum*（L.）Gaertn.

（2）蔓蓼属*Fallopia* Adans.

1. 小花梗在果期比花被小，花被常无翅，微钝；小坚果无光泽·········卷茎蓼*F. convolvulus*（L.）A. Love

1. 小花梗在果期比花被长或等长，花被具翅；小坚果有光泽。

   2. 花被翅基部圆形，不下延 ···篱蓼*F. dumetosum*（L.）Holub

   2. 花被翅基部楔形，下延至花梗上 ·····················齿翅蓼*F. dentato-alatum*（Fr. Schm.）Holub.

（3）蓼属*Polygonum* L.

1. 叶基部有关节，托叶鞘常2裂，并再分裂成多裂的裂片；花丝基部膨大或内侧膨大。

   2. 花被裂至2/3处，雄蕊8，花被初为白色，果成熟时花被顶端及边缘呈红色

   ···普通蓼*P. humifusum* Pall. ex Ledeb.

   2. 花被裂至1/2处，雄蕊5，花被白色，果成熟时花不变色 ·····················小扁蓄*P. plebieium* R. Brown

1. 叶基部无关节，托叶鞘不裂或不裂成上述情况，花丝不膨大。

   2. 托叶鞘圆筒形，先端截形或斜截形，在茎的上部更显著。

      3. 多年生草本，具根茎，叶柄由托叶鞘中部以上伸出；如水生时，叶片光滑浮生水面；旱生时茎直

      立，叶被硬毛 ···两栖蓼*P. amphibium* L.

   3. 一年生草本，叶柄由托叶鞘中下部或茎基部伸出，茎直立或伏卧，陆生植物。

      4. 总状花序呈穗状，圆柱形，密花。

         5. 托叶鞘上部边缘具绿色环状物 ···红蓼*P. orientale* L.

         5. 托叶鞘上部边缘平，无裂片

            6. 托叶鞘狭，紧密包茎，在茎上部更明显 ·····························桃叶蓼*P. persicaria* L.

            6. 托叶鞘宽，不紧密包茎。

               7. 茎密被开展直立的长毛，花鲜紫红色，有香味 ·····················香蓼*P. viscosum* Hamilt

               7. 茎无上述长毛，或仅具刺，花粉色或白色。

                  8. 茎具稀疏倒生刺 ···本氏蓼*P. bungeanum* Turcz.

                  8. 茎平滑或稀具软毛，无刺

                     ··· 酸模叶蓼*P. lapathifolium* L.（绵毛酸模叶蓼var. *salicifolium* Sibth.叶背面密被白色绵毛）

4.总状花序虽呈穗状，较细或呈线形，疏花，常间断。

  5.小坚果一面平一面凸，花柱通常2；叶披针形，茎、叶有辣味 ·········· 水蓼*P. hydropiper* L.

  5.小坚果三棱形，花柱通常3；茎、叶无辣味。

    6.花被有腺；叶背有腺或无腺。

      7.叶背具腺或亮点，叶披针形，宽达1.5cm；茎常至基部叉状分枝；小坚果长约2mm

        ········· 两色蓼*P. roseoviride*（Kit.）Li et Chang（东北蓼var. *manshuricola*（Kit.）C.

        F. Fang comb. nov. 花序近密花，花被蔷薇紫色）。

      7.叶背无腺，叶片线形，基部截形或近圆形 ················· 朝鲜蓼*P. koreense* Nakai

    6.花被无腺；叶背无腺，叶披针形或广披针形；茎至基部分枝，伏卧；花穗短小，细圆柱

      形，长1~2cm ····················· 匐枝蓼*P. pronum* C. F. Fang

2.托叶鞘不呈圆筒形。

  3.花序圆锥状，开展；茎常为假二叉分枝；瘦果成熟后较花被长 ············· 分叉蓼*P. divaricatum* L.

  3.花序不为圆锥状；若为圆锥花序，则叶基部为戟形、箭形或叶为三角形。

    4.根状茎粗，肉质或木质；茎单一，无刺；叶主要为基生叶；花序单一，穗状；托叶鞘无缘毛。

      5.叶近革质，基生叶和茎下部叶基部圆形或微心形 ········· 石生蓼*P. lapidosum* Kitag.

      5.叶草质，较薄，茎中上部叶抱茎，呈耳状 ·········· 耳叶蓼*P. nanshuriense* V. Petr. ex Kom.

    4.无根状茎或为根状茎细长，但不为肉质或木质；茎分枝常有刺，叶主要为基生叶，花序分枝。

      5.茎缠绕或攀缘；叶正三角形，叶柄盾状着生，托叶鞘大，近圆形，叶状，抱茎

        ····························· 穿叶蓼*P. perfoliatum* L.

    5.茎直立或半平卧。

      6.叶基部箭形。

        7.花梗具腺毛；植株较大；叶较宽 ················· 水湿蓼*P. strigosum* R. Br.

        7.花梗平滑无毛。

          8.茎高达1m，具明显的倒生钩刺；叶较大，长卵状披针形，长达10cm；花较多；尾部对

          齐 ························· 箭叶蓼*P. sieboldi* Meisn.

          8.茎细，高达20cm，具不甚明显的细刺；叶小，广椭圆形，长达2cm；花较少，通常1~3

          ··························· 沼地蓼*P. paludosum* Kom.

      6.叶基部戟形。

        7.茎通常无毛；叶较宽；小坚果无光泽 ········· 戟叶蓼*P. thunbergii* Sieb. et Zucc.

        7.茎密被星状毛；叶较狭；小坚果有光泽 ················· 马氏蓼*P. maackianum* Regel

（4）酸模属*Rumex* L.

1.叶基部箭形；内花被上无瘤状突起 ······························ 酸模*R. acetosa* L.

1.叶基为圆形、心形或楔形；内花被上具瘤状突起。

2.内花被边缘全缘或微具牙齿。

　　3.根生叶基部微心形或圆形 ·················· 羊蹄酸模*R. patientia* L.

　　3.根生叶基部楔形 ····························· 皱叶酸模*R. crispus* L.

2.内花被边缘具针状刺。

　　3.于3枚内花被的边缘均具2～3对针刺 ·············· 长刺酸模*R. maritiimus* L.

　　3.仅1枚内花被的边缘具2对针刺 ··············· 黑水酸模*R. amurensis* Fischm.

（十四）藜科Chenopodiaceae

　　一年生草本、半灌木或灌木，稀多年生草本或小乔木。单叶，通常互生，稀对生，无托叶，全缘，有齿或分裂，稀退化为鳞片状，常为肉质。花小，两性，稀杂性或单生，如为单性，常雌雄同株，稀雌雄异株，有苞片或无，或与叶同形，小苞片2或无；花通常簇生成穗状花序或再形成圆锥花序，稀单生；花被片通常5，稀1～3，膜质、革质或肉质，通常覆瓦状排列，稀排列为两轮，果期常增大，变硬，或在背面生出翅状、刺状、疣状附属物，变为富含水分或肉质，少为无变化；雄蕊1～5，与花被片对生，着生于花被片基部或花盘上，花丝线形或锥形，扁平，花药2室；子房上位，2～5心皮合成，离生，每室1胚珠，基生、侧生或弯生，柱头2，稀3～5。胞果，稀为盖果，果皮膜质、革质或肉质。种子直立、横生或斜生，胚乳为外胚乳，粉质或肉质，或无胚乳；胚环形或螺旋形。

分属检索表

1.叶扁平。

　2.植株多少有毛。

　　3.花两性。

　　　4.花被不发达或缺，常为透明膜质，植株具分枝状或星状毛。

　　　　5.胞果两面微凹或扁平，喙与果核近等长；叶及苞片顶端针刺状；种子与果皮分离

　　　　　　···························· （1）沙蓬属*Agriophyllum*

　　　　5.胞果一面凸一面平，喙明显短于果核；叶及苞片顶端锐尖，但绝不为针刺状；种子与果皮贴生

　　　　　　···························· （2）虫实属*Corispermum*

　　　4.花被通常发达，绿色和其他色，植株上的毛不分枝；花被附属物翅状，有脉

　　　　　　································· （3）地肤属*Kochia*

　　3.花单性 ····························· （4）轴藜属*Axyris*

　2.植株光滑无毛。

　　3.花单性，雌花无花被，子房由苞片所包，雌雄异株 ·········· （5）菠菜属*Spinacia*

　　3.花两性，有花被而无苞片。

　　　4.子房与花被下部合生，合生部分在果期变硬，有大的基生叶和肥大多汁的根

··（6）甜菜属*Beta*

　4.子房与花被离生，果期不变硬，无肥大多汁的根 ·········（7）藜属*Chenopodium*

1.叶非扁平，常圆柱状或半圆柱状，花被片附属物翅状 ·····················（8）猪毛菜属*Salsola*

（1）沙蓬属*Agriophyllum* Bieb

沙蓬*A. squarrosum*（L.）Miq.

（2）虫实属*Corispermum* L.

1.果实顶端圆形，无缺刻；穗状花序短而粗，长2~5cm，宽8~10mm·············华虫实*C. stauntonii* Moq.

1.果实顶端凹或具缺刻，非圆形；穗状花序圆柱状，细长而疏松，长3~11cm，宽约6mm

··长穗虫实*C. elongaturn* Bunge

（3）地肤属*Kochia* Roth.

1.叶片线形或披针形 ··地肤*K. scoparia*（L.）Schrad

1.叶片狭线形 ···················· 扫帚菜*K. scoparia*（L.）Schrad. f. *trichophylla* Schrad. et Thell.

（4）轴藜属*Axyris* L.

轴藜*A. amaranthoides* L.

（5）菠菜属*Spinacia* L.

菠菜*S. oleracea* L.

（6）甜菜属*Beta* L.

甜菜*B. vulgaris* L.

（7）藜属*Chenopodium* L.

1.花序具针状枝刺 ···刺藜*Ch. aristarum* L.

1.花序不具针状枝刺。

　2.花被通常3~4深裂，但花序顶端的为5深裂；茎平卧或斜生 ·····················灰绿藜*Ch. glaucum* L.

　2.花被裂片5，茎直立。

　　3.叶全缘或中部以下仅具1对不裂或2裂的侧裂片。

　　　4.花紧密，花序轴上具透明管状毛，花被大部分在果实增厚，并呈五角状；叶缘具半透明膜质边

　　　··圆叶藜*Ch. acuminatum* Willd.

　　　4.花稀疏，花序轴上无透明管状毛，花被果实不增厚；叶缘无透明边

　　　··菱叶藜*Ch. bryoniaefolium* Bunge

　　3.叶多少有齿。

　　　4.叶掌状浅裂，种子直径2~3mm，表面有明显深洼或凹凸不平 ·············大叶藜*Ch. hybridum* L.

　　　4.叶非掌状浅裂，种子直径不超过2mm。

　　　　5.叶明显呈3裂状，中裂片和侧裂片均有齿；种子表面有清楚六角形细洼；花被裂片镊合状闭合

　　　　··小藜*Ch. serotinum* L.

5.叶非3裂状；种子表面有浅沟纹；花被裂片覆瓦状闭合或展开。

　　6.叶狭线形、线形或披针形，长2~5cm，宽3~20mm ………… 细叶藜*Ch. stenophyllum* Koidz.

　　6.叶卵状三角形、长圆状卵形或菱状卵形，长3~6cm，宽2.5~5cm ………… 藜*Ch. album* L.

（8）猪毛菜属*Salsola* L.

1.萼片于果时于背部仅生不规则的突起；叶顶端不具明显的白色刺尖……………… 猪毛菜*S. collina* Pall.

1.萼片于果时背面生翅；叶顶端具白色刺尖…………………………………………… 刺沙蓬*S. ruthenica* Iljin

（十五）苋科**Amaranthaceae**

　　一年生或多年生草本，有时稀为小灌木或藤本。叶互生或对生，单叶，全缘或波状缘，无托叶。花小，两性或单性，稀杂性，雌雄同株或异株，有时退化成不育花，绿色、白色、淡红色，稀为黄色，通常顶生，集成密的聚伞花序，再形成穗状圆锥花序，亦有时为头状。苞片及2小苞片干膜质；花被片3~5，刚硬或干膜质，离生或基部全生，覆瓦状排列；雄蕊常与花被片同数，并与其对生，花丝分离或基部多少合生，花药1或2室，纵裂；心皮2~3，合生，子房上位，1室，花柱短或长，柱头头状或2~3裂，胚珠1至多数。果为胞果，很少为浆果或蒴果，包于花被内。种子直立，两面凸，有光泽；胚环状或马蹄形，胚乳粉质。

分属检索表

1.叶互生。

　　2.花丝分离；子房内仅有1个胚珠 ………………………………………（2）苋属*Amaranthus*

　　2.花丝于基部连合；子房内有几个胚珠 ……………………………………（3）鸡冠属*Celosia*

1.叶对生。

　　2.头状花序腋生，无柄或近无柄；花中有退化雄蕊 ………………（1）莲子草属*Altenranthera*

　　2.头状花序顶生，有长柄，花中无退化雄蕊 ……………………………（4）千日红属*Gomphrena*

（1）莲子草属*Alternanthera* Forsk.

　　锦绣苋*A. bettzickiana*（Regel）Nichols.

（2）苋属*Amaranthus* L.

1.胞果不开裂；花被3；叶先端常具凹头。

　　2.胞果皱缩；茎常直立 …………………………………………………………… 绿苋*A. viridis* L.

　　2.胞果近于平滑；茎伏卧或上升 …………………………………………… 凹头苋*A. lividus* L.

1.胞果开裂；花被3~5；叶先端通常不具凹头。

　　2.花被3~4片。

　　　　3.花被3片；茎直立；花序腋生，于茎顶聚成穗状 ……………………… 苋*A. tricolor* L.

　　　　3.花被4片；茎伏卧；花序腋生,不于茎顶聚成穗状 ………… 北美苋*A. blitoides* Waston

2. 花被5片。

  3. 茎被密毛；花序紧密、狭窄而直立，通常不具穗状之分枝，野生植物 ········· 反枝苋 *A. retroflexus* L.

  3. 茎近于无毛；花序松散、宽大，直立或下垂，通常具穗状的分枝；栽培植物。

    4. 圆锥花序下垂；花被片比胞果短 ················· 尾穗苋 *A. caudatus* L.

    4. 圆锥花序直立；花被片与胞果等长 ············· 繁穗苋（西天谷）*A. paniculatus* L.

（3）鸡冠属 *Celosia* L.

鸡冠 *C. cristata* L.

（4）千日红属 *Gomphrena* L.

千日红 *G. globosa* L.

（十六）紫茉莉科 Nyctaginaceae

草本、灌木或乔木，有时攀缘状。叶互生或对生，单叶，全缘，无托叶。花序种种，通常成聚伞花序；花辐射对称，两性或很少单性，常围以有颜色的苞片组成的总苞；萼花冠状，管长或短，圆柱形、钟状或漏斗状，顶部3～5裂，稀达10裂，花蕾时镊合状或折叠状排列，宿存而将果包围；花瓣缺；雄蕊1至多枚，分离或于基部合生，花蕾时内卷，花药2室，纵裂；子房上位，1室，有胚珠1颗；花柱1；果为一瘦果，有棱或有翅，且常为宿存花萼的基部所包围；种子有丰富或微量的胚乳，胚直生或弯生。

紫茉莉属 *Mirabilis* L.

紫茉莉 *M. jalapa* L.

（十七）马齿苋科 Portulacaceae

草本，通常肉质，稀为小灌木，无毛或有长毛。叶互生或对生，全缘；托叶干膜质，有时呈毛状或缺如。花两性，辐射对称，排列成各种花序；萼片通常2，稀5，离生或基部与子房结合，覆瓦状；花瓣4～5，稀更多；雄蕊4～8或更多，着生于花瓣或花盘上，花丝线形，花药2室；子房1室，上位、半下位至下位，花柱长，顶端分枝，柱头2～9，胚珠2至多数，半倒生，以珠柄着生于子房的基部。蒴果膜质或壳质状，盖裂，或成2～3瓣裂，稀不开裂。种子多数，细小，稀为2粒，胚弯曲，胚乳粉状。

马齿苋属 *Portulaca* L.

1. 叶片倒卵形；茎叶光滑 ································· 马齿苋 *P. oleracea* L.

1. 叶片圆筒形；于茎节上有长柔毛 ························· 半枝莲 *P. grandiflora* Hook.

（十八）石竹科 Caryophyllaceae

草本，稀为半灌木。茎通常具膨大的节。单叶对生，全缘或边缘稍有锯齿，基部常连合，具1或3脉或无。常无托叶，偶具膜质的托叶。花两性，稀单性，整齐，有时具闭锁花，成聚伞花序或圆锥花序，稀单生或成总状；萼片4~5，宿存，离生或合生，常具膜质边缘，覆瓦状；花瓣4~5，常具爪，全缘或边缘深裂，白色或粉红色，稀无花瓣；雄蕊10，稀5或较少，花药2室，纵裂；花盘小，环状或延伸成子房柄，或分裂为腺体；子房上位，1室，稀在基部为不完全2~5室，通常为特立中央胎座或基生胎座，花柱2~5，离生或基部连合成单花柱，胚珠，1至多数。果实为蒴果，稀为瘦果或浆果状，蒴果齿裂或瓣裂，齿裂或瓣裂数同花柱数或为其2倍，少数不裂。种子多数，稀1粒，肾形、圆形或倒卵形，胚通常弯曲，绕于胚乳四周，胚乳位于种子的中心。

分属检索表

1. 具托叶 ………………………………………………………………（1）拟漆姑草属 *Spergularia*

1. 无托叶。

  2. 萼片离生，稀基部合生；花瓣近无爪，稀无瓣；雄蕊常周位生，稀下位生。

    3. 花柱3~5。

      4. 花柱通常3，比萼片数目少。

        5. 花瓣全缘或近全缘，种子在脐旁具附属物，蒴果椭圆形或卵形 ……（2）莫石竹属 *Moehringia*

        5. 花瓣2深裂或2半裂，稀多裂或无瓣；蒴果3瓣裂，每瓣裂再2裂 …………（3）繁缕属 *Stellaria*

      4. 花柱通常4~5，与萼片同数。

        5. 花瓣2深裂或3浅裂，稀微缺，极少数全缘，但花瓣长。

          6. 蒴果圆筒形或长状圆筒形，具大小相等10裂齿；花瓣裂至中部或全缘

          …………………………………………………………………………（4）卷耳属 *Cerastium*

          6. 蒴果卵圆形，5瓣裂至中部，裂瓣先端2裂齿外弯；花瓣几乎裂至基部

          …………………………………………………………………………（5）鹅肠菜属 *Malachium*

        5. 花瓣全缘，通常比萼片明显短，不显著或缺 …………………………（6）漆姑草属 *Sagina*

    3. 花柱2 ……………………………………………………………………（3）繁缕属 *Stellaria*

  2. 萼片合生，花瓣通常具爪，雄蕊下位生。

    3. 花柱3~5。

      4. 花柱3。

        5. 蒴果呈浆果状，熟后质脆，不规则开裂 ………………………………（7）狗筋蔓属 *Cucubalus*

        5. 蒴果不呈浆果状，先端6或10齿裂 ………………………………（8）女娄菜属 *Melandrium*

      4. 花柱5 ……………………………………………………………………剪秋萝属 *Lychnis*

    3. 花柱2。

      4. 萼下具1至数对苞片；圆筒状萼具多数细脉；花瓣外缘牙齿状或细裂呈流苏状；种子圆盾状

      …………………………………………………………………………（10）石竹属 *Dianthus*

4.萼下无苞片；种子常为肾形。

　　5.花瓣渐狭成爪，无附属物；萼具5脉，脉间显著膜质 ……………………（11）丝石竹属*Gypsophila*

　　5.花瓣渐狭成爪，具鳞片状附属物；萼具多数细脉，脉间不呈膜质 …（12）肥皂草属*Saponaria*

（1）拟漆姑草属*Spergularia* J. et C. Presl.

拟漆姑草*S. marina*（L.）Griseb.

（2）莫石竹属*Moehringia* L.

莫石竹*M. lateriflora*（L.）Fenzl

（3）繁缕属*Stellaria* L.

1.茎下部叶有长柄；茎上有1列短柔毛 …………………………………… 繁缕*S. media*（L.）Cyrillus

1.叶无柄；茎无毛。

2.叶线形或狭线形，宽1~1.5mm ……………………………… 细叶繁缕*S. fihcaulis* Makino

2.叶长圆状披针形或披针形，宽4~9mm ……………………… 翻白繁缕*S. discolor* Turcz. ex Fenzl

（4）卷耳属*Cerastium* L.

卷耳*C. vulgare* Hartman

（5）鹅肠菜属*Malachium* Fries

鹅肠菜*M. aquaticum*（L.）Fries

（6）漆姑草属*Sagina* L.

1.花瓣比萼短1/3~1/2；种子上有明显的小瘤状突起 …………………… 漆姑草*S. japonica* Ohwi

1.花瓣比萼稍短或等长；种子上无明显的小瘤状突起 ………………… 根叶漆姑草*S. maxima* A. Gray

（7）狗筋蔓属*Cucubalus* L.

狗筋蔓*C. baccifer* L.

（8）女娄菜属*Melandrium* Rohrb

1.花柱3；蒴果先端6齿裂。

　2.叶、茎及花萼无毛，稀具疏生软毛；种子长约1mm …… 坚硬女娄菜*M. firmum*（Sieb. et Zucc.）Rohrb.

　2.叶、茎及花萼密生短柔毛；种子长0.6~0.7mm … 女娄菜*M. apricum*（Turcz. ex Fisch. et Mey.）Rohrb.

1.花柱5；蒴果先端10齿裂；花单性，雌雄异株；花瓣白色，比萼长1倍；茎下部被短柔毛，上部被腺毛

　………………………………………………………………… 异株女娄菜*M. album*（Mill.）Garcke

（9）剪秋罗属*Lychnis* L.

大花剪秋罗*L. fulgens* Fisch.

（10）石竹属 *Dianthus* L.

1.花瓣顶端细裂呈流苏状 …………………………………………………… 瞿麦*D. superbus* L.

1.花瓣顶端浅齿状 …………………………………………………………… 石竹*D. chinensis* L.

（11）丝石竹属*Gypsophilla* L.

1.聚伞花序中的花密集；雄蕊及花柱超出花瓣；叶长圆状披针形… 长蕊丝石竹（霞草）*G. oldhamiana* Miq.

1.聚伞花序中的花松散；雄蕊及花柱不超出花瓣；叶卵形或卵状披针形…… 细梗丝石竹*G. pacifica* Kom.

（12）肥皂草属*Saponaria* L.

肥皂草*S. officinalis* L.

（十九）睡莲科**Nymphaeaceae**

　　一年生或多年生水生植物，具多少粗大的根状茎。叶常有漂浮叶和沉水叶二型，漂浮叶或伸出水面，互生，叶片心形、圆形或盾形，在芽中内卷，具长柄或托叶；沉水叶细弱，有时细裂。花两性，辐射对称，单生，水上开放，花梗细长；萼片通常3～6（12），绿色，离生或合生；花瓣3至多数；雄蕊多数，离生，花丝逐渐加宽，花药纵裂；心皮3至多数，离生或连合成一个多室子房，有时嵌入膨大的花托内，柱头常呈辐射状、盘状或环状，子房上位、半下位或下位，胚珠1至多数。果实为坚果、浆果或蒴果。种子通常有胚乳，稀无；子叶肉质。

分属检索表

1.子房上位；心皮离生，不和花托愈合；坚果不裂，1室1种子……………………………（2）莲属*Nelumbo*

1.子房半下位或下位；心皮合生，和花托愈合；浆果开裂，多室，有多数种子

　2.子房下位；叶柄、叶脉及果实有刺 ……………………………………（1）芡属*Euryale*

　2.子房半下位；叶柄、叶脉及果实无刺 ……………………………… （3）睡莲属*Nymphaea*

（1）芡属*Euryale* Salisb.

芡实*E. ferox* Salisb

（2）莲属*Nelumbo* Adans

莲*N. nucifera* Gaerner

（3）睡莲属*Nymphaea* L.

睡莲*N. tetragona* Georgi

（二十）金鱼藻科**Ceratophyllaceae**

　　多年生沉水草本。茎漂浮，纤细，有分枝。叶4～12轮生，无柄，1～4次二叉状分枝，裂片丝状或线形，边缘一侧、有时两侧有锯齿或微齿，顶端有2刚毛；无托叶。花小，单性，雌雄同株或异株，单生于叶腋，近无梗，具有8～12深裂的萼状总苞片，总苞片全缘或有锯齿，线形，先端有带色毛；无花被，雄花雄蕊10～20，花丝极短，花药外向纵裂，药隔延长成着色的粗大附属物，顶端有2～3个刺尖；雌花具雌蕊1，柱头侧生，子房1室，上位，仅具一个悬垂的直生胚珠，花柱细长，花后呈针刺状。果实为带革质的芒

刺果，卵圆形或椭圆形，平滑或有疣点，边缘有翼或无，顶端有宿存的刺状花柱，基部有2针刺，有时上部两侧也有针刺。种子1，白色；胚乳极少或无，胚直立，具发达的胚芽，带有1轮或2轮丝状叶。

金鱼藻属*Ceratophyllum* L.

1.叶一至二回二叉状分歧；果实边缘无翅，表面无疣状突起。

  2.果实具3刺，顶生1个，基部以上2个 ·························· 金鱼藻*C. demersum* L.

  2.果实具5刺，顶生1个，近顶端1/3处有2短刺，近基部有2长刺 ······· 五针金鱼藻*C. oryzetorum* Kom.

1.叶三至四回二叉分枝；果实边缘有翅；表面有疣状突起；具3刺

  ·························· 东北金鱼藻*C. manshuricum*（Miki）Kitag.

（二十一）毛茛科**Ranunculaceae**

多年生或一、二年生草本，稀为灌木或木质藤本。叶互生或对生，有时基生；单叶或复叶，掌状分裂或不分裂，三出或羽状。花两性，稀单性，雌雄同株或异株，辐射对称，稀两侧对称，单生或为聚伞花序或总状花序；萼片离生，（3）4～5，稀更多，绿色，或呈花瓣状；花瓣4～5，稀更多或无，离生，通常有蜜腺并常特化成分泌器官，比萼片小，呈杯状、筒状或二唇状，基部常有距；雄蕊多数，离生，螺旋状排列，花药2室，侧生，纵裂，有时有退化雄蕊；雌蕊多数至1个，离生，稀基部合生，子房上位，胚珠多数至1个，倒生。果实为蓇葖果或瘦果，稀为浆果或蒴果。种子有小胚和丰富的胚乳。

分属检索表

1.子房内仅具1个胚珠；瘦果。

  2.叶对生；萼片镊合状排列 ·························· （3）铁线莲属*Clematis*

  2.叶互生或基生；萼片为覆瓦状排列。

    3.花被有萼片及花瓣的区别 ·························· （7）毛茛属*Ranunculus*

    3.花仅具花瓣状的花萼。

      4.花单生于花葶顶端；果实成熟时花柱延长为羽毛状 ············· （6）白头翁属*Pulsatilla*

      4.花排列为总状或圆锥花序；果实成熟时花柱不延长为羽毛状 ········· （8）唐松草属*Thalictrum*

1.子房内具多个胚珠；蓇葖果、蒴果或浆果。

  2.花整齐。

    3.花大，径7～10cm，顶生；子房壁肉质；柱头宽广 ·················· （5）芍药属*Paeonia*

    3.花小，径不超过1cm，排列成总状、穗状、圆锥花序或聚伞花序；子房壁不为肉质；柱头狭而小。

      4.聚伞花序；无根茎 ·························· （4）蓝堇草属*Leptopyrum*

      4.总状或圆锥花序，有根茎 ·························· （2）升麻属*Cimicifuga*

  2.花不整齐 ·························· （1）乌头属*Aconitum*

（1）乌头属*Aconitum* L.

1.花黄色；叶裂片为线形 ···································· 黄花乌头*A. coreanum* Rap.

1.花兰色；叶裂片为线状披针形 ················ 草乌（辽西乌头）*A. kusnezoffii* Reichb.

（2）升麻属*Cimicifuga* L.

升麻*C. dahurica* Max.

（3）铁线莲属*Clematis* L.

1.茎直立。

　2.花白色；叶羽状全裂 ····························棉团铁线莲*C. hexapetala* Pall.

　2.花兰色；三出复叶 ····························· 大叶铁线莲*C. heracleifolia* DC.

1.茎攀缘。

　2.萼片暗紫色，外被褐色软毛 ···················· 褐毛铁线莲*C. fusca* Turcz.

　2.萼片白色。

　　3.小叶全缘 ······························· 东北铁线莲*C. mandshurica* Rupr.

　　3.小叶有锯齿。

　　　4.羽状复叶，花序有二类，一为二歧聚伞花序，一为聚伞圆锥花序 ····· 羽叶铁线莲*C. pinnata* Max.

　　　4.二回三出复叶；花序为聚伞圆锥花序 ················ 短尾铁线莲*C. brevicaudata* DC.

（4）蓝堇草属*Leptopyrum* Reichb.

蓝堇草*L. fumarioides*（L.）Reichb.

（5）芍药属*Paeonia* L.

芍药*P. lactiflora* Pall.

（6）白头翁属*Pulsatilla* Adans

1.叶1～2回羽状分裂 ································ 朝鲜白头翁*P. koreana* Nakai

1.叶3全裂，中央裂片又常3深裂 ····························白头翁*P. chinensis* Rgl.

（7）毛茛属*Ranunculus* L.

1.水生植物，沉水叶细裂成毛发状；花白色 ·············· 毛柄水毛茛*R. trichophyllus* Chaix ex Vill.

1.陆生植物，花黄色。

　2.叶为二回羽状分裂。

　　3.茎直立，无匍匐枝；聚合瘦果椭圆形 ····················茴茴蒜*R. chinensis* Bunge

　　3.茎斜升，具匍匐枝；聚合瘦果球形 ················ 匍枝毛茛*R. repens* L.

　2.叶为掌状分裂。

　　3.叶全部基生，无茎生叶；瘦果具纵肋。

　　　4.叶近圆形或肾形，边缘具3～10个圆齿；花小，直径约8mm ····· 圆叶碱毛茛*R. cymbalaria* Pursh

　　　4.叶卵形或卵状椭圆形，通常仅先端具3～5个钝齿；花大，直径约20mm

　　　　　　　　　　　　　　　　　　　　　　　　　　长叶碱毛茛*R. ruthenicus* Jacq.

3.叶有基生叶和茎生叶；瘦果平滑。

　　4.基生叶近楔形，3深裂 ························· 楔叶毛茛*R. cuneifolius* Mar

　　4.基生叶近圆形，掌状浅裂至深裂。

　　　5.聚合瘦果长圆形，直径6～8mm ············· 石龙芮*R. sceleratus* L.

　　　5.聚合瘦果球形；花较大，直径17～23mm

　　　　6.茎较粗；聚伞花序着生多数花 ············· 毛茛*R. japonicus* Thunb.

　　　　6.茎细；花少数 ············· 草地毛茛*R. japonicus* Thunb. var. *partensis* Kitag.

（8）唐松草属*Thalictrum* L.

1.小叶圆盾形，边缘有不等的波状大齿牙 ············· 盾叶唐松草*Th. ichangense* Lecoyer

1.小叶不为圆盾状。

　2.瘦果果棱有翅 ············· 唐松草*Th. aquilegifolium* L. var. *sibiricum* Regel.

　2.瘦果果棱无翅。

　　3.花丝上部逐渐增粗呈棒状，比花药粗；萼片白色花瓣状 ············· 瓣蕊唐松草*Th. petaloideum* L.

　　3.花丝不增粗；萼片黄色花瓣状。

　　　4.柱头箭头状；小叶裂片长圆状楔形至倒卵状楔形 ············· 箭头唐松草*Th. simplex* L.

　　　4.柱头不为箭头状；小叶裂片倒卵形，顶端3浅裂，基部圆形或广楔形

　　　　　············· 东亚唐松草*Th. minus* L. var. *hypoleucum*（Sieb. et Zucc.）Miq.

（二十二）小檗科Berberidaceae

　　灌木或多年生草本。叶互生，稀对生或基生，单叶、三出或羽状复叶；有托叶或无；有时在叶基部呈皮刺状，或叶基部具鞘。花两性，整齐，单生或成聚伞状、穗状、总状、圆锥花序；萼片及花瓣通常4～6数，覆瓦状，离生，2～3轮，萼片与花瓣同数或为其2～3倍，花瓣有或无蜜腺，或变为蜜腺状距；雄蕊与花瓣同数而对生，稀为其2倍；花药通常2室，基底着生，瓣状开裂；心皮单一，子房上位，1室，胚珠多数或少数，基生或为侧膜胎座，花柱短或不存在，柱头通常盾状。果实为浆果或蒴果，或心皮早期脱落种子裸出。种子倒生，胚乳发达，胚直立，小型。

小檗属*Berberis* L.

1.刺3～7分叉，叶状或部分叶状 ············· 掌刺小檗*B. koreana* Palib.

1.刺单一或3分叉。

　2.小枝黄色或紫红色，翌年变为紫褐色；叶紫色 ··· 紫叶小檗*B. thunbergii* DC. var. *atropurpurea* Chenault.

　2.小枝常灰褐色，叶绿色。

　　3.花1～5朵呈簇生状伞形花序 ············· 细叶小檗*B. poiretii* Schneid

3.花10～25朵成总状花序 ·················· 大叶小檗*B. amurensis* Rupr.

（二十三）防己科Menispermaceae

攀缘或缠绕藤本，稀为直立灌木或小乔木，木材常有明显车辐状髓线。叶螺旋状排列，无托叶，单叶，极少复叶，全缘或分裂，通常具掌状脉，较少羽状脉。聚伞花序或由聚伞花序再组成圆锥花序、总状花序或伞形花序，极少退化为单花，苞片通常小，很少叶状；花通常小而不鲜艳，单性，雌雄异株，萼片2～8，通常6，2轮排列，分离，稀为合生，覆瓦状排列或镊合状排列；花瓣6，稀2或8，通常2轮排列，分离，稀为合生，覆瓦状排列或镊合状排列；雄蕊2至多数，通常6或8，花丝分离或合生，花药1～2室或4室，纵裂或横裂；雌花有或无退化雄蕊，心皮3～6，稀1～2或多数，分离，子房上位，1室，内有2胚珠，其中1常早期退化，花柱顶生，柱头常分裂或条裂，较少全缘；雄花中退化雌蕊很小或无。果实为核果，外果皮膜质至近革质，中果皮通常肉质，内果皮骨质或有时木质，较少革质，表面有皱纹或各式凸起，较少平坦。种子通常弯，种皮薄，有或无胚乳。

蝙蝠葛属*Menispermum* L.

1.叶背面色淡，平滑无毛 ·················· 蝙蝠葛*M. dauricum* DC.

1.叶两面及边缘密被毛 ·············· 毛蝙蝠葛*M. dauricum* DC. f. *pilosum*（Schneid.）Kitag.

（二十四）木兰科Magnoliaceae

乔木或灌木。托叶大，包被幼芽，早落，脱落后留有大的环状托叶痕；单叶有柄；叶互生，全缘，稀分裂。花两性，大，单花顶生或腋生；花被片2至多轮，每轮3（4）片，分离，覆瓦状排列，有时外轮较小，呈萼片状；雄蕊多数，螺旋状排列于延长的花托上，花丝短，花药线形，2室，内向、侧向或外向纵裂，药隔伸长具短尖或长尖，稀不伸长；心皮多数，胚珠2列着生于腹缝线上。果实多为蓇葖果组成的聚合果，稀为翅状小坚果。种子大，1至数粒，胚小，胚乳丰富。

分属检索表

1.藤本；花单性；无托叶，浆果 ·················· （1）五味子属*Schisandra*

1.乔木或灌木；花两性；有托叶；聚合小坚果或聚合蓇葖果。

　2.叶全缘不裂；花药内向开裂；聚合果由蓇葖果组成，开裂 ·········· （2）木兰属*Magnolia*

　2.叶通常4～6裂，先端截形；花药侧向开裂；聚合果由翅状小坚果组成，不开裂

·················· （3）鹅掌楸属*Liriodendron*

（1）五味子属*Schisandra* Michx.

五味子*S. chinensis*（Turcz.）Baill.

（2）木兰属*Magnolia* L.

1.花后于叶开放，淡粉红色 ························· 天女木兰*M. sieboldii* Kit.

1.花先于叶开放，或与叶同时开放。

  2.花被片白色，外轮与内轮的形状相似 ············· 白木兰*M. denudata* Desr.

  2.花被片紫色或紫红色，里面带白色，外轮的3片比内轮的小，萼片状 ·········紫木兰*M. liliflora* Desr.

（3）鹅掌楸属*Liriodendron* L.

  鹅掌楸*L. chinense*（Hemsl.）Sarg.

（二十五）罂粟科**Papaveraceae**

一年生或多年生草本，稀为灌木或小乔木，植物体具乳汁或富水样液汁。叶互生，稀对生或轮生，通常分裂或呈复叶状。花两性，辐射对称或两侧对称，单生或排列成聚伞花序或总状花序；萼片2，稀3，早落，有时小，呈鳞片状或不显；花瓣4～6，稀更多或缺如，通常分离，稀部分合生，有时外侧2瓣大，1或2瓣有距或囊状，内侧两瓣小；雄蕊多数，分离，或仅6枚成2束，中间1枚具2花粉囊，旁侧2枚各具1花粉囊，也有仅具4枚与花瓣对生的；子房上位，由2至多心皮合生，花柱长或甚短，柱头2裂或盘状多角形，侧膜胎座，胚珠多数至1。蒴果瓣裂、孔裂或不裂。种子富胚乳；子叶1～2。

分属检索表

1.植物体含乳汁；雄蕊多数，分离；花冠辐射对称。

  2.蒴果长角状，成熟时瓣裂 ·················（1）白屈菜属*Chelidonium*

  2.蒴果长圆形，倒卵形或球形，成熟时孔裂 ·········（2）罂粟属*Papaver*

1.植物体通常不含乳汁；雄蕊6枚，合成2束；花冠两侧对称。

  2.外侧两花瓣基部囊状或有距 ·················（3）荷包牡丹属*Dicentra*

  2.外侧1花瓣基部有距或囊状 ·················（4）紫堇属*Corydalis*

（1）白屈菜属*Chelidonium* L.

  白屈菜*Ch. majus* L.

（2）罂粟属*Papaver* L.

1.叶不抱茎，羽状全裂，茎生叶有毛 ············· 虞美人*P. rhoeas* L.

1.叶抱茎，缺刻状浅裂；茎生叶无毛或被微毛 ········· 罂粟*P. somniferum* L.

（3）荷包牡丹属*Oicentra* Bernh.

  荷包牡丹*D. spectabilis*（L.）Lem.

（4）紫堇属*Corydalis* Vent

  线裂齿瓣延胡索*C. turtschaninovii* Bess f. *1ineariloba*（Maxim.）Kitag.

（二十六）白花菜科Capparaceae

草本，灌木或乔木，有时为木质藤本，无乳汁。具单叶或掌状复叶，互生，很少对生；托叶刺状，细小或不存在。花排成总状或圆锥花序，或2~10朵排成1列，腋生，常两性，辐射对称或很少两侧对称，苞片常早落；萼片4~8，常为4片，排成2轮，等大或相似，分离或合生；花瓣4~8，常为4片，与萼片互生，分离，无柄或有柄，有时无花瓣；花托扁平或圆锥形，或常延伸成或长或短的雌雄蕊柄，常有各式腺体；雄蕊4~6至多数，着生在花托上或着生在雌雄蕊柄顶端；花药背着，内向，纵裂；雌蕊由2~8心皮组成，常有雌蕊柄；子房上位，侧膜胎座，少有3~6室而具中轴胎座。胚珠多数，弯生。果为浆果或半裂蒴果，常生于一延长的子房柄上。种子1至多数，肾形至多角形；胚乳少量或不存在。

白花菜属*Cleome* L.

醉蝶花*C. spinosa* Jacq.

（二十七）十字花科Cruciferae

一年生、二年生或多年生草本，稀稍呈灌木状。植株无毛或有单毛、分枝毛、星状毛或腺毛。茎直立、斜升或铺散。叶通常互生，单叶或羽状复叶，不具托叶，基生叶通常莲座状丛生。总状花序顶生或腋生，初时呈伞房状，花后伸长成总状，通常无苞片及小苞片；花两性，整齐，2基数；萼片4，排列为2轮，相等或不相等，有时基部呈囊状，尤以内轮位于两侧者显著；花瓣4，通常有直立瓣爪和开展的瓣片形成十字形，故名十字花科；雄蕊6，为四强雄蕊，与萼片对生，即位于前方与后方的各2枚雄蕊较长，位于两侧的各1枚雄蕊较短，通常分离，有时长雄蕊花丝成对合生，雄蕊很少为4或2，蜜腺位于花丝基部，长雄蕊基部的蜜腺有时无，蜜腺的形状和排列方式各式各样；雌蕊由2心皮构成，子房通常2室，中间有假隔膜或假隔膜形成不完全，有的具穿孔，或甚至完全没有形成，而为子房1室；花柱明显或无花柱，柱头头状或2裂，裂片很少彼此连合；侧膜胎座，胚珠通常多数，弯生或倒生。果实为长角果或短角果，开裂或不开裂，有时成段脱落而为1室含1粒种子，呈坚果状。种子无胚乳，胚充满种子，由于胚根与子叶的位置不同，可分为子叶缘倚（O=）、子叶背倚（O‖O）、子叶纵折（O >>）、子叶卷折（O‖‖）或子叶回折（O‖‖‖‖）等。

分属检索表

1.短角果。

　2.果成熟后开裂。

　　3.花黄色。

  4.果实球形 ···（1）蔊菜属*Rorippa*

  4.果实为椭圆形 ··（2）葶苈属*Draba*

 3.花白色或无花瓣。

  4.假隔膜与果瓣垂直。

   5.果为三角形 ···（3）荠属*Capsella*

   5.果为近圆形或倒心脏形。

    6.果具宽翅 ··（4）遏蓝菜属*Thlaspi*

    6.果仅于顶端具狭翅 ···（5）独行菜属*Lepidium*

  4.假隔膜与果瓣平行。

   5.植株具星状毛；有时短角果稍压扁 ······································（6）团扇荠属*Berteroa*

   5.植株无毛；短角果椭圆形 ···（7）马萝卜属*Armoracia*

2.果成熟后不开裂。

 3.子叶背倚；果实1室1种子 ···（8）菘蓝属*Isatis*

 3.子叶卷折；果2室，每室1种子 ··（9）匙荠属*Bunias*

1.长角果。

2.果实成熟后不裂 ···（10）萝卜属*Raphanus*

2.果实成熟后开裂。

 3.果具喙。

  4.种子于每室内排列成1列。

   5.花黄色 ··（11）芸薹属*Brassica*

   5.花淡紫色 ··（12）诸葛菜属*Orychophragmus*

  4.种子于每室内排列成2列 ···（13）芝麻菜属*Eruca*

 3.果无喙。

  4.4个长雄蕊成对合生；植物体上有腺毛 ·······························（14）花旗杆属*Dontostemon*

  4.4个长雄蕊分离；植物体上无毛，或具有单毛、星状毛或叉状毛。

   5.茎光滑或具单毛。

    6.花黄色。

     7.长角果下垂 ··（15）大蒜芥属*Sisymbrium*

     7.长角果直立。

      8.长角果长圆形或圆柱形，幼果近圆柱形 ····················（1）蔊菜属*Rorippa*

      8.长角果线状，近四棱形，幼果明显四棱形 ·················（16）山芥属*Barbarea*

    6.花白色。

     7.叶羽状分裂；角果果瓣无中脉 ··（17）碎米荠属*Cardamine*

7.叶不裂，边缘仅具锯齿；角果果瓣具中脉 ················· （18）南芥属*Arabis*

5.茎下部具分叉状毛 ···························· （19）赛南芥属*Turritis*

（1）蔊菜属*Rorippa* Scop

1.短角果，球形，长1～2mm；果梗长7～9mm ················· 球果蔊菜*R. globosa*（Turcz.）Thell.

1.长角果，长圆形或圆柱形，长5～10mm。

2.叶大头羽状深裂；花瓣与萼片近等长 ················· 风花菜*R. islandica*（Oed.）Borb.

2.叶羽状深裂，花瓣比萼片长1/3左右 ················· 辽东蔊菜*R. liaotungensis* X. D. Cui

（2）葶苈属*Draba* L.

1.角果密生单毛 ·························· 葶苈*D. nemorosa* L.

1.角果光滑无毛 ···················· 光果葶苈*D. nemorsa* L. var. *leiocarpa* Lind.

（3）荠属*Capsella* Medic.

荠*C. bursa-pastoris*（L.）Medic.

（4）遏蓝菜属*Thlaspi*

遏蓝菜*Th. arvense* L.

（5）独行菜属*Lepidium* L.

1.基生叶2回羽状分 ···················· 独行菜*L. ruderale* L.

1.基生叶锯齿状缺刻或羽状分裂。

2.茎有柱状短腺毛 ···················· 密花独行菜*L. densiflorum* Schrad.

2.茎有棍棒状腺毛 ···················· 腺独行菜*L. apetalum* willd

（6）团扇荠属Berteroa DC.

团扇荠B. incana（L.）DC.

（7）马萝卜属*Armoracia Gaertn.*–Mey.–Scherb.

马萝卜*Armoracia rusticana*（Lam.）Gaertn.–Mey.–Scherb.

（8）菘兰属*Isatis* L.

菘兰*I. indigotica* Fort.

（9）匙荠属*Bunias* L.

匙荠*B. cochlearioides* Murray

（10）萝卜属*Raphanus* L.

萝卜*R. sativus* L.

（11）芸薹属*Brassica* L.

1.叶片厚，蓝绿色被有白粉；萼片直立，花瓣乳黄色。

2.叶包叠呈球形，扁球形或牛心形 ················· 甘蓝（卷心菜）*B. oleracea* L. var. *capitata* L.

2.叶不包叠。

3.花序梗、花柄和不育花变成肉质的头状体 ························· 花椰菜*B. oleracea* L. var. *botrytis* L.

3.花序梗、花柄和花正常发育；茎短，近地面部分膨大成球形或扁球形 ······· 擘蓝*B. caulorapa* Pasq.

1.叶片薄，绿色，无或稍有白粉；萼片斜展；花瓣黄色。

  2.茎生叶基部抱茎。

   3.叶柄宽而扁，有翅，心叶包叠成头状或圆筒状 ························· 大白菜*B. pekinensis* Rupr.

   3.叶柄无翅，心叶不包叠 ························· 小白菜*B. chinensis* L.

  2.茎生叶基部不抱茎。

   3.根肉质肥大，圆锥形或短圆筒形 ························· 大头菜（芥菜疙瘩）*B. napiformis* Bailey

   3.根不肥大。

    4.叶边缘皱缩 ························· 雪里红*B. juncea* Czern et Coss. var. *multiceps* Tsen et Lee

    4.叶边缘不皱缩 ························· 芥菜*B. juncea* Czern et Coss.

（12）诸葛菜属*Orychophragmus* Bunge

诸葛菜*O. violaceus*（Linn.）O. E. Schulz

（13）芝麻菜属*Eruca* Adans

芝麻菜*E. sativa* Gars.

（14）花旗杆属*Dontostemon* Andrz

1.花序主轴、花梗上有头状腺毛 ··············· 腺花旗杆*D. dentatus*. Ledeb. var. *glandulosus* Max.

1.花序主轴、花梗上无头状腺毛 ··············· 花旗杆*D. dentatus* Ledeb

（15）大蒜芥属*Sisymbrium* L.

垂果大蒜芥*S. heteromallum* C. A. Mey.

（16）山芥属*Barbarea* R. Br.

山芥*B. orthoceras* Ledeb.

（17）碎米荠属*Cardamine* L.

水田碎米荠*C. lyrata* Bunge

（18）南芥属*Arabis* L.

1.角果下垂 ··············· 垂果南芥*A. pendula* L.

1.角果直立 ··············· 毛南芥*A. hirsuta*（L.）Scop.

（19）赛南芥属*Turritis* L.

赛南芥*T. grabra* L.

（二十八）景天科Crassulaceae

一至多年生草本，稀半灌木或灌木，常有肥厚、肉质的茎生叶。叶无托叶，亦无柄，互生、对生或轮生，常为单叶，稀为羽状复叶，全缘或稍有缺刻，稀浅裂。花序通常顶生，聚伞花序，或为穗状、总状及圆锥花序，或花单生；花两性或单性，雌雄异株，稀雌雄同株，辐射对称；有苞片或无；萼片4~5，稀6~8；花瓣与萼片同数或无花瓣，离生或基部多少合生，在芽内覆瓦状或镊合状排列；雄蕊1轮或2轮，与花瓣同数或为其2倍，若为2倍则必排成2轮，花丝丝状或钻形，稀变宽，花药内向开裂；心皮与花瓣同数，离生或基部合生，稀由基部合生至中部，基部外侧具1腺状鳞片，稀花，花柱常为钻形，柱头头状或不显著；胚珠倒生，狭窄，多数，稀少数或1枚，着生于侧膜胎座上。果实为蓇葖果或蒴果，沿腹缝线开裂。种子细小，数粒，稀为1粒，边缘具翅或无，种皮有皱纹或有微乳头状突起，胚乳不发达或无胚乳。

分属检索表

1.植株具莲座状的基生叶 ……………………………………（1）瓦松属*Orostachys*

1.植株不具莲座状的基生叶 …………………………………（2）景天属*Sedum*

（1）瓦松属*Orostachys* Fisch

瓦松*O. fimbriatus* A. Berger

（2）景天属*Sedum* L.

1.花黄色；叶互生 ……………………………………… 土三七*S. ajzoon* L.

1.花粉紫色；叶轮生或对生 ………………………………… 景天*S. speetubile* bor.

（二十九）虎耳草科**Saxifragaceae**

草本或木本。叶互生或对生，单叶或复叶，通常无托叶。花序为聚伞花序、圆锥花序或总状花序，花两性或单性，辐射对称或两侧对称；萼片4~5，有时与子房合生，花瓣与萼片同数或为其2倍或更多，花药2室，纵裂，稀有退化雄蕊；通常有花盘，子房（1）2~5室，中轴胎座或侧膜胎座，子房上位或下位，心皮2~5，几乎离生或合生，胚珠多数，倒生。蒴果或浆果。种子有胚鞘，胚小。

分属检素表

1.复叶，2~3回三出复叶 ………………………………（1）落新妇属*Astilbe*

1.单叶。

　2.草本，子房上位。

　　3.花无退化雄蕊；花序多花 ………………………（2）扯根菜属*Penthorum*

　　3.花有退化雄蕊；单花顶生 ………………………（3）梅花草属*Parnassia*

　2.木本，子房下位。

　　3.叶对生或轮生；蒴果。

　　　4.叶对生。

　　　　5.叶被星状毛；花瓣5片 ………………………（4）溲疏属*Deutzia*

　　　5.叶无星状毛；花瓣4片 ··················· （5）山梅花属*Philadelphus*

　　4.叶轮生 ··························· （6）八仙花属*Hydrangea*

　3.叶互生；浆果 ······················· （7）茶藨属*Ribes*

（1）落新妇属*Astilbe* Buch–Ham.

落新妇*A. chinensis*（Max.）Franch. et Sav.

（2）扯根菜属*Penthorum* L.

扯根菜*P. chinense* Pursh.

（3）梅花草属*Parnassia* L.

梅花草*P. palastris* L.

（4）溲疏属*Deutzia* Thunb.

李叶溲疏*D. hamata* Koehne

（5）山梅花属Philadelphus L.

1.枝与花梗有毛；子房下位 ··················· 山梅花*Ph. schrenkii* Rupr.

1.枝与花梗无毛；子房半下位 ················· 京山梅花*Ph. pekinensis* Rupr.

（6）八仙花属*Hydrangea* L.

大花水桠木*H. paniculata* Sieb.var.*grandiflora* Sieb.

（7）茶藨属*Ribes* L.

1.小枝无刺；花序总状。

　2.花白色；萼筒广钟形；果黑色；叶下有腺点 ··········· 黑果茶藨*R. nigrum* L

　2.花黄色；萼筒管状；果黑色或紫褐色；叶下无腺点 ········· 黄花茶藨*R. odorutum* Wendle

1.小枝有刺；花仅1~2朵腋生叶腋。

　2.小枝密生长短不等的细针刺；浆果多刺 ··········· 刺果茶藨*R. burejense* Fr.

　2.小枝节上有少数刺；浆果无刺 ··············· 欧洲醋栗*R. grossularia* L.

（三十）蔷薇科**Rosaceae**

　　草本，灌木或乔木，落叶或常绿，有刺或无刺。叶互生或对生，单叶或复叶，有托叶，有时托叶早落，稀无托叶。花两性，稀单性，通常整齐；子房上位，周位或下位；花轴顶端发育成碟状、钟状、杯状、坛状或筒状的花托，其边缘生萼片、花瓣和雄蕊；萼片4~5，覆瓦状排列，有时有副萼片；花瓣与萼片同数，或无花瓣；雄蕊（4）5至多数，稀1或2，花丝离生，稀合生；心皮1至多数，离生或合生，有时与花托合生，每心皮有1至数枚直立或倒生胚珠，花柱分离或连合，顶生、侧生或基生。果实为蓇葖果、瘦果、核果或梨果，稀蒴果；种子通常无胚乳。

蔷薇科分类常用术语

副萼：有些植物具2轮萼片，外轮萼片称为副萼，如委陵菜属都有副萼。

梨果：是由多心皮的下位子房、肉质花托和雄蕊、花被的基部共同发育成的果实，称为梨果，是假果的一种，如梨、苹果等的果实。

蔷薇果：是假果的一种，是由单心皮形成的被毛瘦果，它们共同着生在花后膨大后变为肉质的花托内壁上，连同萼筒共同形成果实，其果实称为蔷薇果，如蔷薇属的果实。

茸毛：毛直且直立、密而呈丝绒状。

绢毛：毛长而直、柔软贴伏、有丝绸光泽的毛。

刚毛：直立或多少有些弯曲，触之糙硬有声，易折断。

曲柔毛：毛较密、柔软，卷曲而不直立。

长柔毛：毛细、柔软而长。

绒毛：柔软细小的毛。

叶革质：叶如皮革状。

分属检索表

1.果为聚合蓇葖果；木本植物。

　2.单叶。

　　3.蓇葖果膨大 ··（1）风箱果属*Physocarpus*

　　3.蓇葖果不膨大 ··（3）绣线菊属*Spiraea*

　2.羽状复叶 ·······································（2）珍珠梅属*Sorbaria*

1.果为梨果、核果、瘦果、聚合瘦果或聚合核果；草本或木本。

　2.子房下位；梨果。

　　3.内果皮于果成熟时为硬骨质 ·····················（4）山楂属*Crataegus*

　　3.内果皮于果成熟时为革质或纸质

　　　4.复伞房花序 ···············（7）花楸属*Sorbus*

　　　4.伞房花序或伞形的聚伞花序。

　　　　5.花柱离生 ·············（6）梨属*Pyrus*

　　　　5.花柱基部连合 ·············（5）苹果属*Malus*

　2.子房上位，不为梨果。

　　3.心皮常为1个；核果 ·····················（16）李属*Prunus*

　　3.心皮多数，果为聚合瘦果或聚合核果，如仅有1个心皮时，则为瘦果。

　　　4.聚合核果 ·····························（14）悬钩子属*Rubus*

　　　4.瘦果或聚合瘦果。

　　　　5.瘦果生于杯状或坛状的花托内。

      6. 木本；茎具刺；雌蕊多数 ·· （13）蔷薇属*Rosa*

      6. 草本；茎无刺；雌蕊1～4个。

        7. 无花瓣；花萼下不具钩状刺毛 ······························ （15）地榆属*Sanguisorba*

        7. 有花瓣；花萼下具钩状刺毛 ······························ （8）龙牙草属*Agrimonia*

    5. 瘦果着生于扁平或隆起的花托上。

      6. 托叶不与叶柄连合；雌蕊生于微凹的花托基部 ············ （9）蚊子草属*Filipendula*

      6. 托叶常与叶柄连合；雌蕊生于球形或圆锥形之花托上。

        7. 花柱顶生 ·· （11）水杨梅属*Geum*

        7. 花柱侧生或基生。

          8. 花托在成熟时变为肉质 ······································· （10）草莓属*Fragaria*

          8. 花托在成熟时干燥 ··· （12）委陵菜属*Potentilla*

（1）风箱果属*Physocarpus* Max.

    美国风箱果*Ph. opulifolius*（L.）Max.

（2）珍珠梅属*Sorbaria* A. Br.

1. 雄蕊40～50，长为花瓣的1.5～2倍；叶背面无毛或有星毛，花序较紧密 ··· 珍珠梅*S. sorbifolia*（L.）A. Br.

1. 雄蕊20～25，约与花瓣等长；叶背面脉腋间有簇生毛；花序较疏散

    ··· 华北珍珠梅*S. kirilowii*（Regel）Max.

（3）绣线菊属*Spiraea* L.

1. 复伞房花序或圆锥花序。

  2. 圆锥花序 ··· 柳叶绣线菊*S. salicifolia* L.

  2. 复伞房花序。

    3. 花序无毛。

      4. 花白色 ··· 华北绣线菊*S. fritschiana* Schneid.

      4. 花粉红色 ········· 无毛粉花绣线菊*S. japonica* var. *glabra*（Regel）Koidz.

    3. 花序有毛。

      4. 花通常为粉红色 ···································· 粉花绣线菊*S. japonica* L.

      4. 花为白色。

        5. 叶片卵形至倒卵形，中部以上有钝锯齿，背面被短柔毛，叶柄长2mm左右

        ··· 楔叶绣线菊*S. canescens* D. Don

        5. 叶片卵状长圆形至倒卵状长圆形，全缘，两面无毛，叶柄长2～6mm

        ··· 毛果绣线菊*S. trichocarpa* Nakai

1. 伞形花序。

  2. 花序无轴；叶无毛 ·································· 珍珠绣线菊*S. thunbergii* Blume

2.花序下有轴；叶背有绒毛 ························· 土庄绣线菊*S. pubescens* Turcz.

（4）山楂属*Crataegus* L.

1.叶羽状浅裂；茎常无刺；果实直径达2.5cm ··············· 山楂*C. pinnatifida* Bunge var. *major* N. E. Br.

1.叶羽状深裂；茎具茎刺；果径仅1.5cm。

 2.花轴及花梗无毛 ························· 无毛山里红*C. pinnatifida* Bunge f. psilosa Kit.

 2.花轴及花梗有毛 ························· 山里红*C. pinnatifida* Bunge

（5）苹果属*Malus* Mill.

1.萼宿存；果径2cm以上。

 2.叶片锯齿钝；小枝及叶密生绒毛；萼片基部不肥厚，有毛 ············· 苹果*M. pumila* Mill

 2.叶片边缘具较尖锯齿；萼片基部肥厚，无毛。

  3.叶片下面密被短柔毛 ························· 花红*M. asiatica* Nakai.

  3.叶片下面仅于叶脉上有毛或近无毛 ············· 海棠果*M. prunifolia* Borkh.

1.萼脱落；果径仅8~10mm ························· 山荆子*M. baccata*（L.）Borkh

（6）梨属*Pyrus* L.

1.果实上的萼片脱落；叶柄被灰白色绒毛 ············· 杜梨*P. betulaefolia* Bunge

1.果实上萼片宿存。

 2.叶边缘具芒刺状的锯齿 ························· 秋子梨*P. ussuriensis* Max.

 2.叶边缘具圆钝锯齿 ························· 西洋梨*P. communis* L.

（7）花楸属*Sorbus* L.

 水榆*S. alnifolia* K. Koch.

（8）龙牙草属*Agrimonia* L.

 龙牙草*A. pilosa* Ledeb.

（9）蚊子草属*Filipendula* Adans

 细叶蚊子草*F. angustiloba*（Turcz.）Max.

（10）草莓属*Fragaria* L.

 草莓*F. ananassa* Duch.

（11）水杨梅属*Geum* L.

 水杨梅*G. aleppicum* Jacq.

（12）委陵菜属*Potentilla* L.

1.小灌木，花黄色 ························· 金露梅*P. fruticosa* L.

1.一年生或多年生草本。

 2.花单生于叶腋；茎匍匐、斜升或半卧生。

  3.羽状全裂叶 ························· 鹅绒委陵菜*P. anserina* L.

  3.掌状全裂叶 ……………………………………………………… 蔓委陵菜*P. flagellaris* Willd. ex Schlecht

2.花排列为聚伞花序。

  3.掌状全裂叶。

   4.叶为掌状5全裂，亦有3全裂叶在同一植株上 ………………… 蛇含*P. kleiniana* Wight et Arn.

   4.叶为掌状3全裂。

    5.茎直立，粗壮；叶裂片为卵状披针形 ………………… 狼牙委陵菜*P. cryptotaeniae* Max.

    5.茎生叶不发达；叶裂片为椭圆形 ………………… 三叶委陵菜*P. freyniana* Bornm.

  3.羽状全裂叶（在同一植株上有3裂叶时，则植株矮小、铺地并微上升）。

   4.一年生草本；叶背无毛。

    5.叶具7～9全裂片 ……………………………………… 羽叶委陵菜*P. supina* L.

    5.叶具3～5个裂片 ………………………………… 东北委陵菜*P. supina* L. var. *ternata* Peterm.

   4.多年生草本；叶背有毛。

    5.裂片边缘仅具锯齿或为缺刻状锯齿。

     6.叶背白色，被白色绵毛 …………………………… 翻白委陵菜*P. discolor* Bunge

     6.叶背浅绿色，被稀疏的粗毛。

      7.基生叶有裂片5～8对，长圆形，边缘有缺刻状的锯齿

        …………………………………………………… 蒿叶委陵菜*P. tanacetifolia* Willd ex Schlecht.

      7.基生叶裂片2～3对，倒卵形，边缘锯齿缘 ………… 莓叶委陵菜*P. fragarioides* L.

    5.裂片深裂呈篦齿状。

     6.小裂片三角形，边缘反卷；茎生叶的托叶通常齿状分裂 ………… 委陵菜*P. chinensis* Seringe

     6.小裂叶线形，边缘平坦或微反卷；茎生叶托叶常全缘 ……… 多茎委陵菜*P. multicaulis* Bunge

（13）蔷薇属*Rosa* L.

1.托叶离生或仅基部贴生，脱落；花托无毛；伞形花序 ……………………………… 木香花*R. banksiae* R. Br.

1.托叶与叶柄合生，宿存；不为伞形花序。

  2.托叶篦齿状；花柱合生，与雄蕊近等长，多花，圆锥花序，花白色 ……… 野蔷薇*R. multiflora* Thunb.

  2.托叶全缘或具腺齿；花柱离生，短于雄蕊，花单生或2～3朵集生，稀数朵集生。

   3.花柱伸出花托口外 ……………………………………………………… 月季*R. chinensis* Jacq.

   3.花柱不伸出花托口外或微露出形成头状。

    4.花黄色，重瓣、单生或数朵集生，无花苞，皮刺宽大 ………… 黄刺玫*R. xanthina* Lindl.

    4.花不为黄色。

     5.萼片羽状分裂，脱落 …………………………………………… 犬蔷薇*R. canina* L.

     5.萼片不分裂，宿存。

      6.小枝和皮刺密被绒毛，小叶宽，质厚，表面有明显皱纹，背面密被绒毛和腺体；花紫红色

…………………………………………………………………… 玫瑰*R. rugosa* Thunb.

6.小枝和皮刺均无毛，或仅幼时被疏柔毛；小叶质较薄，表面无明显皱纹。

　7.小叶背有白霜和腺体，皮刺细直，枝干下部常无针刺或少有针刺，花粉红色，果近球形

　　…………………………………………………………… 红刺玫*R. davurica* Pall.

　7.小叶背面无白霜和腺体，皮刺细直，枝干下部常有密集针刺

　　………………………………………………………… 美丽蔷薇*R. bella* Rebd. et Wils.

（14）悬钩子属*Rubus* L.

1.单叶，掌状3~5裂，叶背无绒毛 …………………………山楂叶悬钩子*R. crataegifolius* Bunge.

1.复叶。

　2.叶背有绒毛。

　　3.小叶顶端钝；花粉红色 ………………………………… 小叶悬钩子*R. parvifolius* L.

　　3.小叶顶端渐尖；花白色 ……………………………………… 覆盆子*R. idaeus* L.

　2.叶背面无绒毛 ………………………………… 绿叶悬钩子*R. kanayamensis* Levl. et Vant

（15）地榆属*Sanguisorba* L.

1.花紫红色；花丝丝状与萼片近等长，基生叶的小叶片卵形或长圆状卵形 ………… 地榆*S. officinalis* L.

1.花白色；花丝显著扁平扩大，比萼片长0.5~2倍，基生叶的小叶片带状披针形

　………………………………………………………… 细叶地榆*S. tenuifolia* Fisch.

（16）李属*Prunus* L.

1.花序为长总状，花轴长5~15cm，具12朵以上的花。

　2.花序总梗下具叶；叶背无腺点 …………………………………………… 稠李*P. padus* L.

　2.花序总梗下无叶；叶背密生腺点 ………………………………… 腺叶稠李*P. macckii* Rupr.

1.花单生或2~3朵簇生，或为伞房花序或短总状花序，花轴长0.5~1.5cm，具3~5花。

　2.花梗明显，长度在5mm以上。

　　3.乔木。

　　　4.萼筒管状；花梗基部有细齿缘或腺齿缘的苞片。

　　　　5.叶边缘锯齿顶端具芒尖 …………………………山樱桃*P. verecunda*（Koidz.）Koebne

　　　　5.叶边缘锯齿不具芒尖 ……………………………… 大山樱*P. sargentii* Rehd.

　　　4.萼筒钟状，花梗基部无苞片。

　　　　5.叶缘锯齿长刺芒状，花重瓣，白色 ……………………………… 樱花*P. serrulata* Lindl.

　　　　5.叶缘锯齿非刺芒状。

　　　　　6.花粉红色，树皮木栓层发达 …………………… 东北杏*P. mandshurica*（Maxim.）Koebne

　　　　　6.花白色，树皮木栓层不发达。

　　　　　　7.叶背面被短柔毛 ………………………………… 欧洲甜樱桃*P. avium* L.

7.叶背面无毛或沿中脉及脉腋被柔毛 ·· 李*P. salicina* Lindl.

3.灌木或小乔木。

4.叶变红紫色 ·· 紫叶李*P. cerasifera* Ehrb. f. *atropurpurea* Rehd.

4.叶不变红紫色。

5.叶中部以下最宽；花柱有毛长梗 ·· 郁李*P. nakaii*（Levi.）Rehd.

5.叶中部或中部以上最宽；花柱无毛。

6.叶倒卵状披针形或长圆状披针形；小枝被短柔毛 ················ 欧李*P. humilis* Bunge

6.叶椭圆状披针形或卵状长圆形；小枝无毛。

7.花重瓣，粉红色，花梗被短柔毛

·· 重瓣麦李*P. glandulosa* Thunb. var. *sinensis*（Pers.）Koehne

7.花重瓣，白色，花梗无毛 ·········· 重瓣白花麦李*P. glandulsa* Thunb. var. *albiplena* Koehne

2.花梗短或无梗，如有梗时，长度不到5mm。

3.灌木。

4.萼筒管状 ·· 毛樱桃*P. tomentosa* Thunb.

4.萼筒杯状。

5.叶顶端渐尖，顶端不明显3裂 ·· 榆叶梅*P. triloba* Lindl.

5.叶顶端截形，顶端显著3裂 ················ 截叶榆叶梅*P. triloba* Lindl. var. *truncata* Kom.

3.乔木或小乔木。

4.幼叶叶片对折式；有顶芽。

5.萼边缘有毛 ·· 桃*P. persica* Batsch.

5.萼边缘无毛。

6.花粉红色 ·· 山毛桃*P. davidiana* Franch.

6.花白色 ·· 白山桃*P. davidiana* Franch. var. *alba* Bean.

4.幼叶叶片席卷式；无顶芽。

5.树皮木栓层发达；花梗长2~5mm ················ 东北杏*P. mandshurica*（Max.）Koehne

5.树皮木栓层不发达，花梗长2mm左右。

6.茎刺发达；叶先端长锐尖 ·· 山杏*P. sibirica* L.

6.茎刺不发达，叶先端短锐尖 ·· 杏*P. armeniaca* L.

（三十一）豆科Leguminosae

草本、灌木、乔木或藤本。叶为羽状复叶或掌状复叶，稀单叶；托叶2，常有小托叶，有时叶轴顶端有卷须。花通常两侧对称，花冠多为蝶形，两性，少有辐射对称或杂性；萼片5，合生或有时分离；花瓣5，通常分离且不相等，少有近同型；雄蕊10，少为较少数或多数、无定数，花丝各式连合或少为分离，花药2室；子房为单心皮边缘胎座，具1至多数胚珠。果多为干燥荚果，沿二缝线开裂或有时不开裂，1室，有时因缝线伸入纵隔为2室或不完全2室，也有时在种子间紧缩成节而构成节荚，或节荚退化而仅具1节1种子。种子通常无胚乳。

豆科分类常用术语

丁字毛：毛的两个分枝成一条直线，恰似一根毛，而其着生点不在基部而在中央，呈丁字状。

蝶形花冠：离瓣花的一种，花瓣5，排成蝶状，最上的一片最大，称为旗瓣；侧面两瓣较旗瓣小，同形，称作翼瓣；最下相对应的两片，其下缘常连合，弯曲，呈龙骨状，叫龙骨瓣。蝶形花冠为豆科植物所特有。

二体雄蕊：一朵花中有10枚雄蕊，其中9枚的花丝中部以下连合，花药分离；另一枚单独生长，因而成两束，故称二体雄蕊，也有5枚连合成为二束。

茎上升：亦称斜升，茎基部偏斜生长，但节处不生不定根，中上部直立生长。

小托叶：羽状复叶小叶叶柄基部的托叶，称小托叶。

花序顶生：花序生于茎或枝的顶端。

膜质：薄而近于透明。

伏毛：贴伏而不直立的毛。

雄蕊管：雄蕊的花丝连合成管，此管称为雄蕊管。

掌状、羽状三出复叶：总叶柄顶端有3枚小叶，称三出复叶。如果3枚小叶都着生在总叶柄顶端，呈掌状排列，小叶柄近等长，则称为掌状三出复叶。如顶生小叶（中间小叶）着生在总叶柄顶端，小叶柄较长，2侧生小叶着生位置偏下，小叶柄短，横出，称为羽状三出复叶。

分属检索表

1. 花辐射对称，花瓣镊合状排列；雄蕊有定数或无定数（多数）……………………（2）合欢属*Albizzia*

1. 花两侧对称，花瓣覆瓦状排列；雄蕊有定数。

　2. 花冠不为蝶形，最上面的花瓣在最里面，各瓣形状相似；雄蕊通常分离（云实亚科Caesalpinioideae）。

　　3. 落叶乔木；茎刺发达……………………………………………（3）皂荚属*Gleditsia*

　　3. 草本，茎无刺……………………………………………………（1）决明属*Cassia*

　2. 花冠蝶形，最上方的花瓣（旗瓣）位于两侧2片花瓣（翼瓣）的外方；雄蕊通常合生成两体或单体，少有分离（蝶形花亚科Papilionatae）。

　　3. 雄蕊10个，分离或仅基部连合。

　　　4. 荚果扁平，从不于种子间紧缩成念珠状……………………（22）马鞍树属*Maackia*

　　　4. 荚果圆筒状，于种子间缢缩成念珠状………………………（29）槐属*Sophora*

3.雄蕊10个，合生成单体或两体，除紫穗槐属外，一般具有显著的雄蕊管。

4.荚果成熟时于种子间横裂，或于种子间收缢。

5.奇数羽状复叶。

6.花聚为腋生而有长梗的伞形花序；所有的花丝或至少有数条花丝于顶部膨大
…………………………………………………………… （35）小冠花属 *Coronilla*

6.花通常为腋生的总状花序；花丝不于顶端膨大 ………………… （16）岩黄耆属 *Hedysarum*

5.偶数羽状复叶。

6.小叶20～30对；花着生于短总状花序上 ………… （4）合萌属（田皂角属）*Aeschynomene*

6.小叶2对；花腋生；荚果于地下成熟 ………………………… （7）落花生属 *Arachis*

4.荚果成熟后不于种子间横裂或收缢。

5.单叶 ……………………………………………… （11）猪屎豆属（野百合属）*Crotalaria*

5.复叶。

6.三出复叶或掌状复叶。

7.小叶边缘有锯齿。

8.叶为三出羽状复叶。

9.荚果劲直或微具弯曲，但从不弯成马蹄铁形或镰刀形。

10.总状花序细长而稍稀疏；荚果小而膨胀，卵球形或近球形，稀为长圆形，长
2～10mm，先端的喙很短或不明显，含1～2粒种子 … （24）草木樨属 *Melilotus*

10.花序短总状较密，或密集成近头状，或1至数花腋生；荚果扁平或膨胀而较长，或
短小膨胀具显著的长喙。

11.荚果扁平，具细短喙或喙不明显 ………………… （37）扁蓿豆属 *Melissitus*

11.荚果不为扁平，具长喙（沈阳产者）………… （31）胡卢巴属 *Trigonella*

9.荚果弯曲成马蹄铁形或螺旋状或为镰刀状 ………… （23）苜蓿属 *Medicago*

8.叶为三出掌状复叶或掌状复叶 ………………… （30）车轴草属 *Trifolium*

7.小叶边缘全缘。

8.荚果仅具1粒种子；茎直立。

9.托叶细小脱落 ……………………………… （21）胡枝子属 *Lespedeza*

9.托叶大形，膜质并宿存 ……………………… （18）鸡眼草属 *Kummerowia*

8.荚果内通常具2粒或2粒以上的种子（亦有某些荚果发育不良仅具1粒种子）；茎大多缠
绕（栽培的大豆、小豆、绿豆等例外）。

9.花单生或簇生，或为总状花序，花于花轴着生处并不凸出或隆起。

10.子房基部的花盘呈环状而不发达 ………… （13）大豆属 *Glycine*

10.子房基部由鞘状腺体构成发达的花盘 ………… （6）两型豆属 *Amphicarpaea*

9.花排列为总状花序，花于花轴着生处常凸出为节，或隆起如瘤。

    10.柱头及花柱无毛 ···（27）葛属*Pueraria*

    10.柱头顶端周围有毛，或于花柱上方一侧有毛。

      11.托叶基部着生。

        12.龙骨瓣弯曲，其卷曲程度超过360° ············（25）菜豆属*Phaseolus*

        12.龙骨瓣不弯 ······································（12）扁豆属*Dolichos*

      11.托叶常盾状着生，龙骨瓣不卷曲或卷曲时不超过180°，并且上有角状附属物

        ···（33）豇豆属*Vigna*

6.羽状复叶。

  7.偶数羽状复叶，于叶轴顶端卷须或延伸为刚毛或硬刺。

    8.草本，叶轴顶端具卷须或刚毛。

      9.花柱圆柱形，花柱上部四周被长柔毛或其顶端外方有一丛髯毛

        ···（32）野豌豆属*Vicia*

      9.花柱内具柔毛。

        10.托叶叶状，比小叶大 ·····················（26）豌豆属*Pisum*

        10.托叶比小叶小得多

          11.萼比花瓣稍长 ·······················（20）浜豆属*Lens*

          11.萼比花瓣短 ·····················（19）山黧豆属*Lathyrus*

    8.木本；叶轴顶端具硬刺 ······················（9）锦鸡儿属*Caragana*

  7.奇数羽状复叶。

    8.小叶边缘有锯齿 ·····························（10）鹰嘴豆属*Cicer*

    8.小叶边缘全缘。

      9.花冠仅具旗瓣 ·························（5）紫穗槐属*Amorphea*

      9.花冠具旗瓣、翼瓣及龙骨瓣。

        10.木质藤本 ·······················（34）紫藤属*Wisteria*

        10.草本或直立木本。

          11.托叶变成刺状 ·················（28）洋槐属*Robinia*

          11.托叶不形成刺。

            12.花药不同大，其中5个较小；荚果常具刺或瘤状突起

              ·····························（14）甘草属*Glycyrrhiza*

            12.花药同型；荚果上无刺也无瘤状突起。

              13.植株具丁字毛，荚果1室·············（17）木蓝属*Indigofera*

              13.植株不具丁字毛，如有丁字毛时，则荚果为2室。

14. 龙骨瓣顶端具一凸出的喙状尖；荚果1室或由假隔膜分为2室
　　　　　　　　　　　　　　　　　　　　　　　　　　（36）棘豆属*Oxytropis*

14. 龙骨瓣顶端不具凸出的喙状尖。

　　15. 龙骨瓣长度约与翼瓣相等；荚果1室，不完全2室至2室；通常有地
　　上茎　　　　　　　　　　　　　　　　　　　　　　（8）黄耆属*Astragalus*

　　15. 龙骨瓣长度约仅为翼瓣的1/2以下；荚果1室；通常无明显的地上茎
　　　　　　　　　　　　　　　　　　　　　　（15）米口袋属*Gueldenstaedtia*

（1）决明属（山扁豆属）*Cassia* L.

1. 小叶15~35对；雄蕊4个 　　　　　　　　　　　　豆茶决明（山扁豆）*C. nomame* Kitag.

1. 小叶2~4对；雄蕊10个，其中3个不育 　　　　　　　　　　　　决明*C. tora* L.

（2）合欢属*Albizzia* Durazz.

合欢*A. julibrissin* Durazz.

（3）皂荚属*Gleditsia* L.

山皂荚*G. japonica* Miq.

（4）合萌属*Aeschynomene* L.

合萌*A. indica* L.

（5）紫穗槐属*Amorpha* L.

紫穗槐*A. frutieosa* L.

（6）两型豆属*Amphicarpaea* Ell.

两型豆*A. trisperma* Bak.

（7）落花生属*Arachis* L.

落花生*A. hypogaea* L.

（8）黄耆属*Astragalus* L.

1. 植株被丁字毛；花蓝紫色 　　　　　　　　　　　斜茎黄耆（沙打旺）*A. adsurgens* Pall.

1. 植株被单毛。

　2. 小叶仅3~5枚，线形或长圆状线形；荚果小，长3~4mm 　　　　草木樨黄耆*A. melilotoides* Pall.

　2. 小叶9枚以上，小叶长圆形或椭圆形，荚果较大，长度在1.5cm以上。

　　3. 果实线形，宽仅2~2.5mm，花紫红色，稀为白色 　　　　　兴安黄耆*A. davuricus* DC.

　　3. 果实膨大，纺锤形、倒卵形、半圆形或椭圆形；花黄色、淡黄色或粉红色。

　　　4. 子房无毛 　　　　　　　　　　　　　　　　　华黄耆*A. chinensis* L.

　　　4. 子房有毛。

　　　　5. 荚果半圆形，成熟后膜质 　　　　　　　膜荚黄耆*A. membranaceus*（Fisch.）Bge.

　　　　5. 荚果纺锤形 　　　　　　　　　　　　　蔓黄耆*A. complanatus* R.Br.

（9）锦鸡儿属*Caragana* Lam.

1.小叶2对，排列成掌状（假掌状复叶）；花黄色，常带紫堇色，凋谢时变红紫色或红色

.... 红花锦鸡儿*C. rosea* Turcz.

1.小叶5~10对，偶数羽状复叶；花黄色，凋谢时不变成红紫色或红色。

  2.灌木有时为小乔木；小叶长10~20mm；花梗长20~60mm .... 树锦鸡儿*C. arboreacens* Lam.

  2.灌木；小叶长5~10mm；花梗长10~20mm .... 小叶锦鸡儿*C. microphylla* Lam.

（10）鹰嘴豆属*Cicer* L.

  鹰嘴豆*C. arietinum* L.

（11）猎屎豆属*Crotalaria* L.

1.花黄色，花冠伸出花萼外 .... 菽麻*C. juncea* L.

1.花蓝色，花冠包于花萼内 .... 狗铃草*C. sessiliflora* L.

（12）扁豆属*Dolichos* L.

  扁豆*D. 1ablab* L.

（13）大豆属*Glycine* L.

1.茎直立，粗壮 .... 大豆*G. max* Merr.

1.茎缠绕，细弱。

  2.叶卵形或椭圆形 .... 野大豆*G. soja* Sieb. et Zucc.

  2.叶披针形或长圆状披针形 .... 狭叶野大豆*G. soja* Sieb. et Zucc f. *lanceolata*（Skv.）P. Y. Fu

（14）甘草属*Glycyrrhiza* L.

  野大料*G. pallidiflora* Max

（15）米口袋属*Gueldenstaedtia* Fiseh.

  米口袋*G. verna*（Georgi）Boiss.

（16）岩黄耆属*Hedysarum* L.

  山岩黄耆*H. alpinum* L. var. *vicioides*（Turcz.）B. Fedtschenko

（17）木蓝属*Indigofera* L.

  花木蓝*I. kirilowii* Max.

（18）鸡眼草属*Kummerowia* Schindl.

1.花萼比成熟的荚果稍短或短1倍；枝上毛向下方 .... 鸡眼草*K. striata* Schindl.

1.花萼比成熟的荚果短2~3倍；枝上毛向上方 .... 朝鲜鸡眼草*K. stipulacea* Makino

（19）山黧豆属*Lathyrus* L.

1.荚果上部边缘具2翅 .... 家山黧豆*L. sativus* L.

1.荚果无翅。

  2.花黄色；小叶卵形或菱状卵形 .... 大卫山黧豆*L. davidii* Hance

2.花蓝紫色；小叶长圆状披针形，上具5条纵脉 ·················· 五脉山黧豆 *L. quinquenervius* Litv.

（20）浜豆属*Lens* Moench.

浜豆 *L. culinaris* Medic.

（21）胡枝子属*Lespedeza* Michx.

1.茎直立粗壮，高1m以上的灌木；无闭锁花。

　　2.花序较复叶为长（花序长成后）·························· 胡枝子 *L. bicolor* Turcz

　　2.花序较复叶为短 ································· 短序胡枝子 *L. cyrtobotrya* Miq.

1.茎矮，为1m以下的半灌木；有闭锁花。

　　2.花序梗细长，明显超出叶 ···················· 多花胡枝子 *L. floribunda* Bunge.

　　2.花序梗粗壮，通常不超出叶。

　　　　3.萼齿狭披针形，先端长渐尖，为花冠长的1/2以上。

　　　　　　4.植株密被黄褐色毛，小叶质厚，椭圆形或卵状长圆形，长3~6cm，宽15~30mm
　　　　　　·························· 绒毛胡枝子 *L. tomentonsa* Sieh

　　　　　　4.植株被粗硬毛或柔毛，小叶长圆形或狭长圆形，长2~5cm，宽5~16mm
　　　　　　·························· 兴安胡枝子 *L. davurica* Schindl.

　　　　3.萼齿披针形或三角形，长不及花冠一半。

　　　　　　4.小叶披针形，先端稍尖；小苞片披针形，与萼筒近等长 ····· 尖叶胡枝子 *L. juncea*（Laxm）Pers.

　　　　　　4.小叶长圆形，先端钝圆；小苞片长卵形，比萼筒短 ·········· 阴山胡枝子 *L. inshanica* Max. Schindl.

（22）马鞍树属*Maackia* Rupr. et Max.

高丽槐 *M. amurensis* Rupr. et Max.

（23）苜蓿属*Medicago* L.

1.荚果螺旋状；花紫色 ························· 紫苜蓿 *M. sativa* L.

1.荚果马蹄形；花黄色 ························· 天兰 *M. 1upulina* L.

（24）草木樨属*Melilotus* Adans

1.花白色 ························· 白花草木樨 *M. albus* Medic.

1.花黄色。

　　2.托叶基部两侧齿裂；小叶边缘具密的细锯齿 ·············· 细齿草木樨 *M. dentatus* Pers.

　　2.托叶基部两侧不齿裂；小叶边缘具疏锯齿。

　　　　3.荚果光滑；旗瓣长于翼瓣 ·············· 草木樨 *M. suaveolens* Ledeb.

　　　　3.荚果有毛；旗瓣与翼瓣等长 ·············· 欧草木樨 *M. officinalis* Lam.

（25）菜豆属*Phaseolus* L.

1.花序较叶为短；荚果带形，稍弯曲，顶端不变宽。

　　2.茎缠绕 ························· 菜豆 *Ph. vulgaris* L.

2.茎直立 ·· 直立菜豆*Ph. vulgaris* L. var. *humilis* Alef.

1.花序较叶为长；荚果镰状长圆形，向顶端逐渐变宽 ················· 红花菜豆*Ph. coccineus* L.

（26）豌豆属*Pisum* L.

豌豆*P. sativum* L.

（27）葛属*Puereria* DC.

葛*P. lobata*（Willd.）Ohwi

（28）洋槐属*Robinia* L.

1.枝具托叶性针刺。

2.小枝不具皮刺；花白色 ································· 洋槐*R. pseudoacacia* L.

2.小枝具多数皮刺；花红色至粉红色 ······················ 毛洋槐*R. hispida* L.

1.枝不具托叶性针刺 ··················· 无刺洋槐*R. pseudoacacia* L. var. *inermis* DC. Cat.

（29）槐属*Sophora* L.

1.小叶7 ~ 15枚，圆锥花序。

2.小枝下垂 ····································· 龙爪槐*S. japonica* L. var. *pendula* Loud.

2.小枝不下垂 ·· 槐*S. japonica* L.

1.小叶15 ~ 29枚；总状花序 ··································· 苦参*S. flavescens* Ait.

（30）车轴草属*Trfolium* L.

1.小叶通常（3）5 ~ 7枚组成掌状复叶 ······················· 野火球*T. lupinaster* L.

1.小叶3枚，组成掌状三出复叶。

2.茎匍匐；花序下具长梗；花白色或粉红色 ······················ 白三叶*T. repens* L.

2.茎直立；花序下无梗，生于叶腋；花紫红色 ················ 红三叶*T. pratense* L.

（31）胡卢巴属 *Trigonella* L.

胡卢巴（香草）*Tr. foenum-graecum* L.

（32）野豌豆属*Vicia* L.

1.荚果内种子之间无横隔膜，荚果通常稍扁或扁平。

2.花1 ~ 2朵腋生或仅由2 ~ 3朵组成总状花序；花大，长18 ~ 24mm

3.托叶有腺点 ································· 救荒野豌豆*V. sativa* L.

3.托叶上无腺点 ······························· 大花野豌豆*V. bungei* Ohwi

2.总状花序，至少具5朵以上；花长度在18mm以下。

3.小叶1对，叶轴末端为针尖状 ······················ 歪头菜*V. unijuga* A1. Br

3.小叶2对或2对以上，叶轴末端为卷须。

4.小叶侧脉较密而明显，与主脉近成直角（60° ~ 85°） ········· 黑龙江野豌豆*V. amurensis* Oett.

4.小叶侧脉较稀疏，与主脉成锐角（通常60° 以下）。

　　5.旗瓣瓣片较爪为短，萼齿短三角形 ······ 大叶野豌豆（大叶草藤）*V. pseudorobus* Fisch. et Mey.

　　5.旗瓣瓣片较爪为长，萼齿披针状钻形。

　　　6.小叶椭圆形至长圆形。······ 山野豌豆（草藤）*V. amoena* Fisch. ex DC.

　　　6.小叶狭长圆形至长圆状线形 ······ 狭叶山野豌豆*V. amoena* Fisch. var. *oblongifolia* Regel.

1.荚果内种子间有横隔膜，荚果不扁，近圆柱形 ······ 蚕豆*V. faba* L.

（33）豇豆属*Vigna* Savi

1.茎、叶近无毛；龙骨瓣不呈螺旋状卷曲。

　2.茎缠绕；荚果下垂，长20～90cm。

　　3.顶端小叶基部两侧有浅而圆的裂片；果实长20～30cm ······ 豇豆*V. unguiculata*（L.）Walp.

　　3.顶端小叶基部两侧没有浅而圆的裂片，果实长30～90cm

　　　　 ······ 长豇豆*V. unguiculata*（L.）walp. subsp. *sesquipedalis*（L.）Verde

　2.茎直立或上部缠绕；果直立或斜展，长10～16cm

　　　　 ······ 饭豇豆*V. unguiculata*（L.）Walp. subsp. *cylindrica*（L.）Verdc.

1.茎、叶有毛；龙骨瓣顶端螺旋状卷曲。

　2.荚果具毛；托叶卵形 ······ 绿豆*V. radiata*（L.）Wilczek

　2.荚果光滑，托叶披针形或卵状披针形。

　　3.花鲜黄色；总状花序上具10～20朵花；种子的脐凹陷 ··· 饭豆*V. umbellata*（Thunb.）Ohwi et Ohashi

　　3.花淡黄色，总状花序上仅具5～10朵花，种子的脐不凹陷。

　　　4.茎直立、粗壮或仅茎顶端缠绕 ······ 赤豆*V. angularis*（Willd.）Ohwi et Ohashi

　　　4.茎缠绕、细弱 ······ 野小豆*V. angularis* Ohwi et Ohashi var. *nipponensis*（Ohwi）Ohwi et Ohashi

（34）紫藤属*Wisteria* Nutt.

　　紫藤*W. sinensis*（Sims.）Sweet

（35）小冠花属*Coronilla* L.

　　绣球小冠花*C. varia* L.

（36）棘豆属*Oxytropis* DC.

　　硬毛棘豆*O. hirta* Bunge

（37）扁蓿豆属*Melissitus* Medic.

　　扁蓿豆*M. ruthenica*（L.）C. W. Chang

（三十二）酢浆草科**Oxalidaceae**

　　多年生草本，稀为木本，有时具鳞茎，汁液有酸味。叶互生或基生，通常三出，稀为羽状复叶或因小叶退化而成单叶，小叶通常倒心形；托叶有或无。花两性，辐射对称，排列成伞形或叉状聚伞花序，有时单生；萼片5，覆瓦状排列；花瓣5，白色、红紫色或黄色，离生或于基部合生，在芽内为回旋状排列；雄蕊10~15，离生或连合；柱头头状或浅裂。果实为蒴果，稀为浆果。种子具有弹性的种皮，胚直立，胚乳肉质，丰富。

酢浆草属*Oxalis* L.

1. 茎平卧；托叶长圆形 ·········· 酢浆草*O. corniculata* L.

1. 茎直立；托叶微小或缺如。

  2. 1或2~4花顶生，花黄色 ·········· 黄花酢浆草*O. stricta* L.

  2. 伞形花序有花6~10朵，花淡红色，有深色条纹 ·········· 红花酢浆草*O. corymbosa* DC.

（三十三）牻牛苗儿科Geraniaceae

一年生或多年生草本，半灌木或灌木状，通常有毛或具腺毛或光滑。托叶通常1对，叶互生或对生，单叶或复叶。花两性，辐射对称或略两侧对称，腋生，单生或排列成聚伞花序、伞形花序或伞房花序；萼片4~5，宿存，分离或合生至中部；花瓣5，很少4或无花瓣，通常覆瓦状排列；雄蕊5或为萼片数的2~3倍，最外轮雄蕊与花瓣对生，花药2室，纵裂，有时部分无花药，花丝多于基部合生；子房上位，3~5室，每室有倒生胚珠1~2，生于中轴胎座上，花柱与子房同数。果实为蒴果，顶部常具伸长的喙，果瓣通常由基部开裂，每果瓣具种子1粒。

分属检索表

1. 发育雄蕊10个 ·········· （2）老鹳草属*Geranium*

1. 发育雄蕊5个，另5个不育 ·········· （1）牻牛儿苗属*Erodium*

（1）牻牛儿苗属*Erodium* L. Heritier

1. 花瓣淡紫色或蓝紫色 ·········· 牻牛儿苗*E. stephanianum* Willd.

1. 花瓣黑紫色 ·········· 紫牻牛儿苗*E. stephanianum* Willd. f. *atranthum* Kit.

（2）老鹳草属*Geranium* L.

1. 花梗通常具1花；生路边及荒地 ·········· 鼠掌草*G. sibiricum* L.

1. 花梗通常具2花；生山地。

  2. 茎生叶3深裂，裂片宽大，裂片边缘具缺刻状齿牙 ·········· 老鹳草*G. wilfordii* Max.

  2. 茎生叶5深裂或裂片更多，裂片较狭，裂片通常3深裂 ·········· 突节老鹳草*G. krameri* Franch.

（三十四）亚麻科Linaceae

多年生或一年生草本，稀灌木。叶互生，稀对生或轮生；托叶有或无。花两性，整齐，聚伞状总状花序或圆锥花序；花基数5或4，萼片及花瓣均离生或仅基部合生，雄蕊5或10，花丝基部合生，与花瓣互生，有时有退化雄蕊，有蜜腺；子房上位，通常5室，稀6~10室，有时有假隔膜，每室有1~2胚珠，花柱5，离生。果实为蒴果或核果。种子有或无胚乳。

亚麻属*Linum* L.

1.萼片边缘无黑色腺体·····································亚麻*L. usitatissimum* L.

1.萼片边缘有黑色腺体··························松叶人参（野亚麻）*L. stelleroides* Planch

（三十五）蒺藜科Zygophyllaceae

草本或小灌木。枝通常有关节。叶对生、互生或簇生，通常为羽状复叶，稀单叶，常为肉质；托叶2，宿存。花两性，辐射对称或两侧对称，1~2朵腋生或为总状花序；萼片5，稀4，分离或基部合生，覆瓦状排列或镊合状排列；花瓣4~5，稀无花瓣，雄蕊与花瓣同数或为其2~3倍，着生于花盘基部；花丝基部常具1小鳞片状附属物；子房上位，无柄或有短柄，3~5室，稀2~12室，每室有1至多数胚珠。蒴果，常裂为分果，稀为浆果或核果。种子有胚乳或无。

蒺藜属*Tribulus* L.

蒺藜*T. terrestris* L.

（三十六）芸香科Rutaceae

乔木，灌木或木质藤木，稀草本。通常含挥发油，具芳香。茎枝有刺或无。叶互生，稀对生，单叶或复叶，常有透明腺点。无托叶。花两性或单性，辐射对称，稀两侧对称；聚伞花序，稀总状或穗状花序，或为花单生；萼片（3）4~5，离生或部分合生；花瓣（3）4~5，离生，覆瓦状排列，稀镊合状排列，有时无萼片与花瓣之分，则花被片为5~8，排成1轮，花盘明显；雄蕊与花瓣同数，或为其2倍或更多，花丝分离，稀合生成束，雌蕊由4~5心皮合生或离生心皮组成，稀1~3，子房上位，每室有胚珠1至多数，花柱分离或合生，柱头通常头状。果实为蓇葖果、蒴果、翅果、核果、浆果或柑果。种子有或无胚乳，胚直立或弯生。

分属检索表

1.草本；复叶的叶轴上有翅；蓇葖果·····························（1）白藓属*Dictamnus*

1.乔木；复叶的叶轴上无翅，核果·····························（2）黄檗属*Phellodendron*

（1）白鲜属*Dictamnus* L.

白鲜*D. dasycarpus* Turcz.

（2）黄檗属*Phellodendron* Rupr.

黄檗*Ph. amurenseu* Rupr.

（三十七）苦木科Simaroubaceae

乔木或灌木，树皮有苦味。叶互生，稀对生，羽状复叶，稀单叶；托叶早落或无。花序总状、圆锥状或聚伞状，顶生或腋生；花辐射对称，单性异株或杂性，稀两性；萼片3～5，通常部分合生，花瓣3～5，覆瓦状或镊合状排列，稀合生成管状或无花瓣；花盘环状全缘或分裂，稀无花盘；雄蕊常为花瓣的2倍或同数，2轮排列，花丝基部常附生有小鳞片，花药2室，纵裂；子房上位，1～5室，中轴胎座或心皮完全分离，每室有胚珠1～2或更多；花柱1～5，分离或多少合生，柱头头状。果实为核果、浆果或翅果，通常不分裂。种子胚乳少或无，胚直立或弯曲，种皮膜质。

臭椿属*Ailanthus* Desf.

臭椿*A. altissima* Swingle

（三十八）远志科Polygalaceae

草本、灌木、藤本或小乔木。单叶互生，稀对生或轮生，全缘，通常无托叶。花两性，两侧对称，单生或总状、穗状或圆锥花序；萼片5，不等长，内方2枚常为花瓣状，覆瓦状排列，花瓣5或3，不等大，下方1枚常为龙骨状，上方2枚若存在则狭小如鳞片状；雄蕊（3）4～8，花丝下部合生成鞘，子房上位，1～3室，每室有1胚珠。果为蒴果、坚果或核果。种子常有毛或有假种皮，有种阜及胚乳，胚直立。

远志属*Polygala* L.

1.叶狭线形；花丝中、下部合生，顶端分离 ························· 远志*P. tenuifolia* Willd

1.叶卵状披针形；花丝近全部合生 ························· 日本远志*P. japonica* Houtt

（三十九）大戟科Euphorbiaceae

草本、灌木或乔木，体内常含乳状汁液或无。单叶，稀为复叶，互生，稀对生；有或无托叶。花单性，雌雄同株或异株，组成杯状聚伞花序或蓇葖状、总状及圆锥花序或几花簇生或单生于叶腋；萼片3～5，镊合状或覆瓦状排列，有时缺；常无花瓣，稀具花瓣；花盘常存在或缺，有时退化为腺体；雄花的雄蕊1至多数，花丝分离或合生；雌花的雄蕊通常由3心皮组成，稀2或4至多数心皮结合而成，子房上位，3室，稀1至多室，每室有胚珠1～2，中轴胎座，花柱分离或部分连合。果实为蒴果，稀核果或浆果状，3瓣开裂。种子常有种阜，胚乳丰富，子叶宽而扁。

分属检索表

1.灌木；花腋生 ························· （5）一叶萩属Securinega

1.草本。

2.花有花被；体内无乳汁管。

  3.叶有长柄。

    4.叶掌状深裂；花丝分枝 ·································· （4）蓖麻属*Ricinus*

    4.叶不分裂；花丝不分枝 ···························· （1）铁苋菜属*Acalypha*

  3.叶无柄或仅具短柄 ····································· （3）油柑属*Phyllanthus*

2.花无花被；体内有乳汁管 ································· （2）大戟属*Euphorbia*

（1）铁苋菜属*Acalypha* L.

    铁苋菜*A. australis* L.

（2）大戟属*Euphorbia* L.

1.一年生草本，茎平卧或斜升。

  2.茎斜升，叶片倒卵形或匙形 ························ 泽漆大戟*E. helioseopia* L.

  2.茎平卧，叶椭圆形或长圆形。

    3.叶片上有红色斑纹 ···························· 斑叶地锦*E. maculata* L.

    3.叶片上无红色斑纹 ···························· 地锦*E. humifusa* Willd.

1.多年生草本，茎直立或蔓生。

  2.茎蔓生，具多数皮刺 ···························· 铁海棠*E. milii* Ch. Des Moulins

    3.茎直立，不具皮刺。

    3.茎上部叶全部或仅边缘为白色 ················ 银边翠*E. marginata* Pursh.

  2.茎上部叶均为绿色。

    3.茎上部叶交互对生 ···························· 续随子*E. lathyris* L.

    3.茎上部叶互生或轮生。

      4.茎上部叶4～5片轮生，根粗大肥厚，直径3～7cm ······· 狼毒*E. fischeriana* Steud.

      4.茎上部叶互生。

        5.花序下苞片变红色 ······················ 一品红*E. pulcherrima* willd.

        5.花序下苞片不变红色。

          6.蒴果上具瘤 ······················ 京大戟*E. pekinensis* Rupr.

          6.蒴果无瘤

            7.杯状聚伞花序腺体两端的附属物呈弯镰刀状 ·········· 锥腺大戟*E. savaryi* Kiss.

            7.杯状聚伞花序腺体两端的附属物为短角状或钝圆形。

              8.叶为近卵形、椭圆形 ·············· 东北大戟*E. mandshurica* Max.

              8.叶线形。

                9.茎通常多数，下部苞片大，上部苞片甚小 ········· 乳浆大戟*E. esula* L.

                9.茎通常少数，下部苞片与上部苞片相等或稍大 ······· 猫眼草*E. lunulata* Bunge.

（3）油柑属*Phyllanthus* L.

珍珠菜*Ph. ussuriensis* Rupr. et Max.

（4）蓖麻属*Ricinus* L.

蓖麻*R. communis* L.

（5）一叶萩属*Securinega* Juss.

一叶萩*S. suffruticosa*（Pau.）Rehder

（四十）漆树科**Anacardiaceae**

落叶或常绿乔木或灌木，有树脂。叶为复叶，稀为单叶，互生，无托叶。圆锥花序腋生或顶生；花小，辐射对称，密生，单性或两性，雌雄异株或同株或杂性，花萼3～5深裂，花瓣3～5，花蕾期覆瓦状或镊合状叠合，雄蕊和花瓣同数或为花瓣的2倍，互生，附着于花盘上部或下部，花丝针状，花药长圆形，内向纵裂，2室，背着药或基着药；子房上位，1～6室，于雌花中退化，花柱1～4或无，每室具1个倒生胚珠。果实为核果、坚果；中果皮具有树脂。种子无胚乳，胚大而多肉质，弯曲，子叶厚。

分属检索表

1.单叶；果期不孕花的花梗伸长，有长柔毛；果极小，肾形 ·········（1）黄栌属*Cotinus*

1.羽状复叶；果期不孕花梗不伸长，也无长柔毛；果非肾形 ·········（2）盐肤木属*Rhus*

（1）黄栌属*Cotinus* Mill

黄栌*C. coggygria* Scop. var. *cinerea* Engl.

（2）盐肤木属*Rhus* L.

1.叶轴具狭翅，边缘具粗锯齿，背面密被灰褐色毛 ·········盐肤木*Rh. chinensis* Mill.

1.叶轴无翅，边缘具细锯齿，背面仅沿脉有毛 ·········火炬树*Rh. typhina* L.

（四十一）卫矛科**Celastraceae**

乔木、灌木或藤本。单叶，互生或对生，稀3叶轮生；托叶小，早落或无。花两性或杂性同株，稀单性异株，辐射对称，腋生或顶生的聚伞花序或总状花序或单生；萼小，4～5裂，宿存；花瓣4～5；雄蕊4～5，与花瓣互生，着生于花盘上；子房上位，2～5室，每室有1～2胚珠；花柱短，柱头2～5裂。果实为蒴果、浆果、翅果或核果；种子常有假种皮。

分属检索表

1.叶对生，茎直立；花盘扁平 ·········（2）卫矛属*Euonymus*

1.叶互生；茎缠绕；花盘杯状 ·········（1）南蛇藤属*Celastrus*

（1）南蛇藤属*Celastrus* L.

　　南蛇藤*C. orbiculatus* Thunb.

（2）卫矛属*Euonymus* L.

1.枝有木栓翅。

　2.叶片两面无毛 ··· 卫矛*E. alatus*（Thunb.）Sieb.

　2.叶片背面沿脉有毛 ··· 毛脉卫矛*E. pubescens* Max.

1.枝无木栓翅。

　2.叶披针状长圆形或长圆形，叶柄短，长5～12mm ·············· 华北卫矛*E. maackii* Rupr.

　2.叶卵形或椭圆形，叶柄较长，长7～30mm ··················桃叶卫矛*E. bungeanus* Max.

（四十二）省沽油科Staphyleaceae

　　乔木或灌木。叶对生或互生，羽状复叶或3小叶，稀单叶；具叶柄，有托叶，早落。花两性稀杂性，辐射对称，圆锥花序或总状花序，腋生或顶生，萼片5，花瓣5，覆瓦状排列，雄蕊5，着生于花盘外缘，与花瓣互生，花药2室，纵裂，子房上位，2～3室，稀1室，中轴胎座，胚珠多数，花柱分离或部分合生，柱头头状。果实为蒴果、浆果、核果或蓇葖果，果皮膜质、革质或肉质。种子1至数粒，种皮骨质或角质，胚乳少。

省沽油属*Staphylea* L.

　　省沽油*S. bumalda* DC.

（四十三）槭树科Aceraceae

　　落叶乔木或灌木，稀常绿。冬芽具多数覆瓦状排列的鳞片，稀为裸芽。叶对生，无托叶；具叶柄，单叶不裂或掌状分裂，或羽状复叶，稀掌状复叶。花序为伞房状、聚伞状、总状或圆锥状，顶生或侧生，花序下部常有叶，稀无叶；花单性，两性或杂性，雄花与两性花同株或异株；花辐射对称，萼片5或4，花瓣5或4，稀缺如，花盘肉质环状或分裂，或无，雄蕊4～12，通常8，子房上位，2室，每室有2胚株，仅1枚发育，花柱2。果实为小坚果，常有翅也称翅果。种子无胚乳。

槭属*Acer* L.

1.叶为羽状复叶，小叶3～7枚 ····································糖槭*A. negundo* L.

1.叶为单叶。

　2.叶无锯齿。

　　3.叶3～5裂。

　　　4.叶3裂 ··· 三角槭*A. buergerianum* Miq.

　　　4.叶5裂。

5. 叶5裂，稀7裂，基部浅心形或近截形，先端为尾状锐尖；翅长约为小坚果的1.5倍
……………………………………………………………………………… 色木槭 *A. mono* Max.

5. 叶5裂，有时中央裂片又分裂为3个小裂片，基部近截形或有时下部2裂片向下开展，先端渐尖，翅与小坚果近等长 ……………………………………… 元宝槭 *A. truncatum* Bunge
3. 叶5裂以上。

4. 叶片掌状7浅裂，稀5～9浅裂；花先于叶开放 ………………… 鸡爪槭 *A. palmatum* Thunb.

4. 掌状9～11中裂；花先于叶开放 …………… 紫花槭 *A. pseudo-sieboldianum* Pax. Kom.
2. 叶有锯齿，3裂，中裂片最大 ……………………………… 茶条槭 *A. ginnala* Max

（四十四）无患子科 **Sapindaceae**

乔木或灌木，稀为草质藤本。叶互生，稀对生，单叶或羽状复叶，有时为二回羽状复叶或三出复叶，稀具托叶。花小，两性或单性，整齐或不整齐，集成各种花序；花萼3～5裂；花瓣3～5或无，内面基部多具鳞片；雄蕊8～12，排成2轮，稀5、4或多数，分离或基部稍连合；子房上位，2～3室，每室具1倒生、半倒生或侧生胚珠，着生于中轴胎座上。果为蒴果、浆果、核果、坚果或翅果。种子无胚乳，胚弯曲。

分属检索表

1. 草质藤本；蒴果膜质，囊状 ……………………………… （1）风船葛属 *Cardiospermum*
1. 乔木或灌木。

2. 蒴果囊状，膜质；花不整齐，黄色 …………………………… （2）栾树属 *Koelreuteria*

2. 蒴果果壁厚而硬；花整齐，白色 …………………………… （3）文冠果属 *Xanthoceras*

（1）风船葛属 *Cardiospermum* L.

风船葛 *C. halicacabum* L.

（2）栾树属 *Koelreuteria* Laxm.

栾树 *K. paniculata* Laxm.

（3）文冠果属 *Xanthoceras* Bunge

文冠果 *X. sorbifolia* Bunge

（四十五）凤仙花科 **Balsaminaceae**

肉质草本。茎节部通常膨大，基部有时生不定根。单叶互生、对生或近轮生；有柄；无托叶或有托叶状腺体生于叶柄基部。花两性，两侧对称，单生或数朵簇生于叶腋；萼片3，稀5，覆瓦状排列，中央1枚大，花瓣状，并向后延伸而成1中空的距，侧生2枚小，绿色；花瓣5，或2对合生呈3片状，上面1枚在外（旗瓣），常直立，侧面各2枚连合（翼瓣）；雄蕊5，花丝合生而环绕子房；子房上位，5室，胚珠2至多数，中轴胎座，花柱极

短或无，柱头1~5裂。果实为肉质蒴果，成熟时室背开裂成旋卷状的果瓣5，稀为浆果。种子多数，无胚乳。

凤仙花属*Impatiens* L.

1.叶缘有锯齿；花白色、红色及紫色等，但从不为黄色；果实上有绒毛 ············ 凤仙花*I. balsamina* L.

1.叶缘具钝锯齿；花黄色；果实无毛 ·················· 水金凤*I. noli-tangere* L.

（四十六）鼠李科Rhamnaceae

乔木或灌木，极稀为草本，有时为藤本。枝常具针刺。单叶互生或对生，常具托叶。花整齐，单性或两性，细小，常带绿色或白色，成聚伞花序或圆锥花序，或簇生；花萼筒状，浅裂；花瓣4~5，细小，有时缺如；雄蕊4~5，与花瓣对生，且常为花瓣包盖，花药2室，直裂；花盘周位，有时绕沿萼筒；子房无柄，独立或陷于花盘中，2~4室，花柱浅裂，胚珠1，稀成对，直立于基部而倒生。果多样，常为核果。种子多具丰富胚乳及大型直立胚。

分属检索表

1.叶具3出脉，托叶变成针刺 ···································· （2）枣属*Zizyphus*

1.叶具羽状脉，托叶不变成针刺 ·························· （1）鼠李属*Rhamnus*

（1）鼠李属*Rhamnus* L.

1.叶卵状心形、卵圆形、菱状倒卵形或菱状卵形；种子背沟具开口。

  2.叶卵状心形或卵圆形，边缘有锐锯齿，齿尖呈刺芒状，基部心形或截形 ····· 锐齿鼠李*Rh. arguta* Max.

  2.叶菱状倒卵形或菱状卵形，基部楔形，先端急尖、突尖或渐尖 ·········· 小叶鼠李*Rh. parvifolia* Bunge

1.叶长圆形；种子背沟无开口。

  2.枝顶常具刺；叶长圆状椭圆形 ···················· 乌苏里鼠李*Rh. ussuriensis* J. Vass.

  2.枝顶具芽；叶倒卵形或椭圆形 ···················· 鼠李*Rh. davurica* Pall.

（2）枣属*Zizyphus* Mill.

1.核果大，直径1.5~2cm，核两头尖锐。

  2.枝具刺 ···················· 枣*Z. jujuba* Mill.

  2.枝无刺 ···················· 无刺枣*Z. jujuba* Mill. var. *inermis*（Bunge）Rehd.

1.核果小，直径在1.2cm以下；核钝头 ·········· 酸枣*Z. jujuba* Mill. var. *spinosa*（Bunge）Hu ex H. F. Chow

（四十七）葡萄科Vitaceae

藤本，稀为直立灌木或草本。托叶小，早落，单叶或复叶，互生，有与叶对生之卷须。花整齐，形小，两性或单性，常为绿色，常为聚伞花序或圆锥花序，稀总状花序；萼杯状，4~5齿裂，稀3~7裂或近全缘；花瓣4~5，稀3~7，上部常结合为一体，早落；雄蕊4～5，稀3～7，与花瓣对生，雌蕊由2～8心皮组成，子房上位，2～8室，每室具1～2倒生胚珠，花柱单一。浆果。种子有硬皮，具软骨状胚乳。

分属检索表

1.圆锥花序；花瓣在顶部相连合；树皮不具皮孔 ………………………………… （3）葡萄属*Vitis*

1.聚伞花序；花瓣离生；树皮有皮孔。

2.卷须顶端具吸盘；花盘贴着子房上，不分离 ……………………… （2）地锦属*Parthenocissus*

2.卷须顶端无吸盘；花盘杯状，与子房离生 ………………………………… （1）白蔹属*Ampelopsis*

（1）白蔹属*Ampelopsis* Michx.

1.叶为掌状复叶。

  2.叶轴无翅。

    3.小叶羽状深裂或全裂 ………………………………………… 草白蔹*A. aconitifolia* Bge.

    3.小叶边缘有不规则的锯齿 ……………………… 掌叶草白蔹*A. aconitifolia* Bge var. *glabra* Diels

  2.叶轴有翅 ………………………………………………… 白蔹*A. japonica*（Thunb.）Makino

1.叶为单叶。

  2.广掌状浅裂；果蓝色；叶纸质，表面略呈绿色，无光泽 … 蛇白蔹*A. brevipedunculata*（Max.）Trautv.

  2.掌状浅裂；果黄色；叶硬纸质；表面有光泽 …………………… 葎叶白蔹*A. humulifolia* Bunge

（2）地锦属*Parthenocissus* Planch.

  美国地锦*P. quinquefolia* Planch.

（3）葡萄属*Vitis* L.

1.花单性；种子带红色；叶基凹陷较宽 ……………………………………… 山葡萄*V. amurensis* Rupr.

1.花常为两性；种子带白色；叶基凹陷较狭 ……………………………………… 葡萄*V. vinifera* L.

（四十八）椴树科Tiliaceae

乔木或灌木，稀为草本，具星状毛或簇生细毛。单叶互生，稀对生，全缘或分裂；通常具托叶而早落。花两性整齐，很少单性，成聚伞花序或圆锥花序；萼片5，稀3～4，分离或部分合生，在蕾中通常镊合状排列；花瓣与萼片同数。分离，基部常具1腺体，或无花瓣；雄蕊多数或10，分离或基部稍结合成束，花药2室，纵裂或于顶端孔裂，有时具退化雄蕊；子房上位，2～10室，每室具1至多数胚珠，花柱单一，柱头辐射状。果实为蒴果、核果或小坚果，开裂或不开裂，稀浆果，每室含种子1至多数。具胚乳，通常具叶状子叶。

椴树属*Tilia* L.

1.幼枝及叶背被星状毛 ………………………………………… 糠椴*T. mandshurica* Rupr. et Max.

1.幼枝及叶背无毛 ……………………………………………………… 紫椴*T. amurensis* Rupr.

（四十九）锦葵科Malvaceae

草本、灌木或乔木，具星状毛。单叶互生，通常5裂，掌状脉。花两性，5基数，整齐，腋生或顶生，单生或簇生成聚伞状圆锥花序；萼片5，分离或基部合生，其下常有3至多数小苞片；花瓣5；雄蕊多数，花丝结合成圆筒状，为单体雄蕊；子房上位，1至多室，每室具1至多数倒生胚珠，花柱与心皮同数或为其2倍，分离或基部合生，柱头线形、盾形或头状。果为蒴果或分果。种子肾形或倒卵形。

分属检索表

1. 果为分果，成熟时自中轴脱落。

  2. 子房每室内含1个胚珠；花有副萼。

    3. 副萼1~3片，离生 ···（6）锦葵属*Malva*

    3. 副萼6~9片，合生 ···（3）蜀葵属*Althaea*

  2. 子房每室内含2至多胚珠；花无副萼 ··················（2）苘麻属*Abutilon*

1. 果为蒴果。

  2. 花柱顶端有5个短而直立的分枝；花下有3片大型的副萼，边缘有锯齿或齿状分裂

    ··（4）棉属*Gossypium*

  2. 花柱上的分枝开展；花下的副萼5至多个，边缘全缘无锯齿。

    3. 萼片在花后宿存 ···（5）木槿属*Hibiscus*

    3. 萼片在花后脱落 ···（1）秋葵属*Abelmoschus*

（1）秋葵属*Abelmoschus* Medic.

1. 副萼卵状披针形；果长5~7.5cm ··················秋葵*A. manihot*（L.）Medic

1. 副萼狭线形；果长10~20cm ··················食用秋葵*A. eseulentus*（L.）Moench

（2）苘麻属*Abutilon* Mill.

  苘麻*A. theophrasti* Medic.

（3）蜀葵属*Althaea* L.

  蜀葵*A. rosea*（L.）Cav.

（4）棉属*Gossypium* L.

  陆地棉*G. hirsutum* L.

（5）木槿属*Hibiscus* L.

1. 灌木或小乔木 ··木槿*H. syriacus* L.

1. 一年生草本。

  2. 茎高20~50cm，常铺散伏地，萼膜质 ··················野西瓜苗*H. trionum* L.

  2. 茎高1~3m，直立，萼革质

3.叶掌状浅裂 ………………………………………………… 木芙蓉 *H. mutrabilis* L.

3.叶掌状深裂至全裂 ………………………………………… 洋麻 *H. cannabinus* L.

（6）锦葵属 *Malva* L.

1.花大，直径2.5～4cm；小苞片近卵形。

　2.茎粗壮，无毛或具稀疏等毛；萼裂片广三角形，背面被星状毛 ………… 大花葵 *M. mauritiana* L.

　2.茎直立，有粗毛；萼裂片宽卵形 ……………………………… 锦葵 *M. sinensis* Cavan.

1.花小，直径在2cm以下；小苞片线状披针形 ………………………… 野葵 *M. verticillata* L.

（五十）猕猴桃科 Actinidiaceae

　　乔木或木质藤本。单叶互生，具锯齿或圆齿，稀全缘，无托叶。花两性与单性同株或雌雄异株；花整齐，单生或为聚伞花序，萼片5，花瓣5，稀2～7，脱落，雄蕊多数，稀10枚以内，离生或连合成束；子房上位，3～5室或多室，每室含10或多数胚珠。果为浆果或蒴果。种子具胚乳；胚直，常有假种皮。

猕猴桃属 *Actinidia* Lindl.

1.小枝具实心的髓，白色 ……………………… 木天蓼 *A. polygama*（Sieb. et Zucc.）Planch. Ex Max.

1.小枝具片状髓，白色或褐色。

　2.小枝髓褐色，花药黄色；萼片宿存；叶较薄，上半部通常变白色或桃红色；果实顶端尖，无喙

　………………………………………… 狗枣猕猴桃 *A. kolomikta*（Rupr.）Max.

　2.小枝髓白色或浅褐色，花药暗紫色，萼片花后脱落，叶厚，稍革质，暗绿色，果实顶端钝圆

　…………………………………… 软枣猕猴桃 *A. arguta*（Sieb. et Zucc.）Planch. ex Miq.

（五十一）金丝桃科 Hypericaceae

　　草本或灌木，稀为乔木，具油点或腺点。单叶对生或轮生，稀互生，全缘，无柄，稀具短柄，通常无托叶。花两性、杂性或雌雄异株，单生或为聚伞花序或圆锥花序，辐射对称，黄色，稀为粉红色或紫色；萼片4～5，覆瓦状排列，花瓣4～5，覆瓦状或螺旋状排列；雄蕊通常多数，合生成3～5束，稀离生；子房上位，具3～5心皮，3～5室或1室，胚珠多数，着生于侧膜胎座上，花柱与心皮同数或合生。果实为蒴果，稀为核果或浆果状。种子圆柱形；无胚乳。

金丝桃属 *Hypericum* L.

1.花柱的柱头5个；花直径4～6cm ………………………………… 长柱金丝桃 *H. ascyron* L.

1.花柱的柱头3个；花直径在2cm以下 ……………………… 乌腺金丝桃 *H. attenuatum* Choisy

（五十二）旱金莲科Tropaeolaceae

一年生或多年生、稍肉质草本，常有液汁。叶互生或下部的对生，单叶，无托叶。花单生，两性，左右对称；萼片5，其中之一延长成一长距；花瓣5，或因退化而较少；雄蕊8枚，分离；子房上位，3室，每室具1胚珠，花柱1，柱头3。果不开裂。种子无胚乳。

旱金莲属*Tropaeolum* L.

旱金莲*T.majus* L.

（五十三）沟繁缕科Elatinaceae

半水生或陆生草本或灌木。单叶对生或轮生，全缘或有锯齿；有托叶。花小，两性，腋生、单生或为聚伞花序；萼片2～5，分离；花瓣2～5，分离，雄蕊与萼片同数或为其2倍，离生；子房上位，2～5室，胚珠多数，花柱2～5，柱头头状。蒴果。种子直或弯曲，种皮常有网纹，无胚乳。

沟繁缕属*Elatine* L.

三蕊沟繁缕*E. triandra* Schkuhr.

（五十四）柽柳科Tamaricaceae

灌木或小乔木。叶互生，通常小而无柄，鳞片状，无托叶。花两性，辐射对称，单生或集成穗状、总状或圆锥状花序；萼片4～5，分离或多少合生；花瓣4～5，覆瓦状排列；雄蕊4至多数，分离或基部合生；子房上位，1室，胚珠2至多数，花柱3～5，分离或合生。果为蒴果。种子有密毛。

柽柳属*Tamarix* L.

1.圆锥花序生于当年生枝的顶端；花盘5深裂；裂片先端2裂 ····················· 柽柳*T. chinensis* Lour.

1.总状花序生于上年枝上；花盘5深裂；裂片先端不裂或微凹 ····················· 桧柽柳*T. juniperina* Bunge

（五十五）堇菜科Violaceae

多年生草本或灌木，稀为一年生草本或乔木，草本有时无地上茎，但皆具根状茎。单叶互生，稀对生，多具长柄，全缘、有锯齿或分裂，托叶与叶柄多少合生或分离。花两性，稀杂性，两侧对称或辐射对称，单生或成圆锥花序，有小苞片，有时另有闭锁花；萼片5，覆瓦状排列，花瓣5，多不等大，最下者常大而有距，覆瓦状或回旋状排列；雄蕊5，花药直立，围绕子房排成一环而内向排列，药隔延伸于药室外，花丝短或无，下方2雄蕊基都常有距状的蜜腺；子房上位，1室，由3（稀2～5）心皮构成，花柱单生，稀分裂，柱头有种种形状，胚珠多数（有时每胎座具1～2胚珠）生于侧膜胎座上。果实为蒴果或浆果状。种子具肉质胚乳，胚直立。

董菜属*Viola* L.

1.有地上茎。

  2.花大，直径3.5～5cm；托叶大形，长1～4cm，羽状深裂 ·················· 三色堇*V. tricolor* L.

  2.花小，直径在2cm以下；托叶小，长度不超过1cm，全缘或具1～2个锯齿或为栉齿状。

    3.根茎通常密被暗褐色鳞片 ················· 奇异堇菜*V. mirabilis* L.

    3.根茎不被暗褐色鳞片。

      4.托叶近全缘 ················· 堇菜*V. verecunda* A. Gray

      4.托叶栉齿状 ················· 鸡腿堇菜*V. acuminata* Ledeb.

1.无地上茎。

  2.子房或果实有毛。

    3.果球形 ················· 球果堇菜*V. collina* Bess

    3.果椭圆形或长圆形 ················· 茜堇菜*V. phalacrocarpa* Max.

  2.子房及果实无毛。

    3.于叶脉两侧有白色条纹 ················· 斑叶堇菜*V. variegata* Fisch. ex Link

    3.于叶脉两侧没有白色条纹。

      4.花白色。

        5.根赤褐色；距长1.5～3mm ················· 白花地丁*V. patrinii* DC.

        5.根淡褐色；距长4～6mm。

          6.花瓣纯白色，不具条纹 ················· 白瓣紫花地丁*V. yedoensis* Makino f. *candida* Kit.

          6.花瓣白色，具紫色条纹 ················· 变色紫花地丁*V. yedoensis* Makino f. *intermedia* Kit.

      4.花紫色、淡紫色或蓝色.

        5.植株具匍匐枝；花具芳香；栽培植物 ················· 香堇菜*V. odorata* L.

        5.植株不具匍匐枝；野生植物。

          6.根红褐色；花红紫色 ················· 东北堇菜*V. mandshurica* W. BcKr. Beck.

          6.根淡褐色；花常为淡紫色或蓝紫色。

            7.叶片大部为舌形或长圆形 ················· 紫花地丁*V. yedoensis* Makino

            7.叶片为卵形、卵圆形或长圆状卵形。

              8.叶片为卵形、卵圆形，基部心形；距长常为9～10mm ··· 细距堇菜*V. tenuicornis* W. Bckr.

              8.叶片为长圆状卵形或卵形，基部钝圆或微心形；距长4～7mm

              ················· 早开堇菜*V. prionantha* Bunge

（五十六）瑞香科Thymelaeaceae

乔木、灌木或草本。单叶互生或对生，全缘，无托叶。花整齐，两性，稀单性，顶生或腋生的头状、总状或穗状花序，稀单生；萼管状，似花瓣，裂片4~5（6）；无花瓣或为鳞片状；雄蕊与萼裂片同数或为其2倍，稀退化为2，子房1室，稀2室，每室具1悬垂胚珠。果为浆果、核果或坚果，稀为蒴果。

粟麻属Diarthron Turcz.

粟麻（草瑞香）D. linifolium Turcz.

（五十七）胡颓子科Elaeagnaceae

乔木或灌木，植株具星状鳞片。叶互生或对生，全缘。花单一，腋生或为短总状花序，两性、杂性或雌雄异株，花2~4，具梗，苞极小，早落，无花瓣；雄蕊为花萼的2倍或同数；子房1室，柱头头状。果为坚果或瘦果，常为肉质花被所成浆果或核果状。种子坚硬，无胚乳。

分属检索表

1.花两性或杂性；花萼4裂；雄蕊4个，与花萼裂片互生 ……………………（1）胡颓子属Elaeagnus

1.花单性，雌雄异株，花萼2裂，雄蕊4个，2个与萼裂片对生，另2个与萼裂片互生

………………………………………………………………………（2）沙棘属Hippophae

（1）胡颓子属Elaeagnus L.

银柳胡颓子（沙枣）E. angustifolia L.

（2）沙棘属Hippophae L.

中国沙棘H. rhamnoides L. subsp. sinensis Rousi.

（五十八）千屈菜科Lythraceae

草本、灌木或乔木。叶对生或轮生，稀互生；托叶无或甚小。花两性，整齐，稀不整齐，单生或簇生成穗状、总状或聚伞状圆锥花序；萼筒4~6（16）裂，萼片间有附属物；花瓣与萼片同数，稀不存在；雄蕊为花瓣的2倍或多数；子房上位，2~6室，稀1室，每室胚珠数枚，花柱单一，柱头头状或2裂。蒴果2~6室，稀1室。种子多数；胚直立，无胚乳。

分属检索表

1.花瓣小或缺如；萼管长宽近相等；蒴果突出于萼管外 ……………………（2）节节菜属Rotala

1.花瓣明显，萼管通常长为宽的2倍；蒴果包于萼管内 ……………………（1）千屈菜属Lythrum

（1）千屈菜属*Lythrum* L.

千屈菜*L. salicaria* L.

（无毛千屈菜，var. *glabrum* Ledeb. 植株完全无毛，仅叶状苞片边缘具纤毛，有时茎生叶边缘也具纤毛，萼完全无毛，有时沿脉及沿花序梗的棱线上微粗糙）。

（2）节节菜属*Rotala* L.

1.叶对生，倒卵形或椭圆形；花有花瓣 ·················· 节节菜*R. indica*（Willd.）Koehne

1.叶轮生，线形；花无花瓣 ·················· 轮叶水松叶*R. pusilla* Tulasne

（五十九）柳叶菜科Onagoraceae

一年生或多年生草本，稀灌木，陆生或水生。叶对生或互生，全缘或有齿，不分裂，无托叶或有时托叶早落。花两性，辐射对称或两侧对称，通常单生于叶腋或组成总状或穗状花序；萼片2~6；花瓣（2~）4（~6）或无；雄蕊与花瓣同数或为其2倍；子房下位，2~6室，胚珠1至多数，中轴胎座，柱头头状、棍棒状或4裂。果为蒴果，稀为坚果或浆果。种子小，多数。

分属检索表

1.每花具2个雄蕊 ·················· （1）谷蓼属*Circaea*

1.每花具4~8个雄蕊。

2.花瓣带紫色、红色或白色；种子顶端有毛 ·················· （2）柳叶菜属*Epilobium*

2.花瓣常为黄色；种子无毛。

3.叶片全缘，花梗顶端有2个苞片 ·················· （4）丁香蓼属*Ludwigia*

3.叶片有锯齿；花梗顶端没有苞片 ·················· （3）月见草属*Oenothera*

（1）谷蓼属*Circaea* L.

1.茎密被弯曲短毛；叶卵形，基部微心形至圆形 ·················· 曲毛露珠草*C. hybrida* Hand-Mazz.

1.茎无毛；叶狭卵形，基部近圆形 ·················· 水珠草*C. quadrisulcata* Franch et Sav.

（2）柳叶菜属*Epilobium* L.

1.植株基部具匍匐枝，种子顶端具附属物，花长5~8mm，萼片长4~5mm ········ 水湿柳叶菜*E. palustre* L.

1.植株基部无匍匐枝，种子顶端无附属物；花长3.5~4.5mm，萼片长2.5~3.5mm

·················· 多枝柳叶菜*E. fastigiato ramosum* Nakai

（3）月见草属*Oenothera* L.

1.种子有显著棱角；蒴果圆柱形 ·················· 月见草*O. biennis* L.

1.种子没有棱角；蒴果圆柱形，但上半部稍膨大 ·················· 待霄草*O. odorata* Jacq.

（4）丁香蓼属*Ludwigia* L.

丁香蓼*L. prostrata* Roxb.

（六十）菱科Trapaceae

水生草本，根生泥中。茎细长，出水后节间缩短。叶二型，浮水叶近轮生，形成菱盘，叶柄通常上部具海绵质气囊；另一为沉水叶，对生，羽状丝裂。花两性，整齐，单生于叶腋；萼片4，其中2片或全部演变成刺；花瓣4，白色；雄蕊4；子房半下位，2室，每室具1胚珠，花柱细，柱头头状。果实坚果状，有刺状角2或4个，稀无角，顶端有短喙。种子1。

菱属*Trapa* L.

1.果实有4个刺状角。

  2.肩角与腰角近等长，略呈水平伸展，呈锚状，先端都有倒刺，果冠明显大，径8～15mm

             ………… 短颈东北菱*T. manshurica* Fter. f. *komarovi*（Skv.）S. H. Li et Y. L. Chang

  2.肩角与腰角不等长，肩角先端有倒刺，腰角较小向下，先端钝，果冠不明显或无

                   ………………………………………………………耳菱*T. potaninii* V. Vassil.

1.果实有2个刺状角 ……………………………………………………丘角菱*T. japanica* Fler.

（六十一）小二仙草科Haloragidaceae

陆生或水生草本。叶互生、对生或轮生，生于水中者常为轮生，篦齿状深裂；无托叶。花小，两性或单性，腋生、单生、簇生或成顶生穗状花序、圆锥花序或伞房花序，萼筒与子房合生，萼片2～4或缺；花瓣2～4或缺；雄蕊2～8，稀1；子房下位，1～4室，花柱1～4，胚珠与花柱同数，倒垂生于室的顶端。果小，为核果或坚果，有时具翅，不开裂或稀为瓣裂。

狐尾藻属*Myriophyllum* L.

1.穗状花序顶生 ……………………………………………… 穗状狐尾藻*M. spicatum* L.

1.花生于叶腋，不形成穗状花序………………………………… 狐尾藻*M. verticillatum* L.

（六十二）杉叶藻科Hippuridaceae

多年生水生草本。具匍匐根状茎。茎直立，不分枝或稀有分枝。叶轮生，稀为螺旋状排列，线形或长圆形。花小，绿色，单生于叶腋，无柄，两性或单性；萼明显，具环状边缘；无花瓣；雄蕊1，花丝短；子房下位，1室，具1倒生胚珠，花柱1。核果，革质，具宿存雄蕊与花柱，内有1种子。种子具少量胚乳。

杉叶藻属*Hippuris*

  杉叶藻*H. vulgaris* L.

（六十三）山茱萸科Cornaceae

乔木或灌木，稀草本。单叶对生或互生，全缘或有锯齿；无托叶。花序为聚伞花序、圆锥花序、伞形花序或头状花序，花序基部有时具4枚花瓣状总苞片；花小，两性或单性，雌雄同株或异株，辐射对称，白色、黄色、绿色或紫色，萼筒与子房合生，缘部为截形或具4～5齿，宿存；花瓣离生，4～5，呈覆瓦状或镊合状排列；雄蕊与花瓣同数而互生于花盘基部，花药2室，纵裂；子房下位，1～4室，每室有1倒生胚珠，花柱单一，柱头头状或2～3（5）裂。果实为核果或浆果状核果。种子1～4；胚小，胚乳丰富，种皮膜质。

山茱萸属*Cornus* L.

1.叶对生；小枝血红色；果实白色或带蓝紫色 ………………………………… 红瑞木*C. alba* L.

1.叶互生；小枝紫红色；果实成熟后蓝黑色 ………………… 灯台树*C. controversa* Hemsl. ex Prain

（六十四）五加科Araliaceae

乔木、灌木或木质藤本，少为多年生草本，常有刺。单叶、羽状复叶或掌状复叶，互生，稀对生或轮生。花辐射对称，两性或杂性，稀单性异株，多聚成伞形花序，或为头状、总状或穗状花序，或再组成复花序，苞片及小苞片小，宿存或早落，萼筒与子房合生，顶端具萼齿或呈波状或全缘；花瓣通常5（有时3～10）；雄蕊与花瓣同数而互生，有时为花瓣的2倍或无定数，花药丁字状着生，子房下位，2～15室，稀1室或更多室，花柱与子房室同数，离生或不同程度合生；胚珠倒生，单个悬垂于子房室顶端。果实为浆果状核果、核果或浆果。种子通常侧扁。

分属检索表

1.叶互生；木本，稀草本，如为草本则为羽状复叶。

　2.花瓣在花芽时为覆瓦状排列；叶为羽状复叶 ……………………………… （4）楤木属*Aralia*

　2.花瓣在花芽时为镊合状排列；叶为掌状复叶或单叶成掌状分裂。

　　3.叶为掌状复叶；花柱离生，基部或中、下部合生或全部合生成柱状 …… （1）五加属*Acanthopanax*

　　3.叶为单叶成掌状分裂；花柱全部合生成柱状；乔木，枝上生有较短向基部渐宽的坚硬的棘刺

　　　………………………………………………………………………… （3）刺楸属*Kalopanax*

1.叶轮生，掌状复叶，草本 ……………………………………………………… （2）人参属*Panax*

（1）五加属*Acanthopanax* Miq.

　　短梗五加*A. sessiliflorus*（Rupr. Et Max.）Seem.

（2）人参属*Panax* L.

　　人参*P. ginseng* C. A. Mey.

（3）刺楸属*Kalopanax* Miq.

刺楸*K. septemlobus*（Thunb.）Koidz.

（4）楤木属*Aralia* L.

楤木*A. elata*（Miq.）Seem.

（六十五）伞形科**Umbelliferae**

一年生至多年生草本，稀微木质化。复叶，稀单叶，互生，叶柄基部常成鞘状抱茎。花两性，稀单性，伞形花序，稀头状；花萼与子房贴生，萼齿0～5；花瓣5，具1内折的小舌片；雄蕊5，与花瓣互生，花丝在花蕾时内曲；子房下位，2室，具花柱基，花柱2，直立、叉开或外曲，柱头头状，每室具1倒悬胚珠。双悬果，由2个心皮合成，成熟后裂成2分生果；分生果具1心皮柄与果柄相连，有5条果棱，有时在主棱间有次棱；在外果皮层内，棱槽和接着面有油管1至多数；有时在果棱下亦有油管；管内常有挥发油。种子的胚小，有大量胚乳。

伞形科分类常用术语

辐射瓣：小伞形花序外缘的花瓣比中心内侧的花瓣大得多，顶端凹陷也较深。

合生面：指分生果的腹面。

背腹压扁：分生果较宽的面与合生面平行。

两侧压扁：分生果较宽的面与合生面垂直。

心皮柄：双悬果由两个成熟的心皮组成，每个心皮有维管束和果柄相连，成丝柄，位于合生面中间的叫心皮柄。

主棱：每个分生果通常有5条棱脊，位于背部中央的1条叫中背棱，位于两侧的2个中侧棱，位于背棱与侧棱之间的2条叫中棱，这5条棱脊总称为主棱。

次棱：指介于主棱与主棱之间的棱条。

棱槽：指果皮内，棱与棱之间的部分。

油管：即在果皮内，棱槽下面及合生面处纵行的贮有挥发油的管道。

分属检索表

1.子房和果实具毛或刺。

  2.果实有钩刺。

    3.叶为掌状分裂 ···（17）变豆菜属*Sanicula*

    3.叶为2～3回羽状分裂。

      4.总苞片羽状分裂 ···（11）胡萝卜属*Daucus*

      4.总苞片不分裂 ··（21）窃衣属*Torilis*

  2.果实被刚毛或短柔毛。

3.分果卵形，散生短柔毛 ·· （13）香芹属*Libanotis*

3.分果长圆锥状，散生刚毛 ·· （4）峨参属*Anthriscus*

1.子房和果实无毛或仅具小瘤。

  2.果实被小瘤 ··· （18）防风属*Saposhnikovia*

  2.果实不被小瘤。

    3.叶为单叶，全缘，叶脉几乎平行 ·· （5）柴胡属*Bupleurum*

    3.叶羽状分裂。

      4.花白色。

        5.花序外缘花的外侧花瓣增大成辐射瓣。

          6.果侧棱不形成宽翅。

            7.萼齿明显；果实球形，分果不分离 ···················· （9）芫荽属*Coriandrum*

            7.萼齿不明显；果椭圆形 ································· （20）迷果芹属*Sphallerocarpus*

          6.果侧棱发达成宽翅 ····································· （10）柳叶芹属*Czernaevia*

        5.伞形花序上的所有花瓣均相等。

          6.萼齿明显。

            7.一回羽状全裂叶，边缘有尖锐细锯齿 ······················· （19）泽芹属*Sium*

            7.二至三回羽状全裂叶。

              8.果棱肥厚，木栓质，棱槽比果棱狭。

                9.茎直立，下部有较粗大垂直的根茎，中有明显的横隔，无匍匐枝；小伞形花序球形

                      ··· （7）毒芹属*Cicuta*

                9.茎基部倾卧，无较肥大垂直的根茎，有匍匐枝，小伞形花序不为球形

                      ························ （14）水芹属*Oenanthe*

              8.果棱薄，不为木栓质，棱槽比果棱宽，侧棱成宽翅 ············· （15）山芹属*Ostericum*

          6.萼齿不明显。

            7.分果侧棱宽翅状或翅状。

              8.分果侧棱的翅较狭而肥厚，果成熟后接着面靠合较紧密 ··· （16）石防风属*Peucedanum*

              8.分果侧棱的翅宽而薄，果成熟后，分果于接着面分离 ············· （2）当归属*Angelica*

            7.分果的各棱呈短翅状或稍突起。

              8.分果的果棱均发育为木栓质的短翅 ······················· （8）蛇床属*Cnidium*

               8.分果果棱稍突起或不明显，不发育成木栓质的短翅。

                9.果球形，不开裂；花序无总苞及小总苞 ················· （3）芹属*Apium*

                9.果椭圆形至长圆形，花序具有总苞及小总苞 ··············· （6）黄蒿属*Carum*

      4.花黄色。

5.果实椭圆形，侧棱呈狭翼状 ·· （1）莳萝属*Anethum*

5.果实长圆形，侧棱不为狭翼状 ·· （12）茴香属*Foeniculum*

（1）莳萝属*Anethum* L.

莳萝*A. graveolens* L.

（2）当归属*Angelica* L.

1.小叶柄呈弧形弯曲 ·· 拐芹当归*A. polymorpha* Max.

1.小叶柄平直，不呈弧形弯曲。

  2.叶通常单羽裂，仅最下的1对裂片，有时基部再具2~3小裂片，中裂片基部下延呈翅状，翅上具细密的牙齿 ······ 东北长鞘当归*A. cartilaginomargiranata*（Makino）Nakai var. *matsumurae*（Boiss.）Kit.

  2.叶二至四回羽裂，中裂片基部下延，具下延部分全缘，中裂片椭圆状披针形或长圆状披针形，叶不具浓厚香气 ·········· 大活*A. dahurica*（Fisch.）Benth. et Hook. Franch. et Sav

（3）芹属*Apium* L.

芹*A. graveolens*（Pers.）L.

（4）峨参属*Anthriscus*（Pers.）Hoffm.

峨参*A. aemula*（Woron.）Schischk.

（5）柴胡属*Bupleurum* L.

1.根多分歧，表面灰褐色，茎基都无枯叶纤维，如有也不显著 ············· 柴胡（北柴胡）*B. chinense* DC.

1.根圆锥形，不分歧或下部少有分歧，表面红棕色，茎基部具更多数枯叶纤维。

  2.茎分枝少，分枝不开展，叶披针形或浅状披针形，小总苞片与花茎等长或超出

  ·· 细叶柴胡*B. scorzonerifolium* Willd

  2.茎多分枝，分枝开展，叶狭披针形，小总苞片比花短 ········· 线叶柴胡*B. angustissimum*（Franch.）Kit.

（6）页蒿属*Carum* L.

田页蒿*C. buriaticum* Turcz.

（7）毒芹属*Cicuta* L.

毒芹*C. virosa* L.

〔细叶毒芹*C.virosa* L. f. *angustifolia*（Kitaibel）Schube 植株较小，终裂片线状披针形，长2~4cm，宽1~3（4）mm〕。

（8）蛇床属*Cnidium* Cuss.

蛇床*C. monnieri*（L.）Cuss.

（9）芫荽属*Coriandrum* L.

芫荽*C. sativum* L.

（10）柳叶芹属*Czernaevia* Turcz.

柳叶芹*C. 1aevigata* Turcz.

（11）胡萝卜属*Daucus* L.

胡萝卜*D. carota* L. var. *sativa* Hoffm.

（12）茴香属*Foeniculum* Mill.

茴香*F. vulgare* Mill.

（13）香芹属*Libanotis* Zinn.

香芹*L. seseloides* Turcz.

（14）水芹属*Oenanthe* L.

水芹*O. javanica*（Blume）DC.

（15）山芹属*Dstericum* Hoffm.

1.羽状分裂的最终裂片具粗大缺刻状牙齿，或为羽状深裂具2~4对裂片

··碎叶山芹*O. grosseserratum*（Max.）Kitag

1.羽状分裂的最终裂片边缘具整齐的锯齿··············绿花山芹*O. viridiflorum*（Turcz.）Kitag.

（16）石防风属*Peucedanum* L.

石防风*P. terebinthaceum*（Fisch.）Fisch. ex Turcz.

（17）变豆菜属*Sanicula* L.

变豆菜*S. chinensis* Bunge

（18）防风属*Saposhnikovia* Schischk.

防风*S. divaricata*（Turcz.）Schischk.

（19）泽芹属*Sium* L.

泽芹*S. suave* Walt.

（20）迷果芹属*Sphallerocarpus* Bess. ex DC.

迷果芹*S. gracilis*（Bess.）K.–Po1.

（21）窃衣属*Torilis* Adans.

窃衣*T. japonica*（Houtt.）DC.

（六十六）杜鹃花科Ericaceae

灌木或小乔木，通常为常绿性。叶互生，稀对生或轮生，全缘或有锯齿，无托叶。花两性，整齐或部分不整齐，单生或为总状花序、圆锥花序、伞形花序或伞房花序；花萼4~5裂，宿存；花冠合瓣，稀离瓣4~5裂；雄蕊与花冠裂片同数或比花冠裂片多1~2倍，着生在花盘基部，花药顶孔开裂，少纵裂，多有附属物，子房上位或下位，2~5室，每室有胚珠多数，稀单一。果实为蒴果，稀为浆果或核果。种子细小，有胚乳，胚小。

杜鹃花属*Rhododendron* L.

1.总状花序，多花，花白色；当果脱落后，在上年的枝端常留有1至多个花序轴

···························· 照白杜鹃*Rh. micranthum* Turcz.

1.花1~4朵着生于枝端,花紫红色、粉紫红色,稀白色;枝端无残存花序轴

···························· 迎红杜鹃*Rh. mucronulatum* Turcz

（六十七）报春花科Primulaceae

一年生或多年生草本,稀为亚灌木。单叶互生、对生、轮生或全部基生,无托叶。花两性,辐射对称,单生或组成总状花序、伞形花序或穗状花序,顶生或腋生;具苞片;花萼通常5裂,稀4或6~9裂,宿存,花冠管状或辐状或高脚碟状,上部通常5裂,稀4或6~9裂;极少无花冠,雄蕊着生于花冠臂上或基部,与花冠裂片同数而对生,稀具一轮鳞片状退化雄蕊,花丝分离或下部连合成筒;子房上位,稀半下位,1室,花柱单生;胚珠多数,生于特立中央胎座上。蒴果;通常5齿裂或瓣裂。种子小,多数。

分属检索表

1.伞形花序 ···························· （1）点地梅属*Androsace*

1.总状花序或圆锥花序 ···························· （2）珍珠菜属*Lysimachia*

（1）点地梅属*Androsace* L.

1.叶近圆形 ···························· 点地梅*A. umbellata*（Lour.）Merr.

1.叶长圆形至倒披针形 ···························· 东北点地梅*A. filiformis* Retz.

（2）珍珠菜属*Lysimachia* L.

1.花5基数;花序顶生;花冠裂片宽1mm以上,裂片间无鳞片状退化雄蕊,雄蕊内藏,花丝基部合生。

  2.花黄色;圆锥花序;叶有黑色腺点 ···························· 黄连花*L. davurica* Ledeb

  2.花白色;总状花序;叶无腺点 ···························· 狼尾花*L. barystachys* Bunge

1.花通常6~7基数,总状花序腋生,花冠裂片广线形,宽约0.6mm,裂片间常有小鳞片;雄蕊伸出花冠

···························· 球尾花*L. thysiflora* L.

（六十八）木樨科Oleaceae

常绿或落叶乔木或灌木。无托叶;叶对生,稀互生,单叶、三出复叶或羽状复叶。花两性或单性,整齐,组成顶生或侧生圆锥花序、聚伞花序或簇生,稀单生;花萼4裂,稀5~16裂;花冠4裂,稀6~12裂,有时无花冠;雄蕊2,稀3~5,子房上位,2室,每室有胚珠1~3或4~10。果为核果、蒴果、浆果或翅果。

分属检索表

1.羽状复叶;果为翅果 ···························· （3）白蜡树属*Fraxinus*

1.单叶。

  2.叶边缘有锯齿;花黄色 ···························· （2）连翘属*Forsythia*

2.叶全缘；花不为黄色。

　3.蒴果；叶基常为心形或近圆形 ………………………………………（5）丁香属*Syringa*

　3.翅果或核果状浆果；叶基不为心形或近圆形。

　　4.翅果；枝光滑；花瓣离生 …………………………………………（1）雪柳属*Fontanesia*

　　4.核果状浆果；枝被密毛（东北植物如此）；花瓣合生 …………（4）女贞属*Ligustrum*

（1）雪柳属*Fontanesia* Labill.

雪柳*F. fortunei* Carr.

（2）连翘属*Forsythia* Vahl.

1.枝除节部外中空，萌枝的叶常具3小叶或3深裂

………………………连翘*F. suspensa*（Thunb.）Vahl.（垂枝连翘*F. suspense*（Thunb.）var.

Vahl. vae. sieboldii Zabel叶较小；枝细长而下垂）。

1.枝具片状髓（金钟花的萌生枝偶有中空）。

　2.叶表面无毛，背面叶柄疏生短柔毛 …………………………东北连翘*F. mandshurica* Uyeki

　2.叶两面均无毛，较小，花梗长约1cm …………………………金钟花*F. viridissima* Lindl.

（3）白蜡树属*Fraxinus* L.

1.花序生自去年枝上无叶的腋芽，花单性，无花冠，先于叶开放。

　2.冬芽黑褐色或近黑色；小叶7～11（13），近无柄，基部着生处密生黄褐色绒毛；叶轴具狭翅，花萼

　　早落 ………………………………………………………水曲柳*F. mandshurica* Rupr.

　2.冬芽褐色，小叶5～9，具短柄，基部着生处无褐色绒毛；树冠圆，枝条细而开展，小枝叶轴及花序

　　轴无毛；花萼宿存 ……………绿梣*F. pennsylvenica* Marsh. var. *subintegerrima*（Vahl.）Ferkald

1.花序生于当年生有叶枝上；花杂性或单性异株，无花冠；复叶顶端小叶较两侧小叶为大，边缘具钝锯

　齿 …………………………………………………………花曲柳*F. rhynchophylla* Hance

（4）女贞属*Ligustrum* L.

水蜡树*L. obtusifolium* Sieb. et Zucc.

（5）丁香属*Syringa* L.

1.花冠筒与萼等长或稍长，花丝长，伸出于花冠之外

………………………暴马丁香*S. reticulata*（Blume）Hara var. *mandshurica*（Max.）Hara

1.花冠筒明显长于花萼，花丝极短，雄蕊内藏于花冠筒之中。

　2.叶有毛。

　　3.叶较小，长1～3（4）cm，近圆形、广卵圆形至椭圆状卵形

　　………………………………………四季丁香*S. meyeri* Schneid. var. *spontanea* M. C. Chang

　　3.叶较大，长通常3cm以上。

　　　4.叶片广卵圆形或卵形，稀为菱状卵形，基部圆形，稀为广楔形，先端突尖至短渐尖，背面沿脉

生有灰白色短柔毛 ·· 巧玲花*S. pubescens* Turcz

4.叶椭圆形、椭圆状卵形或卵状长圆形，基部楔形、广楔形至近圆形，表面有疏绒毛，背面被极密的短绒毛 ·· 关东丁香*S. velutina* Kom.

2.叶无毛。

3.叶全缘或部分叶3裂或羽状分裂，长1.5 ~ 3.5cm，宽1 ~ 1.7cm ·············· 花叶丁香*S. persica* L.

3.叶不裂。

4.叶广卵圆形至肾形，宽常大于长，先端短突尖，基部常为心形 ············· 紫丁香*S. oblata* Lindl.

4.叶宽卵形、卵形至卵状披针形，基部楔形、广楔形或圆形，稀为浅心形。

5.叶较大，广卵形、卵形至长圆状卵形，基部圆形，稀为广楔形或浅心形，先端短渐尖 ·· 洋丁香*S. vulgaris* L.

5.叶较小，卵状披针形至长圆状披针形，基部楔形、广楔形，先端渐尖 ·· 什锦丁香*S. chinensis* Willd.

（六十九）龙胆科Gentianaceae

陆生一、二年生或多年生草本，稀为小灌木状。茎直立或缠绕. 叶对生，通常无柄，无托叶。花两性，整齐，顶生或腋生；聚伞花序、伞形花序、总状花序或单生；花萼筒状，通常4 ~ 5裂，稀6 ~ 7裂，在花蕾中覆瓦状排列；花冠筒状、钟状、漏斗状或辐状，4 ~ 5裂，稀6 ~ 7裂，在花蕾时呈旋转状或覆瓦状排列，有时呈镊合状排列，花冠裂片间有褶或无；雄蕊4 ~ 5，稀6 ~ 7，着生于花冠筒上或喉部；子房上位，1室，稀2室，侧膜胎座，胚珠多数，花柱1或无，柱头1或2裂。蒴果，稀浆果。种子小，多数，有胚乳。

分属检索表

1.水生植物；花瓣镊合状排列 ································ （3）莕菜属*Nymphoides*

1.陆生植物；花瓣旋转状或覆瓦状排列。

2.花冠裂片间无褶；花药螺旋状扭卷 ·················· （1）百金花属*Centaurium*

2.花冠裂片间有褶；花药不螺旋状扭卷。

3.花冠基都有腺窝 ································ （4）獐牙菜属*Swertia*

3.花冠基都无腺窝 ································ （2）龙胆属*Gentiana*

（1）百金花属*Centaurium* Hill

百金花*C. meyeri*（Bunge）Druce

（2）龙胆属*Gentiana* L.

1.植株较大，高20cm以上，粗壮。

2.叶卵形或卵状披针形，具3出或5出脉；花冠裂片尖 ·············· 龙胆*G. scabra* Bunge

2.叶线形或披针形。

3. 花冠裂片先端钝圆或稍具突尖 ·················· 三花龙胆*G. triflora* Pall.

3. 花冠裂片尖，叶线形或线状披针形 ·················· 东北龙胆*G. manshurica* Kitag.

1. 植株较小，高5~15cm，细弱。

 2. 花冠较大，长17~25mm，无匍匐枝 ·················· 笔龙胆*G. zollingeri* Fawc.

 2. 花冠较小，长7~13mm。

  3. 植株被短腺毛，萼片先端反卷 ·················· 鳞叶龙胆*G. squarrosa* Ledeb

  3. 植株无毛或稍被短毛，萼片直立或稍反卷 ·················· 假水生龙胆*G. pseudoaquatica* Kusn.

（3）荇菜属*Nymphoides* Hill

1. 花白色。

 2. 叶小型，直径2~5cm；花萼长3~4mm ·················· 白花荇菜*N. coreana*（Levl.）Hara

 2. 叶大型，直径3~15cm；花萼长4~7mm ·················· 金银莲花*N. indica* O. Kuntze

1. 花黄色 ·················· 荇菜*N. peltata* O. Kuntze

（4）獐牙菜属*Swertia* L.

1. 花冠淡紫色或白色，径1~1.5cm ·················· 獐牙菜*S. diluta*（Turcz.）Benth. et Hook.

1. 花冠淡蓝色，有紫色条纹，径2~2.5cm ·················· 瘤毛獐牙菜*S. pseudochinensis* Hara

（七十）夹竹桃科**Apocynaceae**

  乔木、灌木或藤本；具乳汁或水液，无刺，稀有刺。单叶对生或轮生，稀互生，全缘，稀有细齿，羽状脉；无托叶或退化成腺体。花两性，辐射对称，单生或为聚伞花序，顶生或腋生；花萼裂片4~5，基部合生成筒状或钟形，里面常有腺体，覆瓦状排列；花冠钟状、漏斗状、高脚碟状或盆状，稀辐状，裂片4~5，覆瓦状排列，稀镊合状排列，花冠喉部通常有副花冠或鳞片等附属物；雄蕊4~5，着生于花冠筒上或花冠喉部，花丝分离，花药长圆形或箭头状，2室，分离或粘合贴生于柱头上，花粉颗粒状；通常有花盘；子房上位，稀半下位，1~2室，心皮2，离生或合生，花柱1，基部合生或分裂，柱头顶端常2裂，胚珠1至多数，侧膜胎座。果实为浆果、核果、蓇葖果或蒴果。种子通常一端被长毛，稀两端被毛或具膜翅或毛翅均无；有胚乳及胚。

分属检索表

1. 半灌木或多年生草本；叶对生，叶缘有锯齿，有花盘 ·················· （1）罗布麻属*Apocynum*

1. 小乔木或灌木；叶轮生无花盘 ·················· （2）夹竹桃属*Nerium*

（1）罗布麻属*Apocynum* L.

  罗布麻*A. vefnetum* L.

（2）夹竹桃属*Nerium* L.

  夹竹桃*N. indicum* Mill.

（七十一）萝藦科Ascleiladaceae

直立或缠绕草本、藤本或灌木，具乳汁。叶对生，有时轮生或互生，全缘，羽状脉，有柄或无柄。聚伞花序通常为伞形，有时为伞房状或总状，腋生或顶生；花两性，整齐，5基数；萼筒短，裂片5枚；花冠合瓣，辐状，通常分裂，裂片覆瓦状或镊合状排列；副花冠由5枚离生或基部合生的裂片或鳞片组成，生于花冠筒上或雄蕊背部或合蕊冠上；雄蕊5，着生于花冠基部，与雌蕊贴生成中心柱，称合蕊柱，药隔顶端具广卵形而内弯的薄膜片，花粉粒连合包于一层软韧的膜内而成花粉块，通过花粉块柄系结于着粉腺上，每1花药有花粉块2个或4个，亦有的花粉器为匙形，直立，上部为载粉器，内藏四合花粉，下部为载粉器柄，基部有1粘盘，粘于柱头上，与花药互生；子房上位，由2个离生心皮所组成，花柱2，合生，柱头基部成5棱，胚珠多数。蓇葖果双生，或因1个不发育而单生。种子多数，顶端具白色绢质种毛。

分属检索表

1.木质藤本；花粉四分体颗粒状，相互松弛承载于匙形之花粉块柄上 ·················（4）杠柳属*Periploca*

1.草本，直立或缠绕；花粉粒联合在细小而软韧之花粉块内。

  2.缠绕草本。

    3.副花冠杯状，顶端有三角形、近四方形或流苏状的裂片 ·················（2）白前属*Cynanchum*

    3.副花冠环状；柱头丝状 ·················（3）萝藦属*Metaplexis*

  2.直立草本。

    3.副花冠杯状，顶端有三角形、三角状卵形或卵形的裂片 ·················（2）白前属*Cynanchum*

    3.副花冠为五个完全分离的小叶状裂片组成 ·················（1）马利筋属*Asclepias*

（1）马利筋属*Asclepias* L.

马利筋*A. curassavica* L.

（2）白前属*Cynanchum* L.

1.茎缠绕。

  2.叶为线形或披针形。

    3.叶为线形；副花冠裂片三角状披针形

    ·················雀瓢*C. thesioides* K. Schum. var. *australe*（Maxim.）Tsiang et P. T. Li

    3.叶为披针形；副花冠裂片三角状卵形 ·················蔓白前*C. volubile*（Maxim.）Forb. et Hemsl.

  2.叶为心形。

    3.花白色；副花冠裂片流苏状；叶基部无耳 ·················鹅绒藤*C. chinense* R. Br.

    3.花淡黄色，副花冠裂片近四方形；叶基部有耳 ·········隔山消*C. wilfordii*（Maxim.）Forb. et Hemsl.

1.茎直立。

2.叶卵形、广椭圆形或卵状椭圆形。

　　3.叶两面被白毛；无总花梗，花深紫色 ························· 白薇 *C. atratum* Bunge

　　3.叶被微毛，叶无柄，基部心形抱茎；花白色 ········· 合掌消 *C. amplexicaule*（Sieb. et Zucc.）Hemsl.

2.叶狭线形或线状披针形。

　　3.花冠白色；叶狭线形或线形 ························· 北陵白前 *C. dubium* Kitag.

　　3.花黄绿色、黄色或黄白色。

　　　　4.副花冠裂片三角形 ························· 地梢瓜 *C. thesioides* K. Schum.

　　　　4.副花冠裂片卵形 ························· 徐长卿 *C. paniculatum*（Bunge）Kitag.

（3）萝藦属 *Metaphxis* R. Br.

萝藦 *M. japonica*（Thunb.）Makino

（4）杠柳属 *Periploca* L.

杠柳 *P. sepium* Bunge

（七十二）旋花科 Convolvulaceae

　　草本或半灌木或寄生植物。茎缠绕或葡萄，稀直立，常有乳汁。单叶互生，稀为复叶，全缘或分裂，有时无叶而寄生，无托叶。花单生或为聚伞花序、总状花序或簇生成头状花序；花两性，整齐，花基部具2枚对生或近于对生的苞片；萼片通常离生，覆瓦状排列，宿存；花瓣合生，花冠漏斗状、钟状或高脚碟状，雄蕊5枚，着生于花冠基部或中部稍下，离生或基部连合，花丝丝状，内藏或外伸，有时基部稍扩大子房2室，每室1~2个胚珠，花柱1~2，丝状，柱头顶生，不裂或上部2尖裂。果实通常为蒴果，室背开裂、周裂、盖裂或不规则裂开或为不开裂的肉质浆果，或果皮干燥坚硬呈坚果状。种子和胚珠同数，或由于不育而减少，通常呈三棱形，光滑或有毛。

分属检索表

1.寄生植物。叶退化，茎叶内无叶绿素 ························· （3）菟丝子属 *Cuscuta*

1.不为寄生植物。茎叶内有叶绿素。

　　2.花萼包于2个大苞片内 ························· （1）打碗花属 *Calystegia*

　　2.花萼不包于2个大苞片内。

　　　　3.柱头2个 ························· （2）旋花属 *Convolvulus*

　　　　3.柱头1个。

　　　　　　4.雄蕊和花柱内藏，不伸出花冠外；花冠呈漏斗状。

　　　　　　　　5.植株无毛；子房2或4室，有4个胚珠 ························· （6）番薯属 *Ipomaea*

　　　　　　　　5.植株被硬毛；子房3室，有6个胚珠 ························· （4）牵牛属 *Pharbitis*

　　　　　　4.雄蕊和花柱多少伸出花冠筒外；花冠高脚碟状 ························· （5）茑萝属 *Quamoclit*

（1）打碗花属*Calystegia* R. Br.

1.茎叶被密毛 ···大收旧*C. dahurica*（Herb.）Choisy

1.茎叶无毛，或幼时有微毛。

  2.苞片长1～1.2cm，花径2～2.5cm ···打碗花*C. hedracea* Wall.

  2.苞片长1.5～2.3cm；花径4cm以上 ·····································日本打碗花*C. japonica* Choisy

（2）旋花属*Convolvulus* L.

  田旋花*C. arvensis* L.

（3）菟丝子属*Cuscuta* L.

1.花柱2个，茎黄色 ···菟丝子*C. chinensis* Lam.

1.花柱单一，茎淡红色。

  2.柱头有明显的2个裂片 ···金灯藤*C. japonica* Choisy

  2.柱头头状微2裂 ···啤酒菟丝子*C. 1upuliformis* Krocker

（4）牵牛属*Pharbitis* Choisy

1.叶通常全缘；萼齿披针形，渐尖，长1.2～1.5cm ·····························圆叶牵牛*Ph. purpurea*（L.）Voigt

1.叶通常3裂；萼齿线状披针形，渐尖，长2.5～3cm ·····························裂叶牵牛*Ph. nil*（L.）Choisy

（5）茑萝属*Quamoclit* Mill

1.叶全缘，心形 ···橙红茑萝*Q. coccinea*（L.）Moeach

1.叶深裂。

  2.叶羽状深裂，裂片线形 ···茑萝*Q. pennata*（Desr.）Bojer

  2.叶掌状深裂，裂片披针形 ···掌叶茑萝*Q.sloteri* House

（6）番薯属*Ipomaea* L.

1.叶全缘，先端尾状长渐尖；花粉粒无刺；无块根 ·····························西伯利亚番薯*I. sibirica*（L.）Pers.

1.叶全缘或常3～7浅裂，先端短尖；花粉粒有刺；有块根 ·····························甘薯*I. batatas*（L.）Lam.

（七十三）花荵科**Polemoniaceae**

    一年生或多年生草本或灌木。叶通常互生或下部叶对生，全缘，分裂或羽状复叶；无托叶。花小，通常颜色鲜艳，排成二歧或圆锥花序式的聚伞花序，稀单生于叶腋，两性，整齐或两侧对称；花萼钟状或管状，5裂，宿存，裂片覆瓦状或镊合状形成5翅；花冠合瓣，高脚碟状、漏斗状、钟状，裂片芽时扭曲，花开后开展；雄蕊5，常以不同高度生于花冠管上，花丝基部常扩大并被毛，花药2室，纵裂；花盘显著；子房上位，3～5室，花柱1，顶端分成3条具乳头状突起的花柱臂，中轴胎座，每室有胚珠1至多颗。蒴果室背开裂或室间开裂。种子有各种形状，具棱、具锐角或有翅；胚乳肉质或软骨质，有直胚。

分属检索表

1. 叶互生，一回羽状复叶 ……………………………………………………（1）花葱属Polemonium

1. 单叶互生或对生 ……………………………………………………（2）天蓝绣球（福禄考）属Phlox

（1）花葱属Polemonium L.

花葱P. caeruleum L.

（2）天蓝绣球（福禄考）属Phlox L.

1. 匍匐性多年生草本；叶钻形簇生 ……………………………………… 丛生福禄考Ph.subulata L.

1. 直立多年生或一年生草本，叶卵形至椭圆形 ……………………… 宿根福禄考Ph. paniculata L.

（七十四）紫草科Boraginaceae

通常草本，稀灌木或乔木，常被糙毛。叶互生，稀对生，单叶全缘，不具托叶。花两性，辐射对称，通常为总状或螺旋状聚伞花序，稀单生；花萼5裂，花冠管状，5裂，裂片在花蕾中呈覆瓦状，少数呈螺旋状排列，喉部有5个附属物，或无附属物而有褶皱、毛或平滑；雄蕊5，着生于花冠管上，与花冠裂片互生；子房上位，2室或4室，花柱顶生或基生，柱头头状或2裂，或2回2裂。果实为核果或为2至4个分离的小坚果。种子无胚乳，稀有胚乳。

分属检索表

1. 果实为核果，木栓质，具4个小核，花柱顶生 ……………………（6）砂引草属Messerschmidia
1. 果实通常为分离的小坚果，花柱基生。
  2. 花冠喉部或筒部无鳞片状的附属物 ………………………………（3）紫草属Lithospermum
  2. 花冠喉部或筒部有5个鳞片状的附属物。
    3. 小坚果上有锚状刺 ………………………………………………（2）鹤虱属Lappula
    3. 小坚果上无锚状刺
      4. 花柱伸出花冠外方 ………………………………………………（4）聚合草属Symphytum
      4. 花柱内藏于花冠内。
        5. 植物体被粗毛 ………………………………………………（1）斑种草属Bothriospermum
        5. 植物体仅被细柔毛 …………………………………………（5）附地菜属Trigonotis

（1）斑种草属Bothriospermum Bunge

多苞斑种草（毛细累子草）B. secundum Max.

（2）鹤虱属Lappula Gilib

1. 小坚果边缘有2～3行锚状刺 ……………………………… 鹤虱L. squarrosa（Retz.）Dumort.

1. 小坚果边缘只有1行锚状刺 ……………………… 东北鹤虱L. redowskii（Lehm.）Greene

（3）紫草属*Lithospermum*

紫草*L. erythrorhizon* Sieb. et Zucc.

（4）聚合草属*Symphytum*

聚合草*S. peregrinum* Ledeb.

（5）附地菜属*Trigonotis* Stev.

1.多年生草本；花冠直径1.5mm左右 ·················· 附地菜*T. peduncularis*（Tev.）Benth. ex Baker et Moore

1.多年生草本；花冠直径8~10mm ··森林附地菜*T. nakaii* Hara

（6）砂引草属*Messerschmidia* L. ex Hebenst

狭叶砂引草*M. sibirica* L. var. *angustior*（DC.）Nakai

（七十五）马鞭草科**Verbenaceae**

草本，灌木或乔木。叶对生，稀轮生或互生，单叶或复叶，不具托叶。花序为腋生或顶生的聚伞花序或圆锥花序，花两性，两侧对称或稀为辐射对称；萼钟状，4~5齿裂，或为截形，稀6~8齿裂；花冠合瓣，具长或短的花冠管，冠檐二唇形，或为不等的4~5裂；雄蕊4，2强，着生于花冠上，通常伸出花冠外；子房上位，常有2心皮组成4室，每室1~2胚珠，花柱细长，先端2裂或不裂。果为核果或浆果状。

黄荆属*Vitex* L.

荆条*V. negundo* L. var. *heterophylla*（Franch.）Rehd.

（七十六）唇形科**Labiatae**

一至多年生草本，稀灌木、乔木或藤本，常含有芳香油。茎具4棱。叶为单叶，稀为复叶，通常对生，稀轮生或部分互生，无托叶。花两性，稀单性，于叶腋单生或对生，聚伞状或为疏松或密集的轮伞花序（假轮状）再排列成穗状或总状花序，有时为圆锥花序或头状花序；萼通常宿存，5（4）裂，辐射对称或二唇形（通常3：2或1：4），有时有附属物，萼筒内有时有毛环（果盖）；花冠二唇形，通常为2：3式（上唇2裂，下唇3裂），稀4：1式，或稀为假单唇形或单唇形（0：5式），亦稀为5（4）裂片近相等，花冠内常有毛环（蜜腺盖）；雄蕊4，二强雄蕊，稀4雄蕊近等长，有时1~2枚雄蕊退化或无退化雄蕊，花药2室，纵裂，稀横裂，药室分离或汇合成1室；子房上位，由2心皮组成，4裂，4室，每室有直立胚珠1颗，花柱生于子房裂隙的基部，花柱2浅裂，柱头小；花盘通常发达，全缘或分裂。小坚果4，稀核果。种子小，含少量胚乳或无胚乳。

分属检索表

1.花柱不着生子房底。

2.4个雄蕊都有花粉 ···（1）筋骨草属*Ajuga*

　2. 仅2个雄蕊有花粉 ………………………………………………（3）水棘针属*Amethystea*

1. 花柱完全着生子房底。

　2. 子房裂片横屈，萼片上方具囊状盾鳞 …………………………（16）黄芩属*Scutellaria*

　2. 子房裂片直立。

　　3. 雄蕊上升或平展而直伸。

　　　4. 花冠筒包于萼内 ………………………………………………（7）夏至草属*Lagopsis*

　　　4. 花冠筒伸出萼外。

　　　　5. 花着生于花序的一侧 ……………………………………（5）香薷属*Elsholtzia*

　　　　5. 花不着生于花序的一侧。

　　　　　6. 花冠明显分为二唇，具极不相似的裂片。

　　　　　　7. 雄蕊4个。

　　　　　　　8. 后雄蕊长于前雄蕊。

　　　　　　　　9. 两对雄蕊彼此不平行 ……………………………（2）藿香属*Agastache*

　　　　　　　　9. 两对雄蕊平行上升于花冠上唇之下。

　　　　　　　　　10. 萼齿基部夹角处有瘤状突起，轮伞花序聚生于茎顶 …（19）青兰属*Dracocephalum*

　　　　　　　　　10. 萼齿基部夹角处无瘤状突起，轮伞花序不聚生于茎顶，常2～3朵，散生于叶腋

　　　　　　　　　　…………………………………………………（6）连钱草属*Glechoma*

　　　　　　　8. 后雄蕊短于前雄蕊。

　　　　　　　　9. 萼由极不相似的齿组成二唇，果时因下唇二齿斜伸，将萼筒闭合

　　　　　　　　　…………………………………………………（13）夏枯草属*Prunella*

　　　　　　　　9. 萼具略微相似的萼齿，于果时萼筒不闭合。

　　　　　　　　　10. 小果顶端平截 ……………………………（8）益母草属*Leonurus*

　　　　　　　　　10. 小坚果顶端钝圆。

　　　　　　　　　　11. 花冠筒内有毛环 ………………………（17）水苏属*Stachys*

　　　　　　　　　　11. 花冠筒内没有毛环 ……………（4）风轮菜属*Clinopodium*

　　　　　　7. 雄蕊2个。

　　　　　　　8. 药隔伸长成线形，与花丝连接处有关节，排列成丁字形 ………（15）鼠尾草属*Salvia*

　　　　　　　8. 药隔不伸长 ………………………………………（11）荠苎属*Mosla*

　　　　　6. 花冠近于辐射对称，具近于相似而略行分化的裂片。

　　　　　　7. 花萼二唇形，于果期增大，俯垂；地下没有根茎 ………（12）紫苏属*Perilla*

　　　　　　7. 花萼通常整齐，果期不俯垂；地下有根茎。

　　　　　　　8. 能育雄蕊4个 …………………………………………（10）薄荷属*Mentha*

　　　　　　　8. 能育雄蕊2个 ………………………………………（9）地瓜儿苗属*Lycopus*

3.雄蕊下倾，平卧于花冠下唇上，或包于花冠下唇内。

4.花冠筒伸出萼外 ······（14）香茶菜属*Plectranthus*

4.花冠筒不伸出萼外 ······（18）罗勒属*Ocimum*

（1）筋骨草属*Ajuga* L.

1.花白色 ······ 白多花筋骨草（拟）*Ajuga multiflora* f. *leucantha* R. J. Yang

1.花蓝色、蓝紫色或粉红色。

2.花蓝色或蓝紫色 ······ 多花筋骨草*A. multiflora* Bunge

2.花粉红色 ······ 红多花筋骨草（拟）*A. multiflora* Bge f. *rhodantha* R. J. Yang

（2）藿香属*Agastache* Clayt. et Gronov

藿香*A. rugosa*（Fisch. et C. A. Mey.）O. Kuntze

（3）水棘针属*Amethystea* L.

水棘针*A. caerulea* L.

（4）风轮菜属*Clinopodium* L.

风轮菜*C. chinense* O. Kuntze var. *grandiflorum*（Maxim.）Hara

（5）香薷属*Elsholtzia* Willd.

香薷*E. ciliata*（Thunb.）Hyland.

（6）连钱草属*Glechoma* L.

连钱草*G. hederacea* L. var. *longituba* Nakai

（7）夏至草属*Lagopsis* Bunge ex Benth.

夏至草*L. supina*（Steph.）Ik. –Gal. ex Knorr.

（8）益母草属*Leonurus* L.

1.花序顶端的叶片全缘或仅具锯齿。

2.花序顶端的叶片披针形或卵状披针形，边缘有锯齿，稀少全缘 ······ 大花益母草*L. macranthus* Maxim.

2.花序顶端叶片线形，通常全缘 ······益母草*L. japonicus* Houtt.

1.花序顶端的叶片有明显的3深裂 ······细叶益母草*L. sibiricus* L.

（9）地瓜苗属*Lycopus* L.

地瓜苗*L. lucidus* Turcz.

（10）薄荷属*Mentha* L.

薄荷*M. haplocalyx* Briq.

（11）荠苎属*Mosla* Buch. –Ham. ex Msxim.

1.花冠筒内基部无毛环 ······ 荠苎*M. dianthera*（Hamilton）Maxim.

1.花冠筒内基部有毛环 ······ 石荠苎*M. scabra*（Thunb.）C. Y. Wu. et H. W. Li

（12）紫苏属*Perilla* L.

紫苏*P. frutescens*（L.）Britt.

（13）夏枯草属*Prunella* L.

东北夏枯草*P. asiatica* Nakai

（14）香茶菜属*Plectranthus* L. Her. nom. Conserv.

1.顶生圆锥花序长仅2cm，花少数 ···················· 辽宁香茶菜*P. websteri* Hemsl.

1.顶生圆锥花序长6cm以上，花多数。

  2.小坚果顶端具白色髯毛 ···················· 毛果香茶菜*P. serra* Maxim.

  2.小坚果顶端仅具瘤状凸起。

    3.叶片先端具深凹缺，凹缺中有一尾状尖的长顶齿 ·········· 尾叶香茶菜*P. excisus* Maxim.

    3.叶片先端无凹缺，具卵形或披针形的渐尖顶齿

      ···················· 蓝萼香茶菜*P. japonicus*（Burm.）Koidz var. *glaucocalyx*（Maxim.）Koidz.

（15）鼠尾草属*Salvia* L.

1.花冠红色 ························· 一串红*S. splendens* Ker-Gawl.

1.花冠淡紫至深紫色。

  2.花冠淡紫色，长0.4 ~ 0.5cm ···················· 小花鼠尾草*S. plebeia* R. Br.

  2.花冠深紫色，长0.5 ~ 1.5cm ········· 紫花鼠尾草*Salvia cyclostegia* PeterStib. var. *purpurascens* C. Y. WU

（16）黄芩属*Scutellaria* L.

1.花冠长5 ~ 6.5mm，白色、淡蓝紫色或为白色带淡蓝色 ······· 纤弱黄芩*S. dependens* Maxim

1.花冠长1 ~ 3cm。

  2.顶生总状花序（仅黄芩兼有腋生花）。

    3.叶全缘 ···················· 黄芩*S. baicalensis* Georgi

    3.叶有牙齿或锯齿 ···················· 京黄芩*S. pekinensis* Maxim.

  2.花均为腋生。

    3.叶背面生有颗粒状的小腺点，边缘通常全缘或稍有低平的疏齿 ·········· 狭叶黄芩*S. regeliana* Nakai

    3.叶背面生有明显的凹陷的腺点，边缘有齿 ·············· 并头黄芩*S. scordifolia* Fisch. ex Schrank

（17）水苏属*Stachys* L.

1.叶无柄或近无柄，长圆状披针形 ···················· 华水苏*S. chinensis* Bunge ex Benth.

1.叶有柄，长1 ~ 2.5cm，卵状长圆形 ···················· 水苏*S. japonica* Miq.

（18）罗勒属*Ocimum* L.

罗勒*O. basilicum* L.

（19）青兰属*Dracocephalum* L. nom. Conserv.

香青兰*D. moldavica* L.

（七十七）茄科Solanaceae

一年生或多年生草本，稀为灌木或小乔木。茎直立、匍匐或攀缘状，无刺或具皮刺，稀具棘刺。叶通常互生，单叶全缘，不分裂或分裂，有时为羽状复叶；无托叶。花单生、簇生或组成各式聚伞花序，稀为总状花序，顶生、腋生或腋外生；花两性，稀杂性，辐射对称或稍两侧对称，无苞片；花萼基部合生，上部通常5裂，花后增大或不增大，果期宿存，稀自近基部周裂而仅基部宿存；花冠辐状、漏斗状、高脚碟状、钟状或坛状，檐部5裂，稀10裂；雄蕊与花冠裂片同数而互生，同型或异型，着生于花冠筒上，花药直立或弯曲，有时靠合或合生（依据辽志）成管状围绕花柱，药室2，纵裂或顶孔裂，子房上位，具2心皮，通常2室，或不完全4室（假隔膜不完全），稀3～5室，花柱线形，柱头头状，不裂或2浅裂，胚珠多数，稀少数至1枚。果实为浆果或蒴果。种子圆盘形或肾形；胚直立或环状弯曲，胚乳丰富。

分属检索表

1.具棘刺灌木；花冠漏斗状 ……………………………………………………………（4）枸杞属Lycium
1.草本，稀为半灌木；无棘刺，花冠钟状，辐状、高脚碟状或漏斗状。

　2.浆果；花冠钟状或辐状。

　　3.花萼在花后显著增大，完全或几乎完全包围果实。

　　　4.花萼5深裂至近基部，裂片基部深心形，具2尖锐耳片，果期花萼增大成5棱状

　　　　………………………………………………………………………（6）假酸浆属Nicandra

　　　4.花萼5浅裂或5中裂，果期增大成卵状或近球状 ……………………（9）酸浆属Physalis

　　3.花萼在花后不显著增大，不包围果实，而仅宿存于果实基部（仅茄属中蒜芥茄果实大部分被果萼包被）。

　　　4.花冠辐状、钟状或筒状钟形；花药不合生。

　　　　5.花较大，花冠筒状钟形，紫色；浆果球状，多汁液，无空腔 …………（11）颠茄属Atropa

　　　　5.花较小，花冠辐状，白色；浆果少汁液，具空腔 ……………………（1）辣椒属Capsicum

　　　4.花冠辐状；花药合生成筒或围绕花柱而靠合。

　　　　5.单叶（仅马铃薯为羽状复叶），花白色或淡紫色；花药不向顶端渐狭，顶孔开裂

　　　　　………………………………………………………………………（10）茄属Solanum

　　　　5.羽状复叶；花黄色；花药向顶端渐狭而成一长尖头，侧裂 …………（5）番茄属Lycopersicon

　2.蒴果；花冠漏斗状、钟状或高脚碟状。

　　3.花冠漏斗状或钟状；蒴果盖裂。

　　　4.花集生于顶生的聚伞花序上；萼于果期膨大成泡囊状，果萼的齿不具强壮的边缘脉，顶端无刚硬的针刺 ……………………………………………………（12）泡囊草属Physochlaina

　　4.花腋生，在植株顶端密集于有叶的花轴上成总状，常偏向一侧；萼于果期不膨大成泡囊状，果萼的齿有强壮的边缘脉，顶端有刚硬的针刺 ………………………………（3）天仙子属*Hyoscyamus*

　3.花冠漏斗状、高脚碟状或筒状钟形；果盖2~4瓣裂。

　　4.子房不完全4室；花萼于花后自近基部截断状脱落仅基部增大而宿存；蒴果通常具刺，4瓣裂 ………………………………………………………………（2）曼陀罗属*Datura*

　　4.子房2室；花萼全部宿存；蒴果无刺，2瓣裂。

　　　5.花聚生成圆锥式或总状式聚伞花序；花萼5浅裂至中裂，果期稍增大，完全或不完全包围果实 ………………………………………………………………（7）烟草属*Nicotiana*

　　　5.花单独顶生或腋生；花萼5深裂或几全裂 ………………………………（8）矮牵牛属*Petunia*

（1）辣椒属*Capsicum* L.

　　辣椒*C. annuum* L.

（2）曼陀罗属*Datura* L.

1.果实直立，规则4瓣裂，花萼筒部具5棱角，花冠长6~10cm ………………… 曼陀罗*D. stramonium* L.

1.果实斜升或俯垂，不规则4瓣裂，花萼筒部圆筒状，不具5棱角；花冠长14~20cm。

　2.全株密生细腺毛及短柔毛，蒴果俯垂，表面密生细刺 ………………… 毛曼陀罗*D. innoxia* Mill.

　2.全株无毛或仅幼嫩部分被稀疏短柔毛，蒴果斜升至横升，表面针刺短而粗壮 ……… 洋金花*D. metel* L.

（3）天仙子属*Hyoscyamus* L.

　　天仙子*H. niger* L.

（4）枸杞属*Lycium* L.

　　枸杞*L. chinense* Mill.

（5）番茄属*Lycopersicon* Mill.

　　番茄*L. esculentum* Mill.

（6）假酸浆属*Nicandra* Adans

　　假酸浆*N. physaloides*（L.）Gaertn.

（7）烟草属*Nicotiana* L.

1.花冠钟形，黄色 ……………………………………………………… 黄花烟草*N. rustica* L.

1.花冠漏斗状，粉红色。

　2.花冠筒长3.5~5cm ……………………………………………………烟草*N. tabacum* L.

　2.花冠筒长5~10cm ………………………………………… 花烟草*N. alata* Link et Otto

（8）矮牵牛属Petunia Juss.

　　碧冬茄P. hybrida Vilm.

（9）酸浆属*Physalis* L.

1.花冠白色，花药黄色；果熟时，果萼呈红色 ………… 酸浆*Ph. alkekengi* L. var. *francheti*（Mast.）Makino

1.花冠淡黄色或黄色，花药紫色；果熟时果萼非红色，薄纸质。

2.叶狭卵状椭圆形至卵状披针形，果萼常带紫色，果实较大，径2.5~3.5cm

··· 大果酸浆*Ph. macrophysa* Rydb.

2.叶卵形、卵状椭圆形或广卵形、卵状心形；果萼草绿色或浅橙黄色；果实较小，径1~2cm，叶两面密被短柔毛 ··· 毛酸浆*Ph. pubescens* L.

（10）茄属*Solanum* L.

1.植株无刺；花药较短而厚。

2.具地下块茎，叶为羽状全裂 ·· 马铃薯*S. tuberosum* L.

2.无地下块茎；叶不分裂。

3.花序非腋生；果实10~12mm，红色、白色等而非黑色 ················ 冬珊瑚*S. pseudo-capsicum* L.

3.花序腋外生；果实3~5mm，黑色或黄色

················ 龙葵*S. nigrum* L.（黄果龙葵*S. nigrum* L. var. *flavovirens* S. Z. Liou et W. Q. Wang浆果淡黄色，果实较大。）

1.植株有刺；花药长并在顶端延长。

2.叶羽状深裂或半裂；花亮紫色；果实大部分被果萼包被 ··················· 蒜芥茄*S. sisymbriifolium* Lam.

2.叶边缘波状或深波状圆裂；花紫色或白色；果实不为萼所包被 ···················· 茄子*S. melongena* L.

（11）颠茄属*Atropa* L.

颠茄*A. belladonna* L.

（12）泡囊草属*Physochlaina* G. Don

泡囊草*Ph. Physaloides*（L.）G. Don.

（七十八）玄参科Scrophulariaceae

草本、灌木或小乔木。叶互生、对生或轮生，全缘或有齿，稀分裂，无托叶。花两性，通常两侧对称，单生或为顶生或顶生的总状、穗状或聚伞状花序，或组成圆锥花序；花萼4~5裂，通常宿存；花冠4~5浅裂，裂片不等，或为二唇形；雄蕊通常4，2强，稀2或5，着生于花冠筒部或喉部，花药2室，稀1室；子房上位，2室，稀1室，胚珠多数，稀少数，着生于中轴胎座上，花柱单一，常宿存，柱头头状或2裂。果实为蒴果，稀浆果状。种子多数，细小，稀大而少，表面平滑或具网纹，有时具棱或翅；胚直立或弯曲，有胚乳。

分属检索表

1.雄蕊2枚。

2.萼齿5个，近于相等 ······································· （11）腹水草属*Veronicastrum*

2.萼齿4个，如有5个时，则后方1个以退化状态存在 ··················· （10）婆婆纳属*Veronica*

1.雄蕊4枚，如2枚时，则在花冠前方有2枚退化雄蕊。

　2.花冠基部具距或基部突出呈囊状。

　　3.花冠基部有长距 ···（2）柳穿鱼属*Linaria*

　　3.花冠基部呈囊状 ···（1）金鱼草属*Antirrhinum*

　2.花冠基部无距及并不突出呈囊状。

　　3.花冠上唇呈盔状。

　　　4.单叶全缘 ···（6）山萝花属*Melampyrum*

　　　4.羽状分裂。

　　　　5.花下具2枚小苞片 ···（8）阴行草属*Siphonostegia*

　　　　5.花下无苞片 ···（9）松蒿属*Phtheirospermum*

　　3.花冠上唇不为盔状。

　　　4.能育雄蕊2枚，花冠前方有2枚退化雄蕊，生水边或湿地 ···············（12）水八角属*Gratiola*

　　　4.能育雄蕊4枚，陆生。

　　　　5.花序顶生。

　　　　　6.圆锥花序 ···（7）玄参属*Scrophularia*

　　　　　6.总状花序。

　　　　　　7.花冠大，长超过3cm ···（13）毛地黄属*Digitalis*

　　　　　　7.花冠小，长不超过2cm ···（5）通泉草属*Mazus*

　　　　5.花单生叶腋。

　　　　　6.全株有腺点，沉水叶轮生，羽状全裂 ···············（4）石龙尾属*Limnophila*

　　　　　6.全株无腺点，叶对生，全缘或有锯齿 ···············（3）母草属*Lindernia*

（1）金鱼草属*Antirrhinum* L.

金鱼草*A. majus* L.

（2）柳穿鱼属*Linaria* Mill.

柳穿鱼*L. vulgaris* L. var. *sinensis* Bebeaux

（3）母草属*Lindernia* All.

陌上菜*L. procumbens*（Krock）Bobas

（4）石龙尾属*Limnophila* R. Br.

石龙尾*L. sessiliflora*（Vahl）Blume

（5）通泉草属*Mazus* Lour.

1.子房有毛；茎直立，被白色长柔毛 ···············弹刀子菜*M. stachydifolius*（Turcz.）Max.

1.子房无毛；茎常倾卧，无毛或疏生短柔毛 ···············通泉草*M. japonicus*（Thunb.）O. Kuntze

（6）山萝花属*Melampyrum* L.

　　山萝花*M. roseum* Maxim.

（7）玄参属*Scrophularia* L.

　　北玄参*S. buergeriana* Miq.

（8）阴行草属*Siphonostegia* Benth.

　　阴行草*S. chinensis* Benth.

（9）松蒿属*Phtheirospermum* Bunge

　　松蒿*Ph. japonicum*（Thunb.）Kanitz.

（10）婆婆纳属*Veronica* L.

1.陆生植物。

　2.叶线形或线状披针形，长2～6.5cm，宽2～7mm

　…………………细叶婆婆纳*V. linariifolia* Pall. ex Link（宽叶婆婆纳var. *dilatata* Nakai et Kit.，叶较宽，宽达1～2.5cm，叶片倒披针形、长圆形）

　2.叶非线形，叶无柄或具极短柄 …………… 朝鲜婆婆纳*V. rotunda* Nakai var. *coreana*（Nakai）Yamazaki

1.水生植物 ………………………………………水苦荬婆婆纳*V. anagallis-aquatica* L.

（11）腹水草属*Veronicastrum* Heist. ex Farbic.

1.叶4～6枚轮生，宽1.5～3cm ………………………轮叶腹水草*V. sibiricum*（L.）Pennell

1.叶互生，宽不足1cm ……………… 管花腹水草*V. tubiflorum*（Fisch. et C. A. Mey.）Hara

（12）水八角属*Gratiola* L.

　　白花水八角*G. japonica* Miq.

（13）毛地黄属*Digitalis* L.

　　毛地黄*D. purpurea* L.

（七十九）紫葳科**Bignoniaecae**

　　乔木、灌木或木质藤本，稀草本。单叶或复叶，对生或轮生，稀互生；无托叶。花两性，为顶生或腋生的总状花序或圆锥花序，花通常大而美丽；花萼筒状或钟状，先端2～5浅裂或呈截形；花冠钟状或漏斗状，檐部5裂，常呈二唇形；雄蕊通常5，能育雄蕊4，2强，或能育雄蕊2，不育雄蕊3，花丝着生于花冠筒上，花药2室，纵裂，成对靠合或叉开，花盘杯状或环状；子房上位，1～2室，胚珠多数，生于侧膜胎座上，花柱细长，柱头2浅裂。果实为室背或室间开裂的蒴果。种子多数，侧扁，常具翅或毛，无胚乳。

分属检索表

1.乔木。单叶对生；花具能育雄蕊2枚，种子两端有毛 ……………………（1）梓树属*Catalpa*

1.草本。羽状复叶互生；花具能育雄蕊4，种子有翅 ……………………（2）角蒿属*Incarvillea*

（1）梓树属*Catalpa* L.

1. 花冠浅黄色，长约2cm；叶3～5浅裂，背面近无毛 ································ 梓树*C. ovata* G. Don

1. 花冠白色，长3～4cm，叶全缘或于上部2齿裂，背面有毛。

　2. 叶卵状长圆形至广卵形，背面密被短柔毛；花序少花；花冠长约3cm；蒴果较短粗，径约1.5cm

　　 ·· 黄金树*C. speciosa*（Ward. ex Barn.）Ward. ex Engelm

　2. 叶卵形至广卵状圆形，背面疏被短柔毛；花序多花；花冠长约4cm，蒴果，径6～8mm

　　 ·· 紫葳楸*C. bignonioides* Walt.

（2）角蒿属*Incarvillea* Juss.

　　角蒿*I. sinensis* Lam.

（八十）胡麻科**Pedaliaceae**

　　一年生或多年生草本，稀为灌木。叶对生或上部互生，无托叶。花两性，两侧对称，单生于叶腋或组成顶生的总状花序，稀簇生；花梗基部多有特异腺体；苞片小或无，花萼4～5深裂；花冠筒状，常一侧膨大，裂片5，稍呈二唇形，花芽时呈覆瓦状排列，雄蕊4枚，2强，或仅2枚发育，与花冠裂片互生，花药成对连合，2室，平行或叉开；花盘环状；子房上位或半下位，2～4室，有时由于假隔膜再分成小室，每室有1至多数胚珠，中轴胎座，花柱单一，柱头2裂。果实为蒴果或坚果，常有刺、翅或角。种子无胚乳。

分属检索表

1. 陆生植物；子房上位 ··· （1）胡麻属*Sesamum*

1. 水生植物；子房下位 ··· （2）茶菱属*Trapella*

（1）胡麻属*Sesamum* L.

　　胡麻*S. indicum* L.

（2）茶菱属*Trapella* Oliv.

　　茶菱*T. sinensis* Oliv.

（八十一）列当科**Orobanchaceae**

　　一年生或多年生肉质草本植物。寄生于蒿属及赤杨属等植物根上，无叶绿素。茎单生或丛生，基部常被鳞片状叶。穗状花序或总状花序，顶生，花两性，单生于苞腋，不整齐，苞片1；花萼合生，2～5裂；花冠2唇形，5裂，上唇2裂，下唇3裂，花冠筒弯曲，稀直立；雄蕊4，2强，着生于花冠下部；心皮2，稀3枚，合生，子房上位，侧膜胎座，胚珠多数，花柱单一。蒴果。种子有胚乳。

列当属*Orobanche* L.

1. 花冠淡紫色或蓝色，长13～15（20）mm；花药光滑 ················ 列当*O. coerulescens* Steph.

1.花冠淡黄色，长17～20mm，花药顶端两侧有长柔毛 ····················· 黄花列当*O. pycnostachya* Hance

（八十二）狸藻科Lentibulariaceae

多年生或一年生水中食虫植物。根系不发达或几乎无根。沉水或漂浮，叶基生或互生，披针形、长圆形或线形，羽状分裂或掌状分裂，裂片细丝状或毛发状，具捕虫小囊体。花葶直立；花单生或为总状花序，花两性，两侧对称，花萼2～5裂；花冠黄色、紫色或白色，唇形，上唇全缘或2浅裂，下唇较大，2～3裂，基部有距；雄蕊2，着生于花冠基部，花药1室；子房上位，1室，胚珠多数，特立中央胎座；花柱极短或缺，柱头2裂。果实为蒴果，2～4瓣裂。种子多数，细小。

狸藻属*Utricularia* L.

1.花冠长7～10mm，有短距，长宽几乎相等；叶长5～10mm，裂片丝状 ············· 小狸藻*U. minor* L. var.

1.花冠长15～20mm，有长距，长大于宽，叶长20～50mm，裂片线形 ····················· 狸藻*U. vulgaris* L.

（八十三）透骨草科Phrymaceae

多年生直立草本。叶对生，具长柄，无托叶。总状花序穗状，细长，顶生或腋生于枝上部；花两性，小形，白色至蓝紫色，单生于苞片腋部，花梗极短，花时向上或平展，花后渐转向下；花萼筒状，先端二唇形，上唇3裂刺芒状，顶端向后钩曲，下唇2浅裂；花冠筒状，先端二唇形，上唇2浅裂，下唇3深裂，裂片开展；雄蕊4，2强，着生于花冠筒中部以上，下侧2枚稍短，花药2室，纵裂；子房上位，狭倒卵形，由2心皮组成，1室，有1直生胚珠，花柱细长，柱头2浅裂。果实为瘦果，包藏于具棱的宿存花萼内，反折，贴生于花序轴上，果皮膜质。种子1个，无胚乳。

透骨草属*Phryma* L.

透骨草*Ph. leptostachya* L. var. *asiatica* Hara

（八十四）车前科Plantaginaceae

草本。叶基生、互生或对生，基部鞘状。花葶无叶，上部着生穗状花序，花小，两性，辐射对称，淡绿色，单生于苞腋；花萼4裂，裂片背部中央有一龙骨状突起，宿存；花冠干膜质，4裂，裂片呈覆瓦状排列；雄蕊4，着生花冠筒上，与花冠裂片互生，花丝较长，花药2室，纵裂，丁字形着生；子房上位，1～4室，每室有胚珠1至多数，中轴胎座或基底生胎座。蒴果，盖裂。种子具丰富胚乳。

车前属*Plantago* L.

1.通常无主根，须根发达。

　2.花具短梗，种子4～9，长1.5～2mm·················· 车前*P. asiatca* L.

2.花无梗，种子10~16（20），长0.8~1.2（1.5）mm ·· 大车前 *P. major* L.

1.主根明显，直根系；果实内常具4粒种子 ·· 平车前 *P. depressa* Willd.

（八十五）茜草科 **Rubiaceae**

乔木、灌木或草本。单叶对生或轮生，全缘，稀有锯齿；有托叶，稀无。花单生或为聚伞花序生于茎顶，二歧分枝；花两性，稀单性，辐射对称；花萼4~5裂，萼筒与子房合生，花冠漏斗状、钟状、辐状或筒状，裂片4~5，覆瓦状排列或镊合状排列；雄蕊与花冠裂片同数而互生，着生于花冠筒上，花药常分离，2室，纵裂；子房下位，2室，稀1室或多室，每室具1至多数胚珠，中轴胎座，稀侧膜胎座；花柱丝状，柱头头状或分叉。果为蒴果、浆果或核果。种子具胚乳。

分属检索表

1.花5出数；果肉质 ··· （2）茜草属 *Rubia*

1.花4出数；果干燥或近于干燥 ··································· （1）拉拉藤属 *Galium*

（1）拉拉藤属 *Galium* L.

1.茎直立，密被短柔毛；花鲜黄色 ·································· 蓬子菜 *G. verum* L.

1.茎直立或攀缘；具倒刺，花白色或淡绿色。

　2.果具钩毛。

　　3.叶7~8片轮生，狭披针形至狭线形 ········· 拉拉藤 *G. aparine* L. var. *tenerum*（Gren. et Godr.）Rchb.

　　3.叶4~6片轮生，披针形 ······················· 山猪殃殃 *G. pseudo~asprellum* Makino

　2.果无钩毛，仅具瘤状突起 ························· 沼猪殃殃 *G. uliginosum* L.

（2）茜草属 *Rubia* L.

1.浆果红色 ··· 茜草 *R. cordifolia* L.

1.浆果黑色。

　2.叶质厚，被短毛，背面沿叶脉具倒刺 ············· 黑果茜草 *R. cordifolia* L. var. *pratensis* Maxim.

　2.叶质薄，仅背面沿叶脉疏生倒刺 ············· 林茜草 *R.cordifolia* L. var *sylvatica* Maxim.

（八十六）忍冬科 **Caprifoliaceae**

小乔木、灌木，稀草本。单叶或羽状复叶，对生，无托叶。花两性，辐射对称至两侧对称，单花，或由聚伞花序或轮伞花序集合成各种花序；萼筒贴生于子房上，裂片或裂齿5~4，花冠合瓣，具长或短的花冠筒，花冠裂片5~4，有时呈二唇形，覆瓦状排列，稀镊合状；雄蕊5~4，生于花冠筒上，并与花冠裂片互生；花盘不存在，或形成一环或为一侧生腺体；子房下位，1室~（8）5，每室1至多数胚珠，有的胚珠不发育，花柱1；中轴胎座。浆果、核果或蒴果。

分属检索表

1. 羽状复叶 ……………………………………………………………………（3）接骨木属*Sambucus*

1. 单叶。

  2. 花冠辐状，整齐 …………………………………………………………（2）荚蒾属*Viburnum*

  2. 花冠不整齐，下部有较长的花冠筒。

    3. 浆果，花总梗上常并生2花，稀1花，2花的萼筒多少合生 …………（4）忍冬属*Lonicera*

    3. 瘦果状核果或蒴果，相邻2花的萼筒分离。

      4. 瘦果状核果；茎具6条纵棱，雄蕊4 ……………………………（5）六道木属*Abelia*

      4. 蒴果；茎不具纵棱，雄蕊5 ………………………………………（1）锦带花属*Weigela*

（1）锦带花属*Weigela* Thunb.

1. 幼枝常有狭棱；叶通常椭圆形，叶柄明显 …………………… 锦带花*W. florida*（Bunge）DC.

1. 幼枝无棱；叶通常倒卵形，基部楔形，叶柄较短或近无柄…… 早锦带花*W. praeccox*（Lemoine）Bailey

（2）荚蒾属*Viburnum* L.

1. 花全为孕性花；叶不分裂，有星状毛 …………………… 暖木条荚蒾*V. burejaeticum* Regel et Herd

1. 花有不孕性与孕性花；叶通常3裂，无星状毛 …………………… 鸡树条荚蒾*V. sargenti* Koehne.

（3）接骨木属*Sambucus* L.

1. 小叶通常中、上部最宽，基部楔形；圆锥花序大型。

  2. 叶缘锯齿向内弯，叶两面或脉上散生短刚毛；果实红色 …………… 钩齿接骨木*S. foetidissima* Nakai

  2. 叶缘锯齿先端不弯曲，叶无毛或脉上有疏毛；果实红色或红黑色 …… 接骨木*S. williamsii* Hance

1. 小叶通常中、下部最宽，除顶端小叶外，基部多楔圆形至圆形；花序或果序较小

  ………………………………………………………………………… 东北接骨木*S. manshurica* Kitag.

（4）忍冬属*Lonicera* L.

1. 灌木状藤本，茎缠绕；花筒长，白色，后黄色 …………………………金银花*L. japonica* Thunb.

1. 茎直立。

  2. 叶基部通常楔形。

    3. 花先叶开放，淡紫色 ………………………………………………早花忍冬*L. praeflorens* Batalin

    3. 花后叶开放，花黄色或黄白色。

      4. 花梗较果短，相邻两果离生；花黄白 …………………… 金银忍冬*L. maackii*（Rupr.）Maxim.

      4. 花梗较果长，相邻两果在基部合生；花黄色 …………………… 黄花忍冬*L. chrysantha* Turcz.

  2. 叶基部通常圆形、截形或近心形。

    3. 叶两面无毛，卵形或卵状披针形；花粉红色或白色；两果在中下部合生 ……桃色忍冬*L. tatarica* L.

    3. 叶有短柔毛或天鹅绒状柔毛；两果不结合或仅基部结合或中上部结合。

      4. 果为坛状壳斗包围，成熟时开裂，露出红果。

5.叶小，一般长3～5cm，宽2～3cm，基部最宽，花或果总梗长，5～10（20）mm

　　　　……………………………………………………… 秦岭忍冬*L. ferdinandi* Franch.

5.叶大，一般长5～10cm，宽3～5cm，中下部最宽，花或果总梗短，2～4mm

　　　　…………………………………………………………… 波叶忍冬*L. vescaria* Kom.

4.果无坛状壳斗包围。

　　5.叶革质；花紫色或暗紫色 ……………………………… 藏花忍冬*L. tatarinovii* Maxim.

　　5.叶纸质；花黄色或白色 ……………………………… 长白忍冬*L. ruprechtiana* Regel

（5）六道木属*Abelia* R. Br.

朝鲜六道木*A. biflora* Turcz. var. *coreana*（Nakai）C. F. Fang stat. nov.

（八十七）五福花科Adoxaceae

多年生草本。根状茎横走。基生叶为一至二回三出复叶，茎生叶仅2枚，对生，3裂。花为顶生聚伞花序呈头状，多花，花两性，小型，绿色，辐射对称；花萼2～3裂；花冠合生，上部4～5裂；雄蕊为花冠裂片的2倍，花药1室，内向，着生在花冠上，花柱短，3～5裂，子房半下位，3～5室，每室有1胚珠。果为核果状，有3～5核。

五福花属*Adoxa* L.

五福花*A. moschatellina* L.

（八十八）败酱科Valerianaceae

多年生或一、二年生草本，稀灌木。叶对生、互生或轮生，稀全部基生，羽状分裂或羽状复叶，无托叶。聚伞花序，苞片缺或较小；花小，两性或单性，有时杂性；花萼合生，萼筒与子房贴合，萼裂片在花期多不明显，通常在果期增大或呈冠毛状；花冠合生呈筒状，有时基都一侧偏突或有距，裂片3～5，在花蕾中呈覆瓦状排列；雄蕊1～4，着生于花冠筒上，花药2室；子房下位，3室，每室有1胚珠或仅1室发育结果；花柱1，线形，柱头2～3裂或不裂。果为瘦果，具1种子，种子无胚乳。

分属检索表

1.雄蕊4个；花黄色 ……………………………………………………（1）败酱属*Patrinia*

1.雄蕊3个；花粉红色 ………………………………………………（2）缬草属*Valeriana*

（1）败酱属*Patrinia* Juss.

1.瘦果无翅状苞片；花序大 ……………………………… 败酱*P. scabiosaefolia* Fisch. ex Trev.

1.瘦果具翅状苞片 ………………………………………………… 糙叶败酱*P. scabra* Bunge

（2）缬草属*Valeriana* L.

1.茎生叶对生，羽状裂片5～11枚；花序较疏散。

2.果实无毛，稀有毛 ·························· 北缬草*V. fauriei* Briq.

2.果实密被毛，茎下部密被白毛 ·········· 毛果北缬草*V. fauriei* var. *daycarpa* Hara.

1.茎生叶互生或对生，羽状裂片11~19枚。

2.无匍匐枝，稀具匍匐枝；茎生叶互生，裂片披针形或长圆状披针形 ········· 缬草*V. alternifolia* Bunge

2.通常具匍匐枝；茎生叶全部对生，裂片披针形或卵状披针形

·········· 毛节缬草*V. alternifolia* Bunge var. *stolonifera* Bar. et Skv

（八十九）山萝卜科（川续断科）Dipsacaceae

草本。叶对生或轮生，无托叶。花序头状，具总苞；花两性，两侧对称，同型或异型，有边花和中央花之别，具小总苞；萼筒与子房合生，杯状或筒状，上口斜裂，边缘有刺或全裂成5~20条针刺状或羽毛状裂片；花冠筒状或漏斗状，4~5裂；雄蕊4（2），着生花冠筒上，花药2室，纵裂；雌蕊由2心皮组成，子房下位，1室，有1倒生胚珠。瘦果包于小总苞内。种子含少量肉质胚乳。

分属检索表

1.小总苞坚硬；茎有钩毛 ·························· （1）川续断属*Dipsacus*

1.小总苞革质；茎无钩毛 ·························· （2）山萝卜属*Scabiosa*

（1）川续断属*Dipsacus* L.

川续断*D. japonicus* Miq.

（2）山萝卜属*Scabiosa* L.

山萝卜（华北兰盆花）*S. tschiliensis* Grun.

（九十）葫芦科Cucurbitaceae

一年生或多年生草质或木质藤本。茎匍匐或攀缘，常有沟棱，有卷须。叶互生，通常为单叶，多为掌状分裂，有时为复叶；无托叶。花单性，稀两性，雌雄同株或异株，辐射对称，单生、簇生或集合成各式花序；雄花花托（萼筒）漏斗状、钟状或筒状，花萼及花冠裂片5，雄蕊通常3或5，分离或各式合生，3枚雄蕊者花药中的1枚为1室，另2枚为2室，5枚雄蕊者花药皆为1室，药室通直、弓曲、S形折曲或多回折曲，雌花萼筒与子房合生，花冠裂片5，子房下位或半下位，由3心皮组成，1室、不完全3室或3室，胚珠多数，稀少数至1枚，侧膜胎座，花柱单1，稀3，柱头膨大，2~3裂。果实大型或小型，瓠果、浆果，稀为蒴果，不裂或开裂。种子多数，稀少数或1，通常扁平，无胚乳。

分属检索表

1.花冠裂片全缘或近全缘，非流苏状。

2.雄蕊5，药室卵形而通直。

3.花较小，花冠裂片长不及1cm；果实成熟后盖裂。

 4.叶戟形、三角状披针形，无腺体，果实成熟后由近中部盖裂，种子无翅

  …………………………………………………………（1）盒子草属*Actinostemma*

 4.叶近圆形，基部裂片顶端有1～2对突出的腺体，果实由顶端盖裂；种子顶端有膜质翅

  …………………………………………………………（3）假贝母属*Bolbostemma*

3.花较大，花冠裂片长约2cm；果实不开裂，浆果状 …………（10）赤瓟属*Thladiantha*

2.雄蕊3，极稀5，药室折曲或直立。

 3.花及果小；药室直立；果实成熟后，顶端向基部3瓣开裂 …………（12）裂瓜属*Schizopepon*

 3.花及果中等大或大，药室S形折曲或多回折曲；果实成熟后不裂或仅顶端裂。

  4.花冠辐状，若为钟状则花冠5深裂或近分离。

   5.雄花花托伸长，长2cm左右，花白色，叶柄顶端有2明显腺体 …………（7）葫芦属*Lagenaria*

   5.雄花花托不伸长。

    6.花梗上有盾状苞片；果实表面常有明显的瘤状突起，成熟后有时3瓣裂

    …………………………………………………………（9）苦瓜属*Momordica*

    6.花梗上无盾状苞片。

     7.雄花数花排成总状或聚伞状花序 …………………………（8）丝瓜属*Luffa*

     7.雄花单生或簇生。

      8.叶两面密生硬毛；花萼裂片叶状，有锯齿，反折 …………（2）冬瓜属*Benincasa*

      8.叶两面生柔毛状硬毛；花萼裂片钻形，近全缘，不反折。

       9.卷须分2～3叉；叶羽状深裂 …………………（4）西瓜属*Citrullus*

       9.卷须不分叉；叶3～7浅裂 …………………（5）甜瓜属*Cucumis*

  4.花冠钟状，5中裂；叶具硬毛或刺毛；花黄色，果大 …………（6）南瓜属*Cucurbita*

1.花冠白色，裂片流苏状 ………………………………………（11）栝楼属*Trichosanthes*

（1）盒子草属*Actinostemma* Griff.

盒子草*A. tenerum* Griff.

（2）冬瓜属*Benincasa* Savi.

冬瓜*B. hispida*（Thunb.）Cogn.

（3）假贝母属*Bolbostemma* Franquet.

假贝母*B. paniculatum*（Maxim.）Franquet.

（4）西瓜属*Citrullus* Forsk.

西瓜*C. lanatus*（Thunb.）Matsum et Nakai

（5）甜瓜属*Cucumis* L.

1.叶裂片顶端钝；果实外表光滑 ……………………………………… 甜瓜*C. melo* L.

1.叶裂片顶端急尖；果外表常有刺状突起 ·· 黄瓜*C. sativus* L.

（6）南瓜属*Cucurbita* L.

1.果梗上有粗棱，于连接果实处稍变粗或扩大成喇叭状；叶常为浅裂至深裂。

　2.果柄扩大成喇叭状；叶片于脉腋间常有白斑；萼片叶状 ············ 南瓜*C. moschata*（Duch.）Poiret

　2.果柄于连接果实处变粗；叶片于脉腋间无白斑；萼片不为叶状 ············ 西葫芦（菱瓜）*C. pepo* L.

1.果梗圆柱形，上无粗棱，于连接果实处不变粗；叶片常不裂 ·················· 笋瓜*C. maxima* Duch.

（7）葫芦属*Lagenaria* Ser

　葫芦*L. siceraria*（Molina）Standl.（另有瓠瓜var. *hispida*（Thunb.）Hara果实细直而匀长，长60~80cm，可做蔬菜）。

（8）丝瓜属*Luffa* L.

　丝瓜*L. cylindrica*（L.）Roem.

（9）苦瓜属*Momordica* L.

　苦瓜*M. charantia* L.

（10）赤瓟属*Thladiantha* Bunge

　赤瓟*Th. dubia* Bunge

（11）栝楼属*Trichosanthes* L.

　蛇瓜*T. anguina* L.

（12）裂瓜属*Schizopepon* Maxim.

　裂瓜*S. bryoniaefolius* Maxim.

（九十一）桔梗科Campanulaceae

　　一年生或多年生草本，稀木本，植物体通常具乳汁，有时具根状茎，主根常肥大肉质。单叶，互生、对生或轮生，无托叶。花单生或集成聚伞花序，有时为假总状、圆锥状或头状，通常具苞叶。花两性，辐射对称，稀两侧对称，花萼通常5裂，萼筒全部或部分贴生于子房，也有花萼无筒而为全5裂，萼裂片覆瓦状或镊合状排列，宿存；花冠钟状或筒状，稀二唇形，通常5浅裂，稀深裂；雄蕊与花冠裂片同数，互生，通常与花冠分离或贴生于花冠筒上部，花丝基部常扩展，花药2室，纵裂，在两侧对称的花中花药常不等大；雌蕊1枚，子房下位或半下位，稀上位，多为2、3、5室，花柱单一，常有毛，柱头裂片与子房室同数，中轴胎座，稀基生或顶生胎座，胚珠多数。果实多为蒴果，瓣裂、侧面孔裂、纵裂或周裂，或为浆果。种子细小，胚直生，胚乳丰富。

分属检索表

1.花冠辐状，花瓣全裂 ····································· （2）牧根草属*Asyneuma*

1.花冠钟状。

2.茎缠绕 ·· （4）党参属Codonopsis

2.茎直立。

 3.花有花盘 ·· （1）沙参属Adenophora

 3.花没有花盘。

  4.果实由基部孔裂，基生叶常有长柄 ······················· （3）风铃草属Campanula

  4.果实由先端瓣裂，叶无柄或具极短的柄 ··············· （5）桔梗属Platycodon

（1）沙参属Adenophora Fisch.

1.叶轮生或仅一部分互生。

 2.叶全为轮生；花枝均为轮生；花冠近于筒状 ·············· 轮叶沙参A. tetraphylla（Thunb.）Fisch.

 2.叶轮生或一部分叶互生；花枝均为互生或仅最下方者轮生；花冠漏斗状钟形

    ··· 展枝沙参A. divaricata Franch. et Sav.

1.叶全为互生。

 2.叶有柄，叶片卵状披针形、广卵形或心脏形 ················· 荠苨A. trachelioides Max.

 2.叶无柄。

  3.茎生叶线形，全缘或疏生锯齿；花萼无毛 ··············· 狭叶沙参A. gmelinii（Spreng）Fisch.

  3.茎生叶卵形至披针形，边缘疏生锐锯齿；花萼常被毛 ··············石沙参A. polyantha Nakai

（2）牧根草属Asyneuma Griseb. et Schenk.

 牧根草A. japonicum（Miq.）Briq.

（3）风铃草属Campanula L.

1.花大，长3～6.5cm，钟形而下垂，白色或粉红色，具紫斑 ·············紫斑风铃草C.punctata Lam.

1.花小，长1.5～2.5cm，直立，蓝紫色，无斑点 ················ 聚花风铃草C.glomerata L.

（4）党参属Codonopsis Wall.

1.叶3～4枚簇生于短侧枝末端呈假轮生状，叶片无毛·············· 羊乳C. lanceolata（Sieb. et Zucc.）Trautv.

1.叶互生或对生，叶片具毛 ························· 党参C. pilosula（Franch.）Nannf.

（5）桔梗属Platycodon DC.

 桔梗P. grandiflorum（Jacq.）DC.

（九十二）菊科Compositae

  一年生或多年草本、半灌木、灌木或木质藤本，稀为乔木，有时有乳汁。无托叶；叶通常互生，稀对生或轮生，单叶或复叶，全缘、具齿或分裂。花多数，密集成头状花序，外由1至数层总苞片构成的总苞所包围，单生或少至多数排列成总状、聚伞状、伞房状或圆锥状花序；花萼裂片变为冠毛，冠毛鳞片状或刚毛状，生于瘦果顶端，或无冠毛；花冠舌状、管状或二唇状，辐射对称或两侧对称；头状花序盘状或辐射，花同型，即全部为管状花或舌状花，花异型，即边花舌状，中性或为雌花，中央花管状，两性；雄蕊4～5，花药合生成筒状，基部钝、锐尖，截形或具尾，先端有附属物或无；子房下位，心皮2，合生，1室，具1胚珠，花柱先端2裂，花柱分枝先端有附片或无；花托凸起或平，裸露，有托片或托毛。果为瘦果。种子无胚乳，子叶2，稀1。

菊科分类常用术语

附器：指正常器官的附加部分。如矢车菊属、顶羽菊属的总苞片上的附器，它与膜质边缘有明显地区别，膜质边缘是边缘的外延部分，仅是质的不同，而附器则可明显地看出是边远地区附加部分。附器还出现在花药地顶端和基部、花柱分枝地顶端。

头状花序同形（型）：指头状花序中的花，全部为管状花或舌状花。

头状花序异形（型）：指一个头状花序由2种花组成，如向日葵头状花序的外周为舌状花，中央为管状花。此外，头状花序全部由管状花组成，但位于中央的为两性花，而边缘的为雌性花，也统称为异形（型）头状花序。

缘花：指头状花序边缘的花，常指异形头状花序外周的舌状花或雌性的管状花。

盘花：指中央的管状花。一般具舌状缘花的头状花序常作辐射状，而无舌状缘花的头状花序常称作盘状。

假舌状花：两侧对称的雌花或中性花，其舌片先端3齿裂，如多数菊科植物头状花序的缘花。

二唇形花：两侧对称的两性花，外唇舌状，先端3齿裂，内唇2裂，如大丁草。

冠毛：由萼片变态形称的毛片状结构，可分为糙毛状、刚毛状、羽毛状、芒状、刺芒状、鳞片状、冠状等多种类型，有的种无冠毛。冠毛的性状、层数、长度和颜色等，常作为分类的依据。

托片、托毛：在花序托上，每朵花基部的苞片，称为托片，如成毛状则称为托毛。

分族检索表

1.头状花序全为舌状花组成；植物体内有乳汁 ························[11]菊苣族Lactuceae

1.头状花序中央花不为舌状；植物体内无乳汁。

　2.花药的基部钝或微尖。

　　3.花柱分枝圆柱形或于上端呈棒槌状；头状花序盘状，花同型，均为管状花；叶对生

　　·· [1]泽兰族Eupatorieae

　　3.花柱分枝不为圆柱形；头状花序辐射状，边缘有舌状花，或盘状而无舌状花。

　　　4.花柱顶端有披针形或三角形的附器 ·······················[2]紫菀族Astereae

　　　4.花柱顶端通常为截形，稀为钻形，无披针形或三角形的附器。

　　　　5.冠毛不存在，或为鳞片状、芒状或冠状.

　　　　　6.总苞片叶质。

      7.花序托通常有托片；头状花序通常辐状，极少盘状；叶通常对生

         ……………………………………………………………………… [4]向日葵族Heliantheae

      7.花序托通常无托片，稀有刺毛状托片；头状花序辐状；叶互生 …… [5]堆心菊族Helenieae

6.总苞片全部或边缘干膜质；头状花序盘状或辐射状…………………………… [6]春黄菊族Anthemideae

5.冠毛通常毛状………………………………………………………………………… [7]千里光族Senecioneae

  2.花药基部锐尖，戟形或尾形。

    3.花柱顶端有稍膨大而被毛的节；头状花序有同形的管状花 …………………… [9]菜蓟族Cynareae

    3.花柱顶端无被毛的节，分枝顶端截形或有三角形的附器。

      4.头状花序中央；的花，花冠呈不规则深裂或为二唇状 ………………… [10]帚菊木族Mutisieae

      4.头状花序中央的花，花冠整齐，5浅裂，不为二唇状。

        5.冠毛通常为毛状如冠毛不存在时管状花花柱明显2裂 ……………………… [3]旋覆花族Inuleae

        5.冠毛不存在；管状花花柱不裂 ………………………………………… [8]金盏菊族Calenduleae

[1]泽兰族Eupatorieae

1.冠毛膜片状 ……………………………………………………………………………（1）藿香蓟属*Ageratum*

1.冠毛毛状 ………………………………………………………………………………（2）泽兰属*Eupatorium*

（1）藿香蓟属*Ageratum* L.

1.总苞片外有腺毛 …………………………………………………………… 熊耳草*A. haustonianum* Mill.

1.总苞片外无腺毛，通常无毛或仅具疏毛 …………………………………………藿香蓟*A. conyzoides* L.

（2）泽兰属*Eupatorium* L.

    林泽兰*E. 1indleyanum* DC.

[2]紫菀族Aatereae cass.

1.外层总苞片大，叶状，内层膜质；冠毛2层，外层膜质，环状，内层毛状 ……（2）翠菊属*Callistephus*

1.外层总苞片不为叶状；冠毛1至多层，毛状或膜片状或无冠毛。

  2.无冠毛；总苞片近等长 …………………………………………………………（6）雏菊属*Bellis*

  2.有冠毛；膜片状或毛状。

    3.冠毛极短，膜片状或芒状，长度不超过2mm …………………（5）马兰属（鸡儿肠属）*Kalimeris*

    3.冠毛长，糙毛状，长度在3mm以上。

      4.总苞2层，狭而等长；花柱分枝附器短三角形；舌状雌花1至多层 …………（3）飞蓬属*Erigeron*

      4.总苞多层，覆瓦状排列；花柱分枝附器披针形，舌状雌花1层。

        5.管状花花冠两侧对称，1裂片较长，舌状花冠毛不发达，毛状或膜片状

        ……………………………………………………………………………（4）狗娃花属*Heteropappus*

5.管状花花冠辐射对称，5裂片等长，舌状花及管状花的冠毛均为等长的糙毛状。

  6.冠毛1~2层，外层极短或膜片状，内层糙毛状，花后不伸长。

    7.瘦果圆柱形，两端稍长 ···（7）东风菜属*Doellingeria*

    7.瘦果稍扁，长圆形或卵形 ·······································（1）紫菀属*Aster*

  6.冠毛多层，毛状，花后伸长 ··（8）碱菀属*Triplium*

（1）紫菀属*Aster* L.

1.头状花序大，直径1.2~4cm，叶边缘有锯齿或牙齿。

  2.叶具三出脉 ···三脉紫菀*A. ageratoides* Turcz.

  2.叶不具三出脉 ···紫菀*A. tataricus* L.

1.头状花序小，直径5~8mm，密集为伞房状；叶披针形或倒披针形，全缘 ········女菀*A. fastigiatus* Fisch

（2）翠菊属*Callistephus* Cass.

  翠菊*C. chinensis* Nees.

（3）飞蓬属*Erigeron* L.

1.一年生草本，舌状花长8mm ·······································一年蓬*E. annuus*（L.）Pers.

1.多年生草本，舌状花长2.5mm ·····································小飞蓬*E. cannadensis* L.

（4）狗娃花属*Heteropappus* Less.

  狗娃花*H. hispidus* Less.

（5）鸡儿肠属*Kalimeris* Cass.

1.叶全缘；植株密被灰绿色短绒毛 ·································全叶马兰*K. integrifolia* Turcz.

1.叶有齿或分裂；植株疏被毛，非灰绿色毛。

  2.叶质薄。

    3.叶有缺刻状裂片或裂齿 ··裂叶马兰*K. incisa*（Fisch.）DC.

    3.叶羽状深裂 ···蒙古马兰*K. mongolica*（Frand.）Kitam.

  2.叶质厚，近革质，边缘具疏齿或全缘 ·····················山马兰*K. lautureana*（Debex.）Kitam

（6）雏菊属*Bellis* L.

  雏菊*B. perennis* L.

（7）东风菜属*Doellingeria* Nees.

  东风菜*D. scaber*（Thunb.）Ness.

（8）碱菀属*Tripolium* Nees.

  碱菀（铁杆蒿）*T. valgare* Nees.

[3]旋覆花族Inulaeae Cass.

1.雌花花冠细管状，植物体被绵毛 ·································（3）薄雪草属*Leontopodium*

1.雌花花冠舌状或管状，植物体不被绵毛。

　2.有冠毛；雌花舌状，黄色 ··· （2）旋覆花属*Inula*

　2.无冠毛；雌花管状。

　　3.两性花结实，雌花多层；瘦果有纵肋，先端具喙 ················· （1）金挖耳属*Carpesium*

　　3.两性花不结实，雌花一层；瘦果无纵肋 ················· （4）和尚菜属*Adenocaulo*

（1）金挖耳属*Carpesium* L.

　　杓儿菜*C. divaricatum* Sieb. et Zucc.

（2）旋覆花属*Inula* L.

1.叶近革质，有光泽，背面脉凸出；瘦果无毛 ·························· 柳叶旋覆花*I. salicina* L.

1.叶草质，脉不凸出；瘦果被毛。

　2.叶线状披针形，边缘反卷，基部渐狭，无叶耳；总苞外面有腺 ······ 线叶旋覆花*I. linariaefolia* Turcz.

　2.叶长圆状披针形或披针形，边缘平展，有耳；总苞外面有毛、有腺或无。

　　3.叶长圆状披针形或广披针形，基部宽大心形，有耳 ··················· 欧亚旋覆花*I. britannica* L.

　　3.叶披针形或线状披针形，基部渐狭，有小耳 ·················· 旋覆花*I. japonica* Thunb.

（3）薄雪草属*Leontopodium* R. Br.

　　薄雪草*L. leontopodides* Beauv.

（4）和尚菜属*Adenocaulon* Hook

　　和尚菜*A. himalaicum* Edgew.

[4]向日葵族Heliantheae

1.头状花序单性。

　2.雄花序的总苞1列，分离 ·· （9）苍耳属*Xanthium*

　2.雄花序的总苞连合为一浅杯状 ··· （1）豚草属*Ambrosia*

1.头状花序中具单性花和两性花，或全为两性花组成。

　2.冠毛异型，舌状花冠毛毛状，管状花冠毛膜片状；总苞片5，质薄，近等长；瘦果圆锥状，有棱，通常腹背扁平 ····································· （12）牛膝菊属*Galinsoga*

　2.无冠毛或冠毛同型，星状或芒状。

　　3.植株无树脂状汁液；瘦果边缘有翼，先端凹陷，无冠毛 ········· （11）松香草属*Siliphium*

　　3.植株有树脂状汁液。

　　　4.舌状花宿存在果实上，随果实脱落；叶无柄，抱茎 ·············· （10）百日菊属*Zinnia*

　　　4.舌状花不宿存于果实上，叶有柄，不抱茎。

　　　　5.总苞片被头状有柄的腺毛 ································ （8）豨莶属*Siegesbeckia*

　　　　5.总苞片上无头状有柄的腺毛。

6.冠毛为芒状或芒刺。

    7.果上端有喙 ···（4）秋英属*Cosmos*

    7.果上端无喙 ···（2）鬼针草属*Bidens*

6.冠毛不存在，或为膜片状、尖齿状或鳞片状。

    7.花序托突出呈圆锥状或圆柱状 ·····································（7）金光菊属*Rudbeckia*

    7.花序托平或稍突起。

      8.舌状花为黄色或黄褐色。

        9.叶不裂，边缘有锯齿 ···（6）向日葵属*Helianthus*

        9.叶不裂，但边缘全缘或为羽状分裂 ·····················（3）金鸡菊属*Coreopsis*

      8.舌状花冠为白、红或紫色。

        9.地下有块根；叶一至三回羽状全裂，裂片卵形或长圆状卵形 ···（5）大理菊属*Dahlia*

        9.地下无块根；叶二回羽状全裂，裂片线形或丝状线形 ·········（4）秋英属*Cosmos*

（1）豚草属*Ambrosia* L.

1.雄头状花序的总苞无肋；茎下部叶常为二回羽状深裂，上部叶羽状分裂 ·········豚草*A. artemisiifolia* L.

1.雄头状花序的总苞有3肋；下部叶3~5裂，上部叶3裂；稀不裂仅具锯齿缘 ··········三裂豚草*A. trifida* L.

（2）鬼针草属*Bidens* L.

1.瘦果狭楔形、楔形或倒卵状楔形，顶端截形。

    2.单叶，不分裂，仅边缘有疏锯齿 ·································柳叶鬼针草*B. cernua* L.

    2.叶分裂，或为羽状复叶或三出复叶。

      3.茎中部叶为羽状复叶，小叶具明显的叶柄；管状花冠5裂 ·········大狼把草*B. frondosa* L.

      3.茎中部叶为羽状深裂，裂片无柄；管状花冠4裂。

        4.头状花序宽与高几乎相等；瘦果长6~11mm ·············狼把草*B. tripartita* L.

        4.头状花序宽大于高；瘦果长3~4.5mm ·············羽叶鬼针草*B. maximowiczii* Oett.

1.瘦果线形，先端渐狭。

    2.瘦果顶端有芒刺2个；管状花冠4裂；叶二至三回羽状深裂，裂片宽约2mm

      ···小花鬼针草*B. parviflora* Willd.

    2.瘦果顶端有芒刺3~4个；管状花冠5裂。

      3.裂片边缘具较整齐而均匀的锯齿 ·············金盏银盘*B. biternata*（Lour.）Merr. et Sherft

      3.裂片边缘具稀疏不整齐的锯齿 ·································鬼针草*B. bipinnata* L

（3）金鸡菊属*Coreopsis* L.

1.管状花及舌状花黄色，茎下部叶全缘，匙形或线状倒披针形 ···················剑叶金鸡菊*C. lanceolata* L.

1.管状花红褐色，舌状花上部黄色，基部红褐色；茎下部叶二回羽状全裂

    ···两色金鸡菊（蛇目菊）*C. tinctoria* L.

（4）秋英属*Cosmos* Cav.

1.二回羽状全裂叶，裂片线形或丝状线形；舌状花冠红色，紫色或白色

         …………………………………………… 秋英（大波斯菊）*C. bipinnata* Cav.

1.二回至三回羽状深裂叶，裂片披针形或长圆状披针形；舌状花冠黄色

         …………………………………………… 黄秋英（硫黄菊）*C. sulphureus* Day

（5）大理菊属*Dahlia* Cav.

    大理菊*D. pinnata* Cav.

（6）向日葵属*Helianthus* L.

1.一年生草本；地下无块茎；叶基部心形或截形 ………………… 向日葵*H. annuus* L.

1.多年生草本；地下有块茎；叶基部宽楔形. ………………… 菊芋*H. tuberosus* L.

（7）金光菊属*Rudbeckia* L.

    黑心金光菊*R. hirta* L.

（8）豨莶属*Siegesbeckia* L.

1.花序梗密被开展长柔毛和腺毛 ………………… 毛豨莶*S. pubescens* Makino

1.花序梗被短伏柔毛无腺毛 ………………… 光豨莶*S.glabrescens* Makino

（9）苍耳属*Xanthium* L.

    苍耳*X. sibiricum* Patrin

（10）百日菊属*Zinnia* L.

    百日菊*Z. elegans* Jacq.

（11）松香草属*Siliphium* L.

    串叶松香草*S. perfoliatum* L.

（12）牛膝菊属*Galinsoga* Ruiz et Pau

    牛膝菊（辣子草）*G. parvifora* Cav.

[5]堆心菊族Helenieae

1.叶对生；总苞1层，通常结合，等长 …………………………… （2）万寿菊属*Tagetes*

1.叶互生；总苞片1～2层，分离，近等长或覆瓦状排列 ………… （1）天人菊属*Gaillandia*

（1）天人菊属*Gaillandia* Fong.

    天人菊*G. pulchella* Foug.

（2）万寿菊属*Tagetes* L.

1.花序梗顶端膨大呈喇叭状；舌状花筒部长于冠毛或等长 ………… 万寿菊*T. erecta* L.

1.花序梗顶端稍增粗，但不呈喇叭状；舌状花筒部短于冠毛 ………… 孔雀草*T. patula* L.

[6]春黄菊族Anthemideae

1.花序托有托片；头状花序于茎尖排列成伞房状 ······················ （1）蓍属*Achillea*

1.花序托无托片。

  2.头状花序单生或排列成伞房状。

    3.花序全为管状花组成。

      4.中央管状花不育 ······················· （4）线叶菊属（兔毛蒿属）*Filifoium*

      4.中央管状花可育 ······························· （6）石胡荽属*Centipeda*

    3.花序边缘为舌状花。

      4.瘦果有多条细肋或翅状肋 ··················· （3）菊属*Chrysanthemum*

      4.瘦果有3条椭圆形突起纵肋，顶端有2个大腺体 ······ （5）三肋果属*Tripleurospermum*

  2.花序常排列成总状或圆锥状 ··························· （2）蒿属*Artemisia*

（1）蓍属*Achillea* L.

  高山蓍*A. alpina* L.

（2）蒿属*Artemisia* L.

1.花托无托毛。

  2.花序中花全能结实。

    3.二年生草本，三回羽状分裂，最终裂片线形 ···················黄花蒿*A. annua* L.

    3.多年生草本。

      4.两性花花柱分枝先端截形。

      5.茎生叶不分裂，全缘或稍有齿牙 ·····················柳叶蒿*A. integrifolia* L.

      5.茎生叶羽状分裂或3裂。

        6.叶羽轴有栉齿状小裂片。

        7.叶表面暗绿色无毛；叶长5～14cm ··················· 万年蒿*A. sacrorum* Ledeb.

        7.叶表面具不同程度的绒毛；叶长1.5～5cm ············· 毛莲蒿*A. vestita* Wall.

        6.叶羽轴无栉齿状小裂片。

        7.叶边缘有锐锯齿；茎无毛 ··············· 水蒿*A. selengensis* Turcz. ex Bess.

        7.叶边缘无锐齿，茎常有毛。

          8.叶表面无白色腺点。

          9.头状花序直径1mm；茎中部叶裂片宽度不超过2mm ········ 矮蒿*A. feddei* Levl.et Vant.

          9.头状花序直径1.5～3mm；茎中部裂片宽2mm以上。

            10.头状花序近球形，直径2～2.5mm；茎中部叶裂片宽度在5mm以上

            ····················· 阴地蒿*A. sylvatica* Max.

10.头状花序狭钟状，径1.5mm；茎中部叶裂片宽度不超过4mm

　　　　　　　　　　　　　　　　　　　　　　　　红足蒿A. rubripea Nakai

　8.叶表面有白色小腺点。

　　9.茎中、下部叶羽状深裂，裂片椭圆形，边缘有锯齿 ………… 艾蒿A. argyi Levl.et Vant.

　　9.茎中、下部叶羽状深裂至二回羽状深裂，裂片线状披针形，常全缘

　　　　　　　　　　　　　　　　　　　　　　　　野艾蒿A. umbrosa Turcz.

　4.两性花花柱分枝先端渐尖状 ……………………………… 莼蒿A. keiskeana Miq.

2.花序仅边缘小花结实，中心小花不结实。

　3.一年生或二年生草本，叶二至三回羽状分裂，叶裂片线形或线状披针形

　　　　　　　　　　　　　　东北茵陈蒿（猪毛蒿）A. scoparia Waldst et Kirt.

　3.多年生草本。

　　4.叶长圆状倒楔形，通常于上方具不规则缺刻状齿牙 …………牡蒿A. japonica Thunb.

　　4.叶为二回羽状全裂叶，裂片线形 …………………………… 变蒿A. commutata Bess.

1.花托有托毛，小花全部结实 ……………………………… 大籽蒿A. sieversinna Willb.

（3）菊属Dendranthema Gaetn.

1.一年生草本，瘦果有翅肋 ………………………………… 蒿菊D. carinatum Schoush.

1.多年生草本；瘦果无翅肋。

　2.头状花序直径1.5~2cm；叶具假托叶 ……………………………… 野菊D. indicum L.

　2.头状花序直径8~12mm，叶无假托叶 ………… 甘野菊D. lavandulifolium Ling et Shih var. seticuspe Shih

（4）兔毛蒿属Filifolium Kitam.

　兔毛蒿F. sibiricum Kit.

（5）三肋果属Tripleurospermum Sch.–Bip.

　三肋果T. limosum（Max.）Pobed.

（6）石胡荽属Centipeda Lour.

　鹅不食C. minima（L.）A. Braun et Aschers.

[7]千里光族Senecioneae Cass.

1.花柱分枝顶端截形。

　2.花白色或带红色；茎基部叶幼时呈伞状下垂 …………………（4）兔儿伞属Syneilesis

　2.花黄色；茎基部叶不裂或羽状分裂，幼时非伞状下垂 …………（3）千里光属Senecio

1.花柱分枝顶端不为截形。

　2.总苞片1层，基部无小苞片 …………………………………（1）一点红属Emilia

　2.总苞片1层，基部有小苞片 …………………………………（2）三七草属Gynura

（1）一点红属*Emilia* Cass.

缨绒花*E. sagittata*（Vahl.）DC.

（2）三七草属*Gynura* Cass.

土三七*G. segetum*（Lour.）Merr.

（3）千里光属*Senecio* L.

1.叶不分裂。

2.瘦果有毛 ………………………………………… 狗舌草*S. kirilowii* Turcz.

2.瘦果无毛 ……………………… 河滨千里光*S. pierotii* Miq. subsp. subdentatus Kit.

1.叶羽状分裂。

2.花序无舌状花 …………………………………… 欧洲千里光*S. vulgaris* L.

2.花序有明显黄色的舌状花 ……………………… 羽叶千里光*S. argunenaia* Turcz.

（4）兔儿伞属*Syneilesis* Max.

兔儿伞*S. aconitifolia*（Bunge）Max.

[8]金盏菊族Calenduleae

金盏菊属*Calendula* L.

金盏菊*C. officinalis* L.

[9]菜蓟族Cynareae

1.果有平正的基底着生面。

2.果被丝状之密毛；头状花序外具羽裂之总苞片 …………………… （2）苍术属*Atractylodes*

2.果无毛，头状花序外不具羽裂之总苞片。

3.总苞片之顶端钩状刺 …………………………………… （1）牛蒡属*Arctium*

3.总苞片之顶端不具钩状刺。

4.总苞片为刺状，叶缘有刺。

5.冠毛单一，不为羽状 …………………………………… （3）飞廉属*Carduus*

5.冠毛羽状 …………………………………………………… （6）蓟属*Cirsium*

4.总苞片不为刺状；叶缘亦无刺.

5.果有15条细纵肋；总苞片背面有龙骨状附片 …………… （7）泥胡菜属*Hemistepta*

5.果有4棱；总苞片背面无龙骨状附片 …………… （9）风毛菊属*Saussurea*

1.果有歪斜的基底着生面，或侧面着生。

2.总苞片边缘有刺 …………………………………………… （4）红花属*Carthamus*

2.总苞片边缘无刺或本身为刺状。

3.总苞片顶端不具附片，边缘也不为篦齿状。

    4.花药尾部连合；总苞的苞片刺状 ················· （11）山牛蒡属*Synurus*

    4.花药尾部分离；总苞的苞片不为刺状 ················ （10）麻花头属*Serratula*

3.总苞片顶端具干膜质的附片或边缘为篦齿状。

    4.总苞片顶端具干膜质的附片 ··············· （8）祁州漏芦属*Rhaponticum*

    4.总苞片边缘呈篦齿状，顶端无附片 ············· （5）矢车菊属*Centaurea*

（1）牛蒡属*Arctium* L.

牛蒡*A. lappa* L.

（2）苍术属*Atractylodes* DC.

关苍术*A. japonica* Koidz. et Kitam.

（3）飞廉属*Carduus* L.

飞廉*C. crispus* L.

（4）红花属*Carthamus* L.

红花*C. tinctorius* L.

（5）矢车菊属*Centaurea* L.

矢车菊*C. cyanus* L.

（6）蓟属*Cirsium* Adans.

1.头状花序外部的总苞片叶状，披针形，向外展开，中部宽2~3mm

················· 菊牛蒡*C. dipsacolepis*（Max.）Matsum.

1.头状花序外部的总苞片不为叶状。

  2.筒状花的下筒部比冠檐长2~5倍。

    3.头状花序下垂；叶为羽状深裂 ················ 烟管蓟*C. pendulum* Fisch.

    3.头状花序直立，叶全喙或羽状浅裂。

      4.叶全缘或具浅齿裂；头状花序单生茎顶 ··········· 刺儿菜*C. segetum* Bunge

      4.茎中部叶羽状浅裂；头状花序于茎顶排列成伞房状 ········ *setosum* Bieb.

  2.管状花下筒部短；与冠檐近等长或长出1/3~1/2。

    3.叶全缘 ················ 绒背蓟*C. vlassovianum* Fisch.

    3.叶羽裂 ················ 野蓟*C. maackii* Max.

（7）泥胡菜属*Hemistepta* Bunge

泥胡菜*H. lyrata* Bunge

（8）祁州漏芦属*Rhaponticum* Hill.

祁州漏芦*Rh. uniflorum* DC.

（9）风毛菊属（青木香属）*Saussurea* DC.

1.叶不裂，根生叶长圆状椭圆形 ······················· 草地风毛菊*S. amara* DC.

1.叶羽状分裂，至少茎下部叶羽裂。

  2.总苞片顶端有粉红色宽膜质的附属物 ············· 球花风毛菊*S. pulchella* Fisch.

  2.总苞片顶端栉齿状，无宽膜质附属物 ·········· 齿龄青木香*S. odontolepis* Schultz Bip. ex Herder

（10）麻花头属*Serratula* L.

1.瘦果倒圆锥形，淡褐色，冠毛淡黄色 ······················· 麻花头*S. centauroides* L.

1.瘦果矩圆形，长约5mm，淡褐色，冠毛淡褐色 ···················伪泥胡菜*S. coronata* L.

（11）山牛蒡属*Synurus* Iljin

  山牛蒡*S. deltoides*（Ait.）Nakai

[10]帚菊木族Mutisieae Cass.

大丁草属*Leibnitzia* Cass.

  大丁草*L. anadria*（L.）Turcz

[11]菊苣族Lactuceae Cass.

1.冠毛鳞片状；花蓝色，总苞片2层，近等长 ···················（10）菊苣属*Cichorium*

1.冠毛羽状或为单毛。

  2.冠毛羽状。

    3.花托有托毛 ···································（2）猫儿菊属*Achyrophorus*

    3.花托无托毛。

      4.总苞片1层，瘦果有长喙 ···················（11）婆罗门参属*Tragopogon*

      4.总苞片多层，瘦果无喙或短喙。

        5.瘦果上有横皱纹；植株被硬毛 ···············（5）毛连菜属*Picris*

        5.瘦果上无横皱纹；植株不被硬毛 ···········（6）鸦葱属*Scorzonera*

  2.冠毛单一。

    3.叶基生；头状花序单生于花葶上 ···············（8）蒲公英属*Taraxacum*

    3.叶除基生叶外，并有茎生叶；茎上头状花序多致。

      4.头状花序上有80朵以上的花，冠毛2种，一种为较粗的直毛，另一种为极细的曲毛

         ···（7）苦苣菜属*Sonchus*

      4.头状花序具少数的花，冠毛只具直毛。

        5.果圆柱形，有等形的纵肋 ···············（9）还阳参属*Crepis*

        5.果极扁或微扁。

6. 果板扁或稍扁，有2个较宽的侧肋或翅 ……………………………… （4）莴苣属*Lactuca*

6. 果微扁，没有2个较宽的侧肋或翅。

　　7. 果具喙 …………………………………………………………………… （3）苦荬菜属*Ixeris*

　　7. 果无喙 …………………………………………………………… （1）山柳菊属*Hieracium*

（1）山柳菊属*Hieracium* L.

伞花山柳菊*H. umbellatum* L.

（2）猫儿菊属*Achyrophorus* Adans

猫儿菊*A. Ciliatus*（Thunb.）Sch.–Bip.

（3）苦荬菜属*Ixeris* Cass.

1. 茎生叶基部箭形抱茎，边缘全缘或具微齿；瘦果纺锤形 ……………… 多头苦荬菜*I. polycephala* Cass.

1. 茎生叶基部耳状拖茎或基部为楔形；瘦果狭披针形。

　2. 瘦果具长喙，喙与瘦果几乎等长 ………………………………………… 苦菜*I. chinensis* Nakai

　2. 瘦果具短喙，喙长约为瘦果的1/3以下。

　　3. 叶羽状浅裂至深裂 …………………………………………… 抱茎苦荬菜*I. sonchifolia* Hance

　　3. 叶不裂，边缘具波齿裂 ……………………………………… 苦荬菜*I. denticulata* Stebb.

（4）莴苣属*Lactuca* L.

1. 花兰紫色 …………………………………………………………… 紫花山莴苣*L. sibirica* Benth.

1. 花黄色或白色。

　2. 瘦果每面具5~8条纵肋。

　　3. 叶不分裂 …………………………………………………………………… 莴苣*L. sativa* L.

　　3. 叶羽状分裂。

　　　4. 茎下部叶大头倒向羽裂，茎基部及主脉上无棘刺 ………… 毛脉山莴苣*L. raddeana* Max.

　　　4. 茎下部叶倒向羽裂，茎基部及主脉上有棘刺 ………………… 毒莴苣*L. serriola* Torn

　2. 瘦果每面具1条纵肋 ………………………………………………………… 山莴苣*L. indica* L.

（5）毛连菜属*Picris* L.

毛连菜*P. japonica* Thunb. subsp. davurica Kitag.

（6）鸦葱属*Scorzonera* L.

1. 茎分枝，于茎顶着生几个头状花序；乳汁呈灰色 ……………………缴花鸦葱*S. albicaulis* Bunge

1. 茎不分枝，头状花序单生于茎顶；乳汁呈白色。

　2. 叶披针形、长椭圆形，边缘全缘，平直 ……………………………… 鸦葱*S. glabra* Rupr.

　2. 叶卵状披针形或卵状椭圆形，边缘显著波浪状弯曲 ……………桃叶鸦葱*S. sinensis* Lipsch et Krasch.

（7）苣荬菜属*Sonchus* L.

1. 多年生草本；有根茎；花轴上无腺毛，叶边缘具稀疏的波状牙齿或为羽状浅裂

.... 苣荬菜 *S. brachyotus* DC.

1.一年生草本；没有根茎；花轴上常有腺毛，叶羽状深裂至全裂 .... 苦苣菜 *S. oleraceus* L.

（8）蒲公英属 *Taraxacum* L.

1.花白色 .... 白花蒲公英 *T. pseudo-albidum* Kit.

1.花黄色 .... 蒲公英 *T. mongolicum* Hand-Mazz.

（9）还阳参属 *Crepis* L.

　　无耳还阳参 *C. tectorum* L. var. *segetalis* Roth.

（10）菊苣属 *Cichorium* L.

　　菊苣 *C. intybus* L.

（11）婆罗门参属 *Tragopogon* L.

　　远东婆罗门参 *T. orientalis* L.

（九十三）香蒲科 Fyphaceae

　　多年生草本，具根状茎。茎通常直立而不分枝。叶线形，互生，无柄。雌雄同株。花单性，无花被，密集形成顶生穗状花序，常混有毛状的小苞片。雄花有雄蕊 1～3（8）枚；雌花为单心皮雌蕊，子房上位，1室。瘦果，种子有胚乳。

香蒲属 *Typha* L.

1.肉穗花序上的雄花序与下面的雌花序相连接。

　　2.雌蕊柄上的长毛较花柱长，而较柱头短、等长或稍长；花粉粒单一 .... 香蒲 *T. orientalis* Presl.

　　2.雌蕊柄上的长毛明显短于柱头；花粉粒为四合体 .... 宽叶香蒲 *T. latifolia* L.

1.肉穗花序上方的雄花序与下方的雌花序不相接。

　　2.植株高大，通常高1.5m以上；叶通常宽5mm以上；果穗圆柱形，长8cm以上 ....

　　狭叶香蒲（水烛）*T. angustifolia* L.［大苞香蒲 *T. angustifolia* L. var. *angustata*（Bory et Chaub）Jord. 植株

　　通常高2m以上；茎粗壮；叶宽8～10mm；雄花穗长达25cm，径约9mm，在花未开放时，其上缠有扁长

　　毛，或顶端分叉（小苞片），果穗长达20cm］。

　　2.植株较矮小，通常高1m左右；叶宽5mm以下；果穗长圆形、椭圆形至短圆柱形，长6cm以下，叶鞘上

　　部长有叶片 ....短穗香蒲 *T. laxmanni* Lepech.［达香蒲 *T. laxmanni* Lepech. var. *davidiana*

　　（Kronf.）C. F. Fang. 雌花穗中除正常发育的雌蕊外，常混有1～3（4）个簇生的、上部膨大成匙形的

　　不育雌蕊］。

（九十四）黑三棱科 Sparganiaceae

　　多年生沼泽或水生草本，具根状茎。叶互生，线形，无柄。花单性，雌雄同株，头状花序，球形，有梗或无梗，雄头状花序在上部，雌头状花序在下部，花序上具叶状苞片；

花被片3～6，鳞片状，膜质；雌头状花序（1）3～4（6），雄头状花序1～6，雄蕊3～5，子房上位，1（～3）室。果实为干果，不开裂。种子1。

黑三棱属*Sparganium* L.

1.圆锥花序的侧枝上具有雄性及雌性的头状花序；子房无柄……………………黑三棱*S. coreanum* Levl.

1.圆锥花序的侧枝上只有一个雌性的头状花序……………………小黑三棱*S. emersum* Rehm.

（九十五）眼子菜科**Potamogetonaceae**

水生草本，稀沼生，具根状茎，茎常具关节。叶沉入水中或漂浮于水面，对生或互生，全缘或有细齿。花小，两性或单性，排列成穗状或聚伞状花序；花被片4～6或无；雄蕊1～4；雌蕊1～9，子房单室含1胚珠。果为核果或瘦果。种子无胚乳。

眼子菜属*Potamogeton* L.

1.叶有沉水叶和浮水叶两型。

 2.浮水叶大型，长常超过4cm，宽超过2cm。

  3.沉水叶较狭呈柄状，果长4～5mm ……………………浮叶眼子菜*P. natans* L.

  3.沉水叶较宽，有柄，有明显的叶片，常为披针形，果长3～3.5mm………眼子菜*P. distinctus* A. Benn.

 2.浮水叶小型，长常不及4cm，宽不及2cm，果无鸡冠状突起，喙较短，浮水叶长圆形或披针形

  …………………………………………小浮叶眼子菜*P. mizuhikimo* Makino

1.叶全部为沉水叶。

 2.叶有柄。

  3.叶具长柄，长2～6cm，叶片线状长圆形，长6～20cm，宽0.8～2cm ……竹叶眼子菜*P. malaianus* Miq.

  3.叶具短柄，长约0.5cm，叶长圆状披针形，长8～12cm，宽1～2cm ………光叶眼子菜*P. 1ucens* L.

 2.叶无柄。

  3.叶较宽，广披针形或线状披针形，基部不抱茎，边缘有波皱 ………菹草*P. crispus* L.

  3.叶较狭，边缘无波皱。

   4.托叶与叶基部合生而围茎成鞘。

    5.茎多分枝；叶缘具微齿，叶片狭线形，长3～5cm，宽2～3mm

    …………………………………………微齿眼子菜*P. maackianus* A. Benn.

    5.茎顶端分枝，叶全缘，狭线形，长3～10cm，宽1–2mm …………龙须眼子菜*P. pectinatus* L.

   4.托叶与叶鞘分离，有时托叶下部呈鞘状。

    5.托叶下部合生成筒状，叶细，宽在1.5mm以下，果长1.5～2mm ………小眼子菜*P. pussilus* L.

    5.托叶下部不合生成筒状，茎扁平，叶宽2～4mm，顶端锐尖，果长3.5～4.5mm

    …………………………………………柳叶眼子菜*P. compressus* L.

（九十六）茨藻科Najadaceae

沉水草本，淡水或咸水中均有生长。茎细弱，多分枝。叶线形或丝状，对生或轮生，边缘有刺或齿，基部有叶鞘。花小，腋生，单性同株或异株；雄花具瓶状苞片，紧包雄蕊，雄蕊1，花药近无花丝，1～4室，顶部开裂；雌花无花被，雌蕊1，子房1室，具1基底胚珠，柱头2～3（4）。果实瘦果状，不开裂，常包藏在叶鞘内。种子无胚乳，外种皮具网隙，胚直立。

茨藻属Najas L.

1.植株较粗壮，茎上有尖锐短刺；叶鞘全缘，有时或有不明显的齿，叶宽1.5～3mm，边缘有粗齿
·· 茨藻N. marina L.

1.植株纤细，茎上无刺或有稀疏刺毛；叶鞘上缘有齿，叶宽1mm以下，边缘有细齿或仅有齿尖。

  2.叶片反曲，呈锥形，向先端渐尖锐，叶缘有多细胞的齿 ·················· 小茨藻N. minor All.

  2.叶片直伸或斜展，纤细，不反曲，边缘仅有2～3个细胞的齿或仅有齿尖。

    3.叶耳为狭长的三角形，稀圆形；花药1室 ·················· 细叶茨藻N. graminea Del.

    3.叶耳圆形至截形或无；花药4（2）室 ·················· 丝叶茨藻N. japonica Nakai

（九十七）水麦冬科Juncaginaceae

多年生草本，稀一年生。叶多线形，直立，横切面多半圆形，稀扁平，基部有叶鞘和叶舌。花两性或单性，总状花序或穗状花序，花被裂片2～6；雄蕊3或6，常贴生于花被片的基部，花药无花丝，2室，纵裂；心皮3或6，离生或合生，每心皮有胚珠1，花柱短或无。果实为离心皮果或为合心皮果，成熟后分裂成果瓣。种子有或无胚乳，胚直立。

水麦冬属Triglochin L.

  水麦冬T. palustre L.

（九十八）泽泻科Alismataceae

水生或沼泽生草本，常具匍匐茎。叶基生，有鞘。花两性或杂性，雌雄同株或异株，轮生总状或圆锥状花序；花被片6，2轮；雄蕊6，或多数，稀3枚，雌蕊6至多数，离生，排列成轮状，或生于凸起的花托上，1室，胚珠1～2粒，花柱短或无。瘦果，具1粒种子；种子无胚乳。

分属检索表

1.花两性；叶披针形、椭圆形至宽卵形 ·················· （1）泽泻属Alisma

I.花单性或杂性；叶箭形或戟形 ·················· （2）慈姑属Sagittaria

（1）泽泻属*Alisma* L.

泽泻*A. orientale*（Sam.）Juz.

（2）慈姑属*Sagittaria* L.

1.叶箭头形，基部裂片的长度为叶全长的1/2 ~ 2/3 ·········· 慈姑*S. trifolia* L.（狭叶慈姑*S. trifolia* L. var.

angustifolia（Sieb.）Kitag. 叶裂片狭，线状披针形或披针形。）

1.叶戟形或箭头形，基部裂片长度仅为叶全长的1/4 ~ 1/3，稀叶为披针形或长圆形，基部圆形

·· 小慈姑*S. natans* Pall.

（九十九）花蔺科**Butomaceae**

多年生水生草本，具有横走的根状茎。叶基生。花整齐，两性；萼片3，花瓣状；花瓣3；雄蕊9，花药纵裂，底着药；雌蕊由基部合生的6个心皮组成，侧膜胎座，每个心皮有多数胚珠。果实由6个蓇葖果排列轮状。种子无胚乳，胚直立。

花蔺属*Butomus* L.

花蔺*B. umbellatus* L.

（一〇〇）水鳖科**Hydrocharitaceae**

水生草本。单叶互生、对生或轮生，沉水或漂浮。花单性，稀两性；雌雄异株或同株，排列在2（3）裂的佛焰苞内；雄花常单生；萼片3；花瓣3（0）；雄蕊3 ~ 12，排成1至数轮；雌蕊由3至多数心皮组成，子房下位，1室或假多室，侧膜胎座。果实膜质或内质。种子数粒至多数，无胚乳。

分属检索表

1.沉水植物，叶线形或带状。

　2.茎发达；叶轮生，线形 ······································ （1）黑藻属*Hydrilla*

　2.茎不发达；叶全为基生叶 ································ （3）苦草属*Vallisneria*

1.浮水植物；叶心形 ·· （2）水鳖属*Hydrocharis*

（1）黑藻属*Hydrilla* Rich.

黑藻*H. varticillata*（L. f.）Royle

（2）水鳖属*Hydrocharis* L.

水鳖*H. dubia*（Blume）Back.

（3）苦草属*Vallisneria* L.

苦草*V. spiralis* L.

（一〇一）禾本科Gramineae（Poaceae）

一年生、二年生或多年生草本，稀为木本，常具根状茎或匍匐茎。秆通常圆柱形，中空，稀实心，节实心。叶互生，呈2行排列，叶由叶鞘、叶舌及叶片组成，叶舌生于叶鞘与叶片连接处的内侧，通常膜质，有时为一圈毛所代替，稀无叶舌，有时在叶鞘顶端叶片基部尚有耳状附属物称为叶耳；叶片线形或丝状，稀披针形至卵形。花序由小穗组成，位于主秆或分枝的顶端，呈穗状、总状、头状、圆锥花序；花两性，稀单性，花由2或3鳞被（稀多达6或缺如者）、雄蕊3（稀为1、2、4、6或更多）及具2（稀1或3）花柱的一个子房构成；子房内含1倒生胚珠。果实为颖果，稀为囊果、坚果或浆果，胚乳较大，含大量淀粉，胚微小，颖果上具点状或线状种脐。小穗由1至多数小花组成，相对而互生于小穗轴上，小穗最下部2枚（稀1或3，有时缺）鳞片状的苞片特称为颖，位于最下方者称第一颖，其上一个称第二颖；每一花下具2（稀1）鳞片状苞片特称为稃，位于下方者称为外稃，上方者称内稃，内稃通常膜质，有时很小或缺如。

禾本科分类常用术语

沙套：黏附于根外的细砂粒而形成的鞘状物。

基盘：小花或小穗基部加厚变硬的部分。

小穗轴：着生小花及颖片的轴。

小穗两侧压扁：指小穗两侧的宽度小于背腹面的宽度。

小穗背腹压扁：指小穗背腹面的宽度小于两侧的宽度。

芒：颖、外稃或内稃的脉所延伸成的针状物。

膝曲：秆节或芒作膝关节状弯曲。

芒柱：芒的膝曲以下部分，常作螺旋状扭曲。

芒针：芒的膝曲以上部分较细而不扭转。

穗轴：穗状花序或穗形总状花序着生小穗的轴。

分族检索表

1.秆木质，叶具叶柄，分枝在茎上部 ……………………………………………………… [1]毛竹族Phyllostachydeae
1.秆草质，叶无叶柄，分枝在茎基部。

  2.小穗含多数花乃至一花，通常多少有些两侧压扁，脱节于颖上，不孕花如存在时，蔺草族外，通常均位于成熟花之上；小穗轴大都延伸至上部花之内稃后而成一细柄或类似一刚毛。

    3.小穗无柄或几无柄，排列为穗状花序或穗形之总状花序（后者常由2枚至多枚沿主轴排列成圆锥花序或指状复花序）。

      4.小穗位于穗轴的两侧，排列为顶生的穗状花序 ……………………………… [3]大麦族Hordeeae

      4.小穗位于穗轴的一侧，排列为穗状花序或穗形总状花序，再由多枚穗形总状花序沿主轴排列成

　　圆锥及指状的复花序 ··· [4]虎尾草族Chlorideae

3.小穗具柄，排列为一开展或收缩的圆锥花序。

　　4.小穗通常1花，外稃具1～5脉 ··[6]剪股颖族Agrostideae

　　4.小穗通常2花至多花，如为1花时则其外稃具数脉乃至多脉。

　　　5.小穗为3花，1两性花位于二不孕花之上；或二不孕花退化，仅为含一花的小穗

　　　　···[7]虉草族Phalarideae

　　　5.小穗非为上述情况，通常含1枚或更多的两性花，位于不孕花之下。

　　　　6.第二颖大多等长或较长于第一花（有时于菭草属Koeleria可稍短），芒如存在，大部膝曲而

　　　　　基部扭转，通常生于外稃脊部或其二裂片间····················· [5]燕麦族Aveneae

　　　　6.第二颖通常较短于第一花（在早熟禾属Poa及芦苇属Phragmites等可相等或较长）；芒如存

　　　　　在，则劲直，通常自外稃之顶端伸出·························· [2]羊茅族Festuceae

2.小穗含2花或仅含1花，背腹压扁或呈圆筒形，亦稀可为两侧压扁，脱节于颖之下（野牡草属

　Arulndinella例外），不孕花如存在时，则位于成熟花之下，小穗轴从不延伸。

　3.小穗的二颖退化至不可见或残留于小穗柄的顶端，而形成二半月形之构造，有时具二枚不孕之外

　　稃，位于一顶生成熟花之下 ·· [8]稻族Oryzeae

　3.小穗的二颖甚为发达，或有时其第一颖微小或缺如。

　　4.第二花之外稃及内稃通常质地坚韧，较其颖为厚。

　　　5.穗单生或孪生，脱节于颖之下；第二花之外稃通常无芒，且其基盘无毛 ········[9]黍族Paniceae

　　　5.小穗成对（孪生）或稀可单生，脱节于颖上；成熟的外稃大都具芒，基盘亦常有毛

　　　　·· [10]野牡草族Arundinelleae

　　4.第二花之外稃及内稃均为膜质或透明质，较其颖为薄。

　　　5.小穗通常仅含1花，第一颖微小或退化而缺如；花序为穗状花序或穗形之总状花序

　　　　··· [11]结缕草族Zoysieae

　　　5.小穗含2花，下方的1小花常退化。

　　　　6.小穗为两性，或成熟小穗与不孕小穗同时混生于穗轴上 ···············[12]蜀黍族Andropogoneae

　　　　6.小穗单性，雌小穗及雄小穗分别位于不同的花序上或在同一花序之相异部分

　　　　　·· [13]玉蜀黍族Maydeae

[1]毛竹族Phyllostachydeae

毛竹属*Phyllostachys* Sieb. et Zucc.

　　刚竹*Ph. bambusoides* Sieb. et Zucc.

[2]羊茅族Festuceae

1.外稃基盘具长丝状软毛 ···（10）芦苇属*Phragmites*

1.外稃基盘无毛或有毛，其毛存在时，大部均短于稃体。

  2.外稃具1~3脉（如具3~5脉，则其上部叶鞘内1隐藏小穗），其脉通常明显。

    3.外稃通常无芒，或于先端2裂齿间生一小尖头，叶片于叶鞘顶端有关节，故叶片易自其上脱落

    ··（7）隐子草属*Cleistogens*

    3.外稃无芒，叶片于叶鞘顶端无关节，故并不自叶鞘上脱落。

      4.颖果先端具喙，成熟时将内、外稃挤开而外露 ·········（9）龙常草属*Diarrhena*

      4.颖果先端无喙，成熟时仍为内、外稃所包藏 ·········（8）画眉草属*Eragrostis*

  2.外稃内具5脉至多数脉。

    3.外稃具5~9脉，其脉明显；叶鞘全部或仅下部闭合。

      4.花柱着生于子房前下方；颖果黏着于内稃 ·············（6）雀麦属*Bromus*

      4.花柱着生于子房顶端；颖果与内稃分离。

        5.第一颖常具3脉，第二颖具5脉；小穗柄细弱而弯曲，小穗顶端花相互覆盖成一球状体

        ··（4）臭草属*Melica*

        5.第一颖1脉，第二颖3脉；小穗顶端花不成一球状体 ·········（5）甜茅属*Glyceria*

    3.外稃仅具3~5脉，其脉明显；叶鞘边缘大都互相覆盖而不闭合。

      4.外稃背部具脊。

        5.小穗近无柄，密集生于圆锥花序分枝的一侧 ·········（11）鸭茅属*Dactylis*

        5.小穗有柄，圆锥花序紧缩或开展；外稃脊与边脉通常贴生柔毛，基盘具柔毛

        ··（2）早熟禾属*Poa*

      4.外稃背部圆形。

        5.外稃顶端尖或有芒，诸脉在顶端汇合 ·················（1）羊茅属*Festuca*

        5.顶端钝或缺刻，诸脉平行不于顶端汇合 ·············（3）碱茅属 *Puccinellia*

（1）羊茅属*Festuca* L.

1.叶具披针形叶耳，叶舌及叶耳具纤毛，外稃无芒 ················· 草甸羊茅*F. pratensis* Huds.

1.叶无叶耳，外稃具长直芒，芒长4~8mm ················· 远东羊茅*F. extremiorientalis* Ohwi

（2）早熟禾属*Poa* L.

1.长而明显的根茎.

  2.植株疏丛生，基生叶比秆短得多，扁平或具沟；花序较开展 ·········· 草地早熟禾*P. pratensis* L.

  2.植株密丛生，基生叶与秆近等长，内卷；花序较紧缩 ·········· 细叶早熟禾*P. angustifolia* L.

1.植株不具长而明显的根茎或仅具简短的根头。

2.内稃脊上具细长丝状毛，一年生植物。

 3.外稃的基盘无绵毛，花序分枝光滑 ·································· 早熟禾*P. annua* L.

 3.外稃的基盘有绵毛，花序分枝粗糙 ·················· 白顶早熟禾*P. acroleuca* Steud

2.内稃脊上粗糙或具短纤毛，多年生植物。

 3.叶舌长1mm以下。

  4.顶生叶鞘不超过其叶片的1/2；外稃脊下部1/2具柔毛 ·············· 林地早熟禾*P. nemoralis* L.

  4.顶生叶鞘较长，与叶片等长或稍长；外稃脊下部具柔毛 ·········· 蒙古早熟禾*P. mongolica* Rendle

 3.叶舌长1~5mm。

  4.叶舌长4mm以上；小穗具4~6小花，长5~7mm ········· 硬质早熟禾*P. sphondylodes* Trin.

  4.叶舌长1~4mm；小穗具2~5朵小花，长不及5mm。

   5.圆锥花序狭窄，分枝基部常具小穗，顶生叶鞘位于秆的中部以下，小穗具2~5小花

   ·················· 华灰早熟禾*P. botryoides*（Trin.）Trin.

  5.圆锥花序较宽而疏松，分枝下部裸露。

   6.小穗具2~5小花，外稃长2.5~3mm，宽膜质，边缘其下具铜色或棕色条纹，植株具短根状茎，圆锥花序开展·················· 泽地早熟禾 *P. palustris* L.

   6.小穗具2~3小花，外稃长3mm，淡绿色，植株不具根状茎，圆锥花序狭窄

   ·················· 绿早熟禾*P. viridula* L.

（3）碱茅属*Puccinellia* Parl.

1.小穗具3~4花；花药长约1mm ·················· 星星草*P. tenuiflora* Scribn et Merr.

1.小穗具5~7花；花药长0.3~0.4mm ·················· 鹤甫碱茅*P. hauptiana* V. Krecz.

（4）臭草属*Melica* L.

 臭草（肥马草）*M. scabrosa* Trin.

（5）甜茅属*Glyceria* R. B.

 甜茅*G. triflora*（Korsh.）Kom.

（6）雀麦属*Bromus* L.

 无芒雀麦*B. inermis* Leyss.

（7）隐子草属*Cleistogenes* Keng

1.叶鞘具疣毛，叶片宽4~8mm ·················· 宽叶隐子草*C. nakaii*（Keng）Honda

1.叶鞘除鞘口外其余均平滑无毛，叶片宽4mm以下。

 2.小穗由2~3花组成，内稃的脊延伸成短芒 ·················· 糙隐子草*C. squarrosa*（Trin.）Keng

 2.小穗由3~5花组成，内稃的脊不延伸成芒 ·················· 丛生隐子草*C. caespitosa* Keng

（8）画眉草属*Eragrostis* Beauv.

1.叶鞘脉上、叶片边缘、小穗柄上以及颖及外稃脊上常具腺点。

 2. 小穗宽2～3mm；外稃长2～2.2mm ·························· 大画眉草*E. cillianensis* Link.

 2. 小穗宽1.5～2mm，外稃长1.5～2mm ·················· 小画眉草*E. minor* Host.

1. 叶鞘脉上、叶片边缘、小穗柄上以及颖及外稃脊上均无腺点。

 2. 花序分枝枝腋内有柔毛 ······························· 画眉草*E. pilosa* Beauv.

 2. 花序分枝枝腋内没有柔毛 ······················· 无毛画眉草*E. jeholensis* Honda

（9）龙常草属*Diarrhena* Beauv.

1. 外稃脉上粗糙，第一外稃长4.5～5mm，花序分枝单纯，叶表面具短纤毛 ··· 龙常草*D. manshurica* Max.

1. 外稃脉上近平滑，第一外稃长3～3.5mm，花序分枝可再分枝，叶表面无毛 矢部龙常草*D. yabeana* Kit.

（10）芦苇属*Phragmites* Trin.

1. 叶及叶鞘被白色硬毛；秆节有短柔毛 ················· 毛芦苇*Ph. hirsuta* Kitag.

1. 叶及叶鞘粗糙；秆节无毛 ·················· 芦苇*Ph. australis*（Cav.）Trin.(11)

鸭茅属*Dactylis* L.

 鸭茅*D. glomerata* L.

[3]大麦族Hordeeae

1. 小穗以2枚至数枚着生于穗轴的每一节上。

 2. 小穗仅具1花 ···································· （6）大麦属*Hordeum*

 2. 小穗具2至数花。

  3. 植物体具根茎；叶较硬，灰绿色，颖呈锥形，1～3脉 ······· （5）赖草属*Aneurolepidium*

  3. 植物体不具根茎；叶较软，颖呈长圆状披针形，3～5脉 ········ （4）披碱草属*Clinelymus*

1. 小穗仅以一枚单生于穗轴每一节上。

 2. 外稃具基盘，籽实与内、外稃相黏结 ················· （1）鹅观草属*Roegnelia*

 2. 外稃不具基盘，籽实与内、外稃相分离（毒麦属与内稃黏合）。

  3. 第一颖退化 ···································· （7）毒麦属*Lolium*

  3. 第一颖不退化。

   4. 颖锥状，1脉 ······························· （3）黑麦属*Secale*

   4. 颖卵状，3至多脉 ···························· （2）小麦属*Triticum*

（1）鹅观草属*Roegneria* C. Koch.

1. 外稃的芒较稃体为长，成熟后向外反曲。

 2. 内稃长圆状倒卵形，长仅为外稃的2/3，外稃边缘有长纤毛。

  3. 叶片两片及边缘无毛；常生于平地 ··············· 纤毛鹅观草*R. cillaris* Nevski

  3. 叶片两面及边缘有柔毛；常生于山坡 ········· 粗毛鹅观草*R. ciliaris* Nevski f. *lasiophylla* Kit.

 2. 内稃长圆形较外稃稍短，外稃边缘仅具短纤毛 ············· 中井鹅观草*R. nakai* Kit.

1.外稃有芒，但劲直或稍屈曲；内稃长圆形，与外稃等长或穗短。

　　2.外稃边缘有纤毛。

　　　3.节上具柔毛 ·························· 毛节缘毛鹅观草*R. pendulina*. Nevski var. *pubinodis* Keng

　　　3.节光滑 ······························· 缘毛鹅观草*R. pendulina* Nevski

　　2.外稃边缘无纤毛 ····························· 鹅观草*R. kamoji* Ohwi

（2）小麦属*Triticum* L.

　　小麦*T. aestivum* L.

（3）黑麦属*Secale* L.

　　黑麦*S. cereale* L.

（4）披碱草属*Clinelymus* Nevski

1.穗状花序明显下垂；颖显著短于第一小花 ····················· 老芒麦*C. sibiricus* L.

1.穗状花序直立；颖稍短于或等长于第一小花 ················ 披碱草*C. dahuricus* Turcz.

（5）赖草属*Aneurolepidium* Nevaki

1.小穗轴及外稃均无毛 ··························· 碱草*A. chinense* Kitagawa.

1.小穗轴及外稃均具毛茸 ···················· 赖草*A. secalinum*（Borb.）Kitagawa.

（6）大麦属*Hordeum* L.

1.小穗的颖片均退化为长4.5～6.5cm的细软长芒 ··················· 芒麦草*H. jubatum* L.

1.小穗的颖片基部较宽或呈针状，但长度不超过2cm。

　　2.果实成熟时穗轴逐渐断落，两侧小穗有柄 ········· 野黑麦*H. brevisubulatum* Link.

　　2.果实成熟时穗轴并不断落，两侧小穗无柄 ··············· 大麦*H. vulgare* L.

（7）毒麦属*Lolium* L.

1.颖明显短于小穗，外稃具长达5mm的芒，多年生植物 ·········· 多花毒麦草*L. multiflorum* Lam.

1.颖等长或较长于小穗，外稃具长约10mm的芒，一年生植物 ········· 毒麦*L. tenulentum* L.

[4]虎尾草族Chlorideae

1.花单性，雌雄同株或异株，为低矮具匍匐枝的多年生草本 ·············· （5）野牛草属*Buchloe*

1.花两性。

　　2.穗状花序单独1枚，顶生于秆的顶端 ······················ （2）草沙蚕属*Tripogon*

　　2.穗状花序多枚，排列为圆锥或指状的复花序。

　　　3.圆锥花序 ··································· （4）茵草属*Beckmannia*

　　　3.指状花序。

　　　　4.外稃无芒 ····························· （1）穇属*Eleusine*

　　　　4.外稃有芒 ····························· （3）虎尾草属*Chloris*

（1）穆属*Eleusine* Gaertner

牛筋草（蟋蟀草）*E. indica*（L.）Gaertner

（2）草沙蚕属*Tripogon* Roemer et Schuetes

中华草沙蚕*T. chinensis* Hack

（3）虎尾草属*Chloris* Swartz

虎尾草*Ch. virgata* Swartz

（4）菵草属*Beckmannia* Host.

菵草*B. syzigachne*（Steudel）Fernald

（5）野牛草属*Buchloe* Engelm

野牛草*B. dactyloides*（Nutt.）Engelm

[5]燕麦族Aveneae

1.外稃无芒，或先端具小尖头；小穗从不下垂 ·· 落草属*Koeleria*

1.外稃具芒，芒生于外稃之背部；小穗柄常弯曲而使小穗下垂 ················· （2）燕麦属*Avena*

（1）落草属*Koeleria* Pers.

落草*K. cristata*（L.）Pers.

（2）燕麦属Avena L.

1.外稃有毛，第二外稃有芒 ·· 野燕麦*A. fatua* L.

1.外稃无毛，第二外稃无芒 ··· 燕麦*A. sativa* L.

[6]剪股颖族Agrostideae

1.内稃不存在，2片颖片下部的边缘相互愈合 ····························· （4）看麦娘属*Alopecurns*

1.内稃存在，2片颖片下部的边缘不相互愈合

　2.外稃顶生3叉状的芒 ·· （6）三芒草属*Aristida*

　2.外稃无芒或有一不分叉的芒。

　　3.第一颖多少短于外稃 ·· （3）乱子草属*Muhlenbergia*

　　3.第一颖等长或稍长于外稃。

　　　4.外稃大多膜质薄于颖，有时为草质，而与颖相同，其脉平行，成熟后较疏松包围果实。

　　　　5.小穗轴延伸至内稃后 ·· （1）拂子茅属*Calamagrostis*

　　　　5.小穗轴不延伸至内稃后。

　　　　　6.外稃基盘具长柔毛 ·· （1）拂子茅属*Calamagrostis*

　　　　　6.外稃基盘下不具长柔毛 ··· （2）剪股颖属*Agrostis*

　　　4.外稃质厚于颖，其脉于先端接近或愈合，成熟后紧密包围颖果 ······ （5）芨芨草属*Achnatherum*

（1）拂子茅属*Calamagrostis* Adans

1.小穗轴不延伸至内稃之后，无毛而不呈画笔状；外稃通常比颖短很多，基盘毛明显长于外稃。

2.颖不等长，芒生于外稃的顶端……………………假苇拂子茅*C. pseudophragmites*（Hall. F.）Kael.

2.芒生于外稃中部或中上部。

3.小穗长5~7mm，颖几乎等长，花序长20~40cm ………………拂子茅*G. epigejos*（L.）Roth

3.小穗长8~10mm，颖不等长，花序长18~25cm…………………大拂子茅*C. macrolepis* Litv.

1.小穗轴明显延伸到内稃之后，具长柔毛而呈画笔状；外稃比颖稍短，基盘毛短于或等长于外稃。

　2.基盘毛通常不超过外稃的2/3；小穗较小，长4~5.5mm，稀有6mm

　…………………………………………………………野青茅*C. arundinacea*（L.）Roth.

　2.基盘毛通常超过外稃的2/3，约与外稃近等长

　…………………………………………………………大叶章*C. 1angsdorffii*（Link）Trin.

（2）剪股颖属*Agrostis* L.

1.内稃长为外稃的1/2~2/3 ……………………………多枝剪股颖*A. divaricatissima* Mez.

1.内稃长为外稃的1/3或无内稃。

　2.外稃无芒 …………………………………………………华北剪股颖*A. clavata* Trin.

　2.外稃有短芒 ……………………………………巨药剪股颖*A. macranthera* Chang et Skv.

（3）乱子草属*Muhlenbergia* Schreber

1.植株通常无根状茎 …………………………………………日本乱子草*M. japonica* Steud.

1.植株具长根状茎 ……………………………………………乱子草*M. hugelii* Trin.

（4）看麦娘属*Alopeeurus* L.

　1.芒长7~10mm，伸出于小穗外 …………………………长芒看麦娘*A. ongiaristatus* Max.

　1.芒长2~3mm，稍伸出于小穗外 ……………………………看麦娘*A. aequalis* Sobol.

（5）芨芨草属*Achnatherum* Beauv.

1.花序开展，成熟后分枝开展，基盘钝，叶宽7~12mm，扁平

　…………………………………………远东芨芨草*A. extremiorientale*（Hara）Keng

1.花序紧缩，分枝直立或斜升，基盘尖锐，叶宽3~7mm，常内卷 …………羽茅*A. sibiricum*（L.）Keng

（6）三芒草属*Aristida* L.

　　三芒草*A. adscensionis* L.

[7]虉草族Phalarideae

1.小穗具3花，顶生花为两性花，两侧生花为雄花 ………………………（1）茅香属*Hierochloe*

1.小穗仅顶生花为两性花，而侧生花退化仅存2枚退化花外稃 ……………（2）虉草属*Phalaris*

（1）茅香属*Hierochloe* R. Brown

1.植物体瘦小；小穗长2.5~3mm；颖短于雄花之外稃 ·················· 光稃茅香*H. glabra* Trin.

1.植物体较大；小穗长2.5~5mm，颖长于雄花之外稃 ·················· 毛鞘茅香*H. bungeana* Trin.

（2）虉草属*Phalaris* L.

虉草*Ph. arundinacea* L.

[8]稻族Oryzieae

1.小穗两性，两侧压扁。

  2.小穗仅具一花，于两性花下方无退化花的外稃 ·················· （3）假稻属*Leersia*

  2.小穗虽具一花，但于两性花的下方有2枚退化花的外稃 ·················· （1）稻属*Oryza*

1.小穗单性，雌小穗背腹压扁 ·················· （2）菰属*Zizania*

（1）稻属*Oryza* L.

稻*O. sativa* L.

（2）菰属*Zizania* L.

菰（茭白）*Z. 1atifolia* Stapf

（3）假稻属*Leersia* Swartz

假稻*L. oryzoides*（L.）Sw.

[9]黍族Paniceae

1.小穗基部具不育枝所形成的刚毛。

  2.刚毛相互连接成刺苞，内含1~4小穗 ·················· （7）蒺藜草属*Cenchrus*

  2.刚毛分离，不形成刺苞或有时托附于某些小穗之下。

    3.小穗成熟后与下面的刚毛分离而独自脱落 ·················· （5）狗尾草属*Setaria*

    3.小穗成熟后与下面的刚毛一起脱落 ·················· （6）狼尾草属*Pennisetum*

1.小穗基部不具刚毛。

  2.小穗排列于穗轴一侧，而为穗状花序或为穗形总状花序，这些花序再作指状排列或排列于延伸的主轴上。

    3.穗形总状花序作指状排列 ·················· （4）马唐属*Digitaria*

    3.穗形总状花序作总状排列于延伸的主轴上。

      4.小穗基部具环状之基盘，颖及第一外稃顶端无芒 ·················· （3）野黍属*Eriochloa*

      4.小穗基部不具环状之基盘，颖及第一外稃顶端有芒或具一尖头 ·················· （2）稗属*Echinochloa*

  2.小穗不排列于穗轴之一侧，排列为开展的圆锥花序 ·················· （1）稷属*Panicum*

（1）稷属*Panicum* L.

1.小穗长4～5mm；叶鞘上密被疣毛 ·· 稷*P. miliaceum* L.

1.小穗长2～3mm；叶鞘光滑，或仅边缘具纤毛 ································· 糠稷*P. bisulcatum* Thunb.

（2）稗属*Echinochloa* Beauv.

1.总状花序紧密，花序分枝微作弓形，小穗无芒，微渐尖，无毛或微有小刚毛，第二颖比谷粒短，谷粒
　露出 ··· 稗子*E. frumentacea*（Roxh.）Link.

1.总状花序疏松或紧密，通常倾斜，小穗具芒，稀无芒，第二颖长于谷粒。

　2.小穗淡绿色，长4～5mm ················· 水田稗*E. crusgalli* var. *oryzicoda*（Vasing.）Vasing.

　2.小穗带紫色，芒长2.5～3cm。

　　3.小穗暗紫色，芒长3～5cm ··············· 长芒野稗*E. crusgalli* var. *caudata*（Rosh.）Kitag.

　　3.小穗长短于3cm。

　　　4.小穗芒长5～30mm ··························· 野稗*E. crusgalli*（L.）Beauv.

　　　4.小穗无芒或近无芒 ···················· 无芒野稗*E. crusgalli* var. *submutica*（Mey.）Kitag.

（3）野黍属*Eriochloa* H. B. Kunth

　野黍*E. villosa*（Thunb.）Kunth.

（4）马唐属*Digitaria* Scop.

1.小穗较小，长2～2.5mm，第二颖与小穗等长或稍短 ··· 止血马唐*D. inshaemum*（Schreb.）Schreh. et Muhl.

1.小穗较大，长3～3.5mm，第二颖为小穗长的1/2～3/4。

　2.第二颖及第一外稃通常无长纤毛或仅边缘具短纤毛 ····················· 马唐*D. sanguinalis*（L.）Scop.

　2.第二颖及第一外稃具长纤毛，成熟后向外开展 ···················· 毛马唐*D. ciliaris*（Retz.）KoeL

（5）狗尾草属*Setaria* Beauv.

1.谷粒成熟后与颖片及第一外稃分离而脱落 ··················· 粟（谷子）*S. italica*（L.）Beauv.

1.谷粒成熟后与颖片及第一外稃同时脱落。

　2.刚毛金黄色；小穗长3～4mm ··························· 金狗尾草*S. glauca*（L.）P. B.

　2.刚毛绿色、淡紫色至紫色；小穗长2～3mm。

　　3.小穗长3mm，先端尖；第二颖短于谷粒的1/4··············· .法氏狗尾草*S. faberii* Herrm.

　　3.小穗长2～2.5mm，先端钝；第二颖与谷粒等长。

　　　4.叶宽不到7mm；花序长度不到5cm；野生植物 ············· 狗尾草*S. viridis*（L.）Beauv.

　　　4.叶宽达12cm；花序长达10cm；混生于谷子田中 ······· 谷莠子*S. viridis* Beauv. var. major Peterm.

（6）狼尾草属*Pennisetum* Richard

1.刚毛等长或短于小穗；药室顶端有髯毛 ··················· 御谷*P. americanum*（L.）Leeke

1.刚毛明显短于小穗；药室顶端无髯毛 ··················· 狼尾草*P. alopecuroides*（L.）Spreng.

（7）蒺藜草属*Cenchrus* L.

蒺藜草*C. calyculatus* Cavan.

[10]野牯草族Arundinelleae

野牯草属*Arundinella* Raddi

野牯草*A. hirta*（Thund）Tanaka

[11]结缕草族Zoysieae

结缕草属*Zoysia* Willd.

结缕草*Z. japonica* Steud.

[12]蜀黍族*Andropogon*

1.小穗通常2枚着生于轴节上，小穗同形而且均可成熟，如有柄小穗不能成熟时，则于第一颖背部有沟槽。

  2.穗轴具关节，各节连同着生其上无柄小穗一起脱落。

    3.总状花序1枚或数枚簇生于一短缩的主轴上；第一颖背部有沟槽 ⋯⋯⋯（4）莠竹属*Microstegium*

    3.圆锥花序，中有延长的主轴，第一颖背部无沟槽 ⋯⋯⋯⋯⋯⋯⋯⋯⋯（3）大油芒属*Spodiopogon*

  2.穗轴不具关节，小穗均有柄，而从柄上脱落。

    3.小穗通常有芒（稀无芒），位于一宽扇形的圆锥花序上；高大多年生禾草 ⋯（1）芒属*Miscanthus*

    3.小穗无芒，位于一紧缩、狭窄而呈穗状的圆锥花序上；中型多年生禾草 ⋯⋯⋯（2）白茅属*Imperata*

1.小穗亦为2枚（稀为3枚）着生轴节上，但2枚小穗形状不同，其中有柄小穗常退化不孕，无柄小穗则成熟。

  2.穗轴节间及小穗柄短粗；小穗无芒 ⋯⋯⋯⋯⋯⋯⋯⋯⋯⋯⋯⋯（5）牛鞭草属*Hemarthria*

  2.穗轴节间及小穗柄通常细长；无柄小穗通常有芒。

    3.总状花序作圆锥状、伞房状或指状排列。

      4.无柄小穗第一颖表面具瘤状突起；叶片卵状披针形 ⋯⋯⋯⋯⋯（6）荩草属*Arthraxon*

      4.无柄小穗第一颖表面不具瘤状突起；叶片线形或狭披针形。

        5.无柄小穗第二外稃发育正常，顶端通常2裂，其芒从裂齿中伸出 ⋯⋯⋯（7）蜀黍属*Sorghum*

        5.无柄小穗第二外稃退化成柄状，其上延伸成芒 ⋯⋯⋯⋯⋯⋯（8）细柄草属*Capillipedium*

    3.总状花序单生，下具一佛焰苞，由于主轴重复分枝，形成复合的假圆锥花序

    ⋯⋯⋯⋯⋯⋯⋯⋯⋯⋯⋯⋯⋯⋯⋯⋯⋯⋯⋯⋯⋯⋯⋯⋯（9）菅草属*Themeda*

（1）芒属*Miscanthus* Anderss.

1.第二花外稃无芒⋯⋯⋯⋯⋯⋯⋯⋯⋯⋯⋯⋯⋯⋯荻*M. sacchariflorus*（Maxim）Benth.

1.第二花外稃有芒。

　2.颖背部无毛 ··· 芒*M. sinensis* Anderss.

　2.颖背部有毛 ··· 紫芒*M. purpurescens* Anderss

（2）白茅属*Imperata* Cyrillo

白茅*I. cylindrica*（L.）Beauv.

（3）大油芒属*Spodiopogon* Trin.

大油芒*S. sibiricus* Trin.

（4）莠竹属*Microstegium* Ness

莠竹*M. vimineum*（Trin.）A. Camus

（5）牛鞭草属*Hemarthria* R. Br.

牛鞭草*H. sibirica*（Gandorg.）Ohwi

（6）荩草属*Arthraxon* Beauv.

荩草*A. hispidus*（Thunb）Makino

（7）蜀黍属*Sorghum* Moench

1.无柄小穗长5～6mm，卵状椭圆形 ··················· 蜀黍（蒿粱）*S. bicolor*（L.）Moench Menth

1.无柄小穗长6～8mm，长圆形至长圆状披针形 ······················· 苏丹草*S. sudanense* Piper Stapf

（8）细柄草属*Capillipedium* Stapf

细柄草*C. parviflorum*（R. Br.）Stapf

（9）菅草属*Themeda* Forskal

菅草*Th. japonica*（Will）Tanaka

[13]玉蜀黍族Maydeae

1.雌小穗和雄小穗位于不同的花序上 ·· （1）玉蜀黍属*Zea*

1.雌小穗和雄小穗位于同一花序上 ·· （2）薏苡属*Coix*

（1）玉蜀黍属*Zea* L.

玉米*Z. mays* L.

（2）薏苡属*Coix* L.

薏苡*C. lacryma-jobi* L.

（一〇二）莎草科Cyperaceae

多年生稀一年生草本；多数具根状茎，有时具地下匍匐枝兼具块茎。秆多数实心，稀中空，通常三棱形，稀圆柱形，无节。叶基生或秆生，基部通常有闭合的叶鞘和狭长的叶片，有时仅有叶鞘而叶片退化。苞片禾叶状、秆状、刚毛状、鳞片状、佛焰苞状等多形，基部具鞘或无鞘。花序多种多样，由小穗排列成穗状、总状、圆锥状或长侧枝聚伞花序，有时减少仅为1个小穗，小穗单生、簇生或排列成穗状或头状，通常具2至多数花，有时退化仅具1花，雌雄同株，稀异株，花两性或单性，无梗，基部常有一膜质鳞片，鳞片螺旋状排列或2行排列；无花被或花被退化成下位刚毛或鳞片，稀有近似花瓣状或绢丝状，其数目不一；有时雌花为先出叶形成的果囊所包裹，雄蕊离生，通常3，稀为1~2或较多，花丝线形，花药底着，长圆形或线形；2室；子房一室，1胚珠，花柱1，柱头2~3。果实为小坚果，不开裂，三棱形、双凸状、平凸状或球形，表面平滑或有各式花纹或细点。胚乳丰富，粉质或肉质。

莎草科分类常用术语

莎草科的小穗：莎草科的花通常单生于1鳞片的腋中，鳞片多数或少数成2列或螺旋状排列在一个穗轴上，构成小穗。莎草科的小穗一般可分为:蔗草型、莎草型、苔草型。

先出叶：相当于双子叶植物花序梗基部的苞片。莎草科植物的先出叶生于花序枝的基部或小穗梗的基部。

果囊：先出叶生于雌花的基部，其边缘分离或中部愈合，并不完全包裹雌花，如也有的边缘完全愈合成囊状，并全部包裹雌花，因此称为果囊，如苔草属植物。

下位刚毛：通常认为是由花被变化而来。位于子房的基部，在蔗草族中为倒刺状，在羊胡草属中则为丝状。

小穗雌雄顺序：小穗中上部的花为雌花，下部的花为雄花。

小穗雄雌顺序：小穗中上部的花为雄花，下部的花为雌花。

小坚果平凸形：小坚果稍压扁，其相对的两面，一面平，另一面凸。

小坚果双凸形：小坚果稍压扁，其相对应的两面皆凸。

长侧枝聚伞花序：小穗有柄或无柄，数枚至多数簇生于茎秆的顶端或侧部，若有一部分小穗轴伸长，并且顶端有分枝，分枝的顶端也着生1至多枚小穗，分枝还可伸长再进行分枝，这样的花序称为长侧枝聚伞花序。第一次分枝的小穗轴称第一次辐射枝简单，第二次分枝的小穗轴称第二次辐射枝复出。

分属检索表

1.花单性，雄花中无退化子房，雌花无退化雄蕊；下位刚毛不存；雌花包于囊状苞片（果囊）内

....（10）苔属 *Carex*

1.花两性。

  2.小穗上的颖片作螺旋状排列。

    3.下位刚毛及下位鳞片均不存在。

      4.花柱基部加粗。

        5.花柱基部宿存；叶片常呈丝状 ....（4）球柱草属 *Bulbostylis*

　　5. 花柱基部脱落；叶片不呈丝状 ·············· （3）飘拂草属*Fimbristylis*

　　4. 花柱基都不加粗 ······················ （5）莎草属*Cyperus*

　3. 下位刚毛存在。

　　4. 小穗单一，生于茎的顶端 ·············· （2）荸荠属*Eleocharis*

　　4. 花序具多数小穗 ······················ （1）藨草属*Scirpus*

2. 小穗上颖片作两行排列。

　3. 小穗上有许多两性花。

　　4. 柱头3；小坚果三棱形 ·················· （5）莎草属*Cyperus*

　　4. 柱头2；小坚果为双凸状或平凸状。

　　　5. 小坚果以宽面对向小穗轴 ·············· （6）水莎草属*Juncellus*

　　　5. 小坚果以狭面（棱）对向小穗轴 ·········· （7）扁莎属*Pycreus*

　3. 小穗内只有1朵两性花。

　　4. 于茎顶仅具1个头状花序；柱头2个；小坚果双凸状 ·········· （9）水蜈蚣属*Kyllinga*

　　4. 于茎顶常具3个头状花序；柱头3个；小坚果三棱形 ·········· （8）湖瓜草属*Lipocarpha*

（1）藨草属*Scirpus* L.

1. 在花序下有伸展禾叶状的苞片。

　2. 小穗大，长8~20mm；小坚果大，长3~4mm。

　　3. 柱头3枚，少有2枚；下位刚毛与小坚果等长或稍长；小穗大多着生于花序顶端的辐射枝上

　　　 ···························· 荆三棱*S. fluviatillis*（Torr.）A. Gray

　　3. 柱头2枚；下位刚毛为小坚果的1/2或稍长；小穗常簇生花序之顶端，极稀有1~2个辐射枝

　　　 ······························ 扁杆藨草*S. planiculmis* Schmidt

　2. 小穗小，长2~7mm；小坚果小，长0.7~1.5mm。

　　3. 多年生，植株高大；长侧枝聚伞花序多次复出；下位刚毛存在。

　　　4. 小穗棕色，下位刚毛多少伸出鳞片（颖片）外，通常小穗2~5个集生在末级辐射枝的顶端

　　　 ···························· 庐山藨属*S. 1uschanensis* Bhwi

　　　4. 小穗暗绿色，下位刚毛伸出鳞片外，在末级辐射枝顶端只有一个小穗

　　　 ································ 单穗藨草*S. radicans* Schkuhr.

　　3. 一年生，植株矮小；长侧枝聚花序短缩成头状；下位刚毛无 ·········· 头穗藨草*S. michelianus* L.

1. 在花序下无禾叶状苞片，或仅具由秆所延长的苞片。

　2. 茎圆柱形。

　　3. 花序呈头状，无辐射枝；根茎极短 ·············· 萤蔺*S. juncoides* Roxb.

　　3. 花序分枝，具2~3个辐射枝；根茎发达 ·········· 水葱*S. tabernaemontani* Gmel.

　2. 茎三棱形 ······························ 藨草*S. triqueter* L.

（2）荸荠属*Eleocharis* R. Br.

1.柱头3；小坚果长圆状倒卵形，具三棱；秆细，高仅3～12cm

·· 牛毛毡*E. yokoscensis*（Franch. et Sav.）Tang et Wang

1.柱头2；小坚果倒卵形或广倒卵形，双凸状；秆高10～40cm。

  2.鳞片顶端钝；秆较坚硬，具明显凸起的纵肋 ··············槽秆荸荠*E. equisetiformis*（Meinsh.）B.Fedsch

  2.鳞片顶端急尖；秆较柔弱，仅具纵线纹 ········ 中间型荸荠*E. palustris* Rom. et Schultes var. *major* Sond.

（3）飘拂草属*Fimbristylis* Vahl.

1.小坚果倒卵形；花柱上方有缘毛 ·· 飘拂草*F. dichotoma*（L.）Vahl.

1.小坚果长圆形；花柱无毛 ································· 光果飘拂草*F. stauntoni* Deb. et Franch.

（4）球柱草属*Bulbostylis* Kunth.

  球柱草*B. barbata*（Rottb.）C. B. Clarke

（5）莎草属*Cyperus* L.

1.具根茎，顶端膨大成块茎·· 油莎草*C. esculentus* L. var. *sativus* Boeck.

1.无根茎，也无块茎。

  2.颖螺旋状排列于小穗轴上 ························· 白鳞莎草（旋鳞莎草）*C. nipponicus* Franch. et Sax

  2.颖两行排列于小穗轴上。

    3.小穗指状排列，或成簇着生于极缩短的花序轴上 ·············· 球穗莎草（异型莎草）*C. difformis* L.

    3.小穗排列在辐射枝所延长的花序轴上，呈穗状花序。

      4.小穗轴上具白色透明的翅 ··· 头穗莎草*C. glomeratus* L.

      4.小穗轴上无翅，或仅具白色半透明的边缘。

        5.长侧枝聚伞花序复出，小穗直立或稍斜向展开。

          6.小穗轴上无翅；鳞片顶端具干膜质宽边，微缺，具极短的短尖，且不突出鳞片的顶端

···碎米莎草*C. iria* L.

          6.小穗轴上具白色透明之狭边；鳞片顶端圆，具较长的短尖

····································· 黄颖莎草（具芒碎莎草）*C. micro-iria* Steud.

        5.长侧枝聚伞花序简单，小穗近于平展。

          6.穗状花序的轴上无毛；鳞片红棕色，顶端具稍向外弯的短尖

··· 阿穆尔莎草*C. amuricus* Max.

          6.穗状花序轴的棱上被白色硬毛；鳞片暗红色，顶端圆，无短尖

·································· 毛立莎草（三轮草）*C. orthostachyus* Franch. et Sav.

（6）水莎草属*Juncellus*（Kunth）C. B. Clarke

  水莎草*J. serotinus*（Rottb.）C. B. Clarke

（7）扁莎属*Pycreus* Beauv.

1.鳞片两侧无宽槽 ···················· 球穗扁莎*P. globosus*（All.）Reichb.

1.鳞片两侧有宽槽 ············· 槽鳞扁莎（红鳞莎草）*P. korshinskyi*（Meinsh.）V. Krecz.

（8）湖瓜草属*Lipocarpha* R. Brown

湖瓜草*L. microcephala*（R. Br.）Kunth.

（9）水蜈蚣属*Kyllingia* Rottb.

1.颖片背部疏生小齿，顶端具反曲的短尖 ················ 水蜈蚣*K. brevifolia* Rottb

1.颖片背部光滑无齿 ············· 光颖水蜈蚣*K. brevifolio* Rottb var. *leiolepis* Hara

（10）苔属*Carex* L.

1.茎顶端仅着生1个小穗。

　　2.果囊披针形，有长喙，成熟后果囊向下方反折 ·············· 大针苔草*C. uda* Max.

　　2.果囊卵形，具短喙，成熟后果囊不向下反折 ············单穗苔草*C. capillacea* Boott

1.茎顶端着生2个或2个以上小穗。

　　2.小穗内有雄花及雌花2种；小穗无梗。

　　　　3.小穗为雄雌顺序（小穗上方者为雄花，下方为雌花）。

　　　　　　4.根茎短，茎丛生。

　　　　　　　　5.果囊边缘具宽翅；花序下苞片叶状，长于花序2倍以上　············ 翼果苔*C. neurocarpa* Max.

　　　　　　　　5.果囊边缘仅稍微增厚；花序下的苞片短于或稍长于花序 ······· 尖嘴苔*C. leiorhyncha* C. A. Mey

　　　　　　4.根茎长而匍匐，茎散生 ·············白颖苔草*C. rigescens* V. Krecz

　　　　3.小穗为雌雄顺序。

　　　　　　4.柱头3个 ···················· 穹隆苔草*C. gibba* Wahlenb.

　　　　　　4.柱头2个。

　　　　　　　　5.根茎短，茎丛生 ···················· 卵果苔*C. maackii* Max.

　　　　　　　　5.根茎长而匍匐，茎散生 ···················· 狭囊苔*C. diplasiocarpa* Krecz.

　　2.小穗内仅有雄花或雌花1种；小穗常有梗。

　　　　3.柱头3个；小坚果三棱形。

　　　　　　4.叶鞘有横向的叶脉。

　　　　　　　　5.叶片及叶鞘无毛或仅叶鞘上有毛。

　　　　　　　　　　6.果囊有长喙，喙齿锥形或弯钩状。

　　　　　　　　　　　　7.喙齿呈弯钩状 ···················· 羊角苔*C. capricornis* Meinsh ex Max.

　　　　　　　　　　　　7.喙齿不为弯钩状。

　　　　　　　　　　　　　　8.喙口浅二齿裂 ···················· 膜囊苔草*C. vesicaria* L.

　　　　　　　　　　　　　　8.喙口二齿状深裂 ···················· 直穗苔*C. orthostachys* C. A. Mey.

6.果囊具短喙，不为锥形或钩状 ·· 红穗苔*C. gotoi* Ohwi.

5.叶片及叶鞘密生短柔毛 ······························· 宽鳞苔草*C. Vatisquamea* Kom.

4.叶鞘上没有横向的叶脉。

  5.苞片基部具鞘。

    6.叶片长线形或丝状。

      7.果囊平滑无毛。

        8.果囊具长喙。

          9.果囊倒卵形至卵形；雄小穗2～3个 ············· 麻根苔草*C. arnellii* Christ ex Scheutz.

          9.果囊狭披针形；雄小穗仅1个 ············· 柔苔草*C. bostrichoatigma* Max.

        8.果囊具短喙；喙口有齿 ················· 异穗苔*C. heterostachya* Bunge

      7.果囊有毛。

        8.果囊小形，长2～4（5）mm，无喙或具短喙，喙口微缺或二齿裂。

          9.果囊近于无喙；小坚果顶端无帽状体。

            10.苞片鞘绿色，顶端延伸为短小的叶片 ············· 脚苔草*C. pediformis* C. A. Mey.

            10.苞片鞘两侧淡褐色，顶端呈芒状。

              11.花序长10～20cm，与叶等长或稍短。

                12.果囊具明显隆起的脉；雌蕊鳞片披针形 ····· 凸脉苔草*C. lanceolata* Boott.

                12.果囊脉不明显；雌花鳞片长圆形，顶端正圆形，具短芒状尖

                  ············早春苔草*C. subpediformis* Suto et Suzuki

              11.花序长仅2～5cm，为叶长的1/5～1/3。

                12.雄花的颖片顶端钝圆；雌小穗具5～7花

                  ············· 矮丛苔草*C. humilis* Leyss. var. *nana* Ohwi

                12.雄花的颖片顶端急尖；雌小穗具1～2花

                  ············· 雏田苔草*C. humilis* Leyss. var. *scirrobasis* Y. L. Chang

          9.果囊具短喙；小坚果顶端通常有帽状体存在。

            10.雄小穗上颖片苍白色或带绿色；下部的苞片长于花序

              ············等穗苔草*C. leucochlora* Bunge

            10.雄小穗上颖片淡褐色；下部苞片短于或等长于下部的小穗

              ············· 绿囊苔草*C. hypochlora* Freyn

        8.果囊大形，长6～8mm，具长喙，喙口深裂·············· 细穗苔草*C. tenuistachya* Nakai

    6.叶广披针形，宽达3cm ·············· 宽叶苔草*C. siderosticta* Hance

  5.苞片基部无鞘。

    6.花序下部的雌小穗具短柄；苞片明显为叶状。

7.果囊上有柱头状突起，有短喙 ················· 柱苔草 *C. glaucaeformis* Meinsh.

7.果囊上没有柱头状突起，有长喙 ················· 苔草 *C. dispalata Boot* ex A.Gray

6.花序下部的雌小穗近于无柄；苞片为刚毛状或鳞片状 ·········· 黄囊苔草 *C. korshinskyi* Kom.

3.柱头2个；小坚果平凸状或双凸状。

4.小穗两性 ························· 二柱苔草 *C. lithophila* Tuncz.

4.小穗单性，秆上部具1～3个雄小穗。

5.雌小穗具长柄，下垂 ··············· 绥芬苔草 *C. maximowiczii* Miq. var. *suifunensis*（Kom）Nakai

5.雌小穗具短柄，直立。

6.根状茎短，形成踏头，不具地下匍匐枝，秆紧密丛生

················· 灰脉苔草 *C. appendiculata*（Trautv.）Kiikenth.

6.根状茎短或伸长，不形成踏头，具明显地下匍匐枝，秆疏松丛生。

7.果囊具脉，椭圆形 ··············· 陌上颖管 *C. thunbergii* Stand.

7.果囊无脉，卵形 ··············· 匍枝苔草 *C. cinerascens* Kiikenth.

（一〇三）天南星科 **Araceae**

草本，稀为攀缘灌木或附生藤本，常具块茎或根状茎，富含水汁、乳汁或针状结晶体。叶通常基生，如茎生者则为互生，2列螺旋状排列，全缘或各种分裂，基部通常具有膜质的鞘。花两性或单性，同株或异株；花被较小或缺如；肉穗花序，具佛焰苞；雄蕊1至多数；子房上位，1至多室。果为浆果。种子1至多数，通常具胚乳。

分属检索表

1.叶剑形；具根茎；佛焰苞叶状 ··············· （1）菖蒲属 *Acorus*

1.叶为掌状全裂叶；具块茎；佛焰苞不为叶状 ··············· （2）天南星属 *Arisaema*

（1）菖蒲属 *Acorus* L.

菖蒲 *A. calamus* L.

（2）天南星属 *Arisaema* Mart.

1.花序顶端的附属体呈长尾状 ··············· 天南星 *A. heterophyllum* Blume

1.花序顶端的附属体呈棍棒状 ··············· 东北天南星 *A. amurense* Max.

（一〇四）浮萍科 **Lemnaceae**

漂浮水面或沉入水中的小型淡水草本植物。植物体退化为小型叶状体，扁平，稀背面凸起，绿色或背面绿色，具不分枝的丝状根或无根. 很少开花，常以出芽方式进行无性繁殖，繁殖力很强。花单性，雌雄同株，2～3花着生于叶状体的边缘缺刻处或上、下面，花裸出或生于膜质的佛焰苞内，无花被，具1～2雄花及1雌花；雄花具1雄蕊，花丝纤弱或

无，花药2室或4室；雌花具1雌蕊，子房上位，1室，花柱短，单生，柱头全缘，呈截形或漏斗形，胚珠1~7（9）个，直立或弯生。果实不分裂。种子1至数粒，外种皮较厚，无胚乳或有胚乳。

浮萍属*Lemna* L.

1.悬浮植物，除开花时以外悬浮于水中（水面附近）。叶状体有细长柄，数代至多代以长柄相连，形成大的群体；叶状体狭卵形、长圆形或椭圆状披针形，两侧边缘对称……………………品藻*L. trisulca* L.

1.漂浮植物，漂浮于水面上。叶状体无柄，倒卵形、椭圆形或近圆形，两侧边缘对称或不对称。

  2.根鞘有翼，根冠锐尖；叶状体为斜的倒卵形或椭圆形，两侧边缘不对称；胚珠直立

  ……………………………… 稀脉浮萍*L. perpusilla* Torr.

  2.根鞘无翼，根冠钝或稍钝；叶状体倒卵形、椭圆形或近椭圆形，两侧边缘对称，胚珠弯生

  ……………………………… 浮萍*L. minor* L.

（一〇五）谷精草科Eriocaulaceae

多年生或一年生草本，通常为湿生、沼泽生或水生。茎缩短。叶通常集生于茎的基部，呈线形或披针状线形，具平行纵脉并常具有横脉而呈小方格状。花单性，通常为雌雄同株，少为异株，多朵小花集成头状花序，其下具总苞，当雌雄同株时，雌花和雄花混生在同一花序上，通常雄花居中央，四周为雌花；花被片2轮，每轮2~3枚，外轮花被片分离或不同程度合生，内轮花被片分离或以各种形式结合，稀缺如；雄蕊与花被片同数或有时不发育，花丝分离，花药1~2室，内向纵裂；雌花具1雌蕊，由2~3心皮结合而成，子房上位，2~3室，每室有一悬垂的直生胚珠；花柱顶生，柱头分裂数与心皮数相等。蒴果2~3室，室背开裂。种子小，平滑或有条纹。

谷精草属*Eriocaulon* L.

赛谷精草*E. sieboldianum* Sieb. et Zucc.

（一〇六）鸭跖草科Commelinaceae

多年生或一年生草本。茎有节。单叶互生，全缘，具平行脉，叶柄基部呈鞘状，抱茎。聚伞花序顶生或腋生，有时复出组成圆锥花序、聚伞形花序或伞房花序，也有时花单生，花两性，辐射对称或两侧对称；花被2轮，外轮3枚、绿色，通常分离，内轮3枚，离生或有时中、下部合生成筒状；雄蕊6，有时其中2~4（5）退化不育；子房上位，3或2室，中轴胎座，每室具1至数粒胚珠。蒴果背裂，少为肉质不开裂。种子具棱角，胚乳粉质。

分属检索表

1.花整齐。

2. 雄蕊3个 ···（1）水竹叶属*Murdannia*

2. 雄蕊6个。

   3. 茎粗壮，直立，分枝少弱 ······················（3）紫露草属*Tradescantia*

   3. 茎细弱，绿色，下垂，多分枝。

      4. 全体紫色 ·································（4）紫竹梅属*Setcreasea*

      4. 叶面绿色杂以银白色条纹或紫色条纹 ······（5）吊竹梅属*Zebrina*

1. 花不整齐 ··（2）鸭跖草属*Commelina*

（1）水竹叶属*Murdannia* Royle

水竹叶*M. keisak*（Hassk.）Hand.–Mazz.

（2）鸭跖草属*Commelina* L.

鸭跖草*C. communis* L

（3）紫露草属*Tradescantia* L.

紫露草*Tradescantia albiflora* L.

（4）紫竹梅属*Setcreasea* K. Shum. et Sydow

紫竹梅*S. purpurea* Boom.

（5）吊竹梅属*Zebrina* Schnizl

1. 叶面银白色，中部及边缘为紫色，叶背紫色 ·······················吊竹梅*Z. pendula* Schnizl.

1. 叶面绿色，有两条明显的银白色条纹 ···············异色吊竹梅*Z. pendula* var.*discolor* Schnizl.

（一〇七）雨久花科**Pontederiaceae**

    多年生或一年生淡水草本。根生于泥中。叶直立或漂浮于水面，或浸没水中，基都呈鞘状，叶片卵形、倒卵形、广卵状心形至卵状披针形。花两性，成总状或穗状花序，通常从佛焰苞状的叶鞘内抽出，花被片6，花瓣状，分离或基部合生，花后脱落或宿存，雄蕊3~6，着生于花被基部或花被管上，花丝细弱，有时一枚花丝较长；子房上位，3室，有时为1室，具多数胚珠，花柱细，柱头单一或2裂。果实为膜质蒴果，种子多数。

分属检索表

1. 叶柄中下部不膨大成气囊；花被片基部不连合成管状 ···············（1）雨久花属*Monochoria*

1. 叶柄中下部膨大成气囊；花被片基部稍连合成管状 ···············（2）凤眼莲属*Eichhornia*

（1）雨久花属*Monochoria* Presl.

1. 叶广卵形或卵状心形，长5~12cm，宽4~10cm；花多，总状花序顶生，超出叶

··································· 雨久花*M. korsakowii* Regel et Maack

1. 叶披针形，长圆状卵形或三角状卵形，长3~7cm，宽1~3cm；花少，总状花序腋生，不超出叶

··································· 鸭舌草*M. vaginalis*（Brum. f.）Presl.

（2）凤眼莲属*Eichhornia* Kunth

凤眼莲*E. crassipes*（Mart.）Solms Laub.

（一〇八）灯心草科Juncaceae

草本，多年生，稀一年生，常具根状茎，有须根。地上茎多簇生。叶基生或茎生，叶片扁或圆柱状，披针形、条形、毛发状，有时退化成芒刺状，叶鞘开放或闭合，常具叶耳。花序腋生或顶生，呈聚伞花序、圆锥花序或头状花序；花两性，小，整齐；花被片6枚，2轮交互排列，革质或干膜质；雄蕊6枚，稀3枚；子房上位，由3心皮组成，1~3室，胚多数，花柱单一，柱头3；果实为蒴果，3瓣裂。种子3粒或多数。

灯心草属Juncus L.

1.聚伞花序单生，不为数朵集成小头状（稀2~3朵集生者）。

　2.一年生草本，茎高4~20（25）cm；外花被片比内花被片长 …………… 小灯心草*J. bufonius* L.

　2.多年生草本，茎高25~75cm；花被片近等长…… 细灯心草*J. gracillimus*（Buch.）V. Krecz. et gontsch.

1.每2至数朵花集成头状花序，再形成聚伞花序。

　2.雄蕊3枚，花药长椭圆形；每一头状花序由2~4朵花组成；蒴果三棱状披针形

　　………………………………………………… 乳头灯心草*J. papillosus* Franch. et Sav.

　2.雄蕊6枚，花药卵形；蒴果比花被短或稍长，先端具短尖 …………… 短喙灯心草*J. krameri* Franch

（一〇九）百合科Liliaceae

多年生草本，少数为亚灌木、灌木或乔木状，地下具鳞茎、块茎、根状茎。茎直立或攀缘，有时枝条变成绿色的叶状枝。叶基生或茎生，互生或轮生，少数对生，有时退化成鳞片状，叶脉常基生，弧状平行脉，极少具网状脉，有柄或无。花两性，少数为单性或雌雄异株，单生或组成总状、穗状、伞形花序，顶生或腋生；花钟状或漏斗状，花被片通常6，少有4或多数，排成2轮，离生或不同程度的合生；雄蕊通常与花被片同数，花丝离生或贴生于花被筒上，花药2室，较少汇合成1室，丁字状着生或基生，内向或外向开裂；心皮合生或不同程度的离生；子房上位，极少半下位，常为3室的中轴胎座，少为1室的侧膜胎座，每室1至多数胚珠，花柱通常单一或3裂，柱头不裂或3裂。蒴果或浆果，蒴果多室背开裂，少数为室间开裂。种子通常多数，具丰富的胚乳，胚小。

分属检索表

1.浆果；具根状茎，不具鳞茎。

　2.叶退化成鳞片状，具叶状枝 ………………………………………… （1）天门冬属*Asparagus*

　2.叶正常发育，不为鳞片状，无叶状枝。

　　3.花被片合生，仅上部分离，花冠呈筒状或钟状。

4.叶2~3枚，基生；花生于侧生的花葶上排成总状花序 ·················（2）铃兰属*Convallaria*

4.叶4至多枚，茎生，无基生叶；花生于叶腋或腋出的总花梗上 ········（3）黄精属*Polygonatum*

3.花被片离生或仅基部稍合生，根茎极细 ···················（4）宝铎草属*Disporum*

1.蒴果；具鳞茎或根状茎。

　2.具根状茎，不具鳞茎。

　　3.花被片离生或基部稍合生，宿存。

　　　4.蒴果室背开裂；雄蕊3，生于花被片近中部 ···············（5）知母属*Anemarrhena*

　　　4.蒴果室间开裂；雄蕊6，生于花被片基部 ···············（6）藜芦属*Veratrum*

　　3.花被片下部合生至大部合生，上端分离。

　　　4.叶椭圆形、卵形、倒披针形，具弧形脉及纤细的横脉，有明显较长的叶柄；花通常为白色、紫色、红紫色、蓝紫色等，花被裂片明显短于花被筒 ···············（7）玉簪属*Hocta*

　　　4.叶线形或带形，具平行脉，无叶柄与叶片的区别；花黄色、橙黄色、橙红色等，花被裂片明显长于花被筒 ·····································（8）萱草属*Hemerocallis*

　2.具鳞茎。

　　3.伞形花序顶生，基部有2片总苞。

　　　4.总苞叶状，比花梗长或近等长 ·····················（9）顶冰花属*Gagea*

　　　4.总苞膜质，比花梗短 ··························（10）葱属*Allium*

　　3.花单一顶生或呈总状花序。

　　　4.花单一或为2至数朵形成总状花序；花药丁字形 ·············（11）百合属*Lilium*

　　　4.总状花序上花多数；花药基生 ·····················（12）绵枣儿属*Scilla*

（1）天门冬属Asparagus L.

1.花梗极短，长仅0.5~1mm；叶状枝镰形 ·················龙须菜*A. schoberioides* Kunth

1.花具梗，至少在2mm以上。

　2.花梗在1cm以上。

　　3.雄花花被长5~6mm，花药长1~1.5mm ···············石刁柏*A. officinalis* L.

　　3.雄花花被长7~8mm，花药长2mm ···············南玉带*A. oligoclonos* Max.

　2.花梗短于1cm。

　　3.幼枝具软骨质齿 ·······················兴安天门冬*A. dauricus* Fisch. ex Link

　　3.幼枝不具软骨质齿。

　　　4.花梗长8mm以上 ·····················石刁柏*A. officinalis* L.

　　　4.花梗长2~6mm ·················兴安天门冬*A. dauricus* Fisch. ex Link

（2）铃兰属*Convallaria* L.

　铃兰*C. keiskei* Miquel.

（3）黄精属*Polygonatum* Adans.

1.叶轮生。

  2.叶先端具钩，叶宽在5~7mm ·· 黄精*P. sibiricum* Redoute

  2.叶先端不具钩，叶宽在5mm以下 ······························· 狭叶黄精*P. stenophyllum* Max.

1.叶互生。

  2.花序具2枚卵形、宽1~3cm的苞片 ··············· 二苞黄精*P. involucratum*（Franch. et Sav.）Max.

  2.花序无苞片或仅具钻状小型的苞片。

    3.叶下有短糙毛 ·· 小玉竹*P. humile* Fisch.

    3.叶下无短糙毛

      4.花常1~2朵腋生于腋内 ·· 玉竹*P. odoratum*（Mill.）Druce

      4.花序由5~12朵花组成 ·· 热河黄精*P. macropodium* Max.

（4）宝铎草属*Disporum* Salisb.

  绿宝铎草*D. viridescens*（Maxim）Nakai

（5）知母属*Anemarrhena* Bunge

  知母*A. asphodeloides* Bunge

（6）藜芦属*Veratrum* L.

  藜芦*V. nigrum* L.

（7）玉簪属*Hosta* Tratt.

  玉簪*H. plantaginea*（Lam.）Aschors

（8）萱草属*Hemerocallis* L.

1.花淡黄色；花序明显分枝，苞片披针形，宽3~5mm ·············· 北黄花菜*H. lilio~asphodelus* L.

1.花橘黄色；花序缩短成头状，苞片宽卵形，宽8~15mm ·········· 大苞萱草*H. middendorfii* Trautv. et Mey.

（9）顶冰花属*Gagea* Salisb

  朝鲜顶冰花*G. lutea* var. *nakaina*（Kitag.）G. S. Sun

（10）葱属*Allium* L.

1.花被片基部彼此靠合成管状；小花梗长7~11cm ····························· 长梗韭*A. neriniflorum* Backer

1.花被片离生；小花梗长度不超过4cm。

  2.鳞茎外皮网状或近网状（由外方的肉质鳞片死亡后腐烂而成）。

    3.叶线形，扁平、实心；花被常具绿色中脉 ·············· 韭*A. tuberosum* Rottl. ex Spreng.

    3.叶三棱状线形，背面有龙骨状隆起，中空；花被片常具红色主脉 ·············· 野韭*A. ramosum* L.

  2.鳞茎外皮膜质，不破裂或破裂成片状。

    3.鳞茎球形、扁球形、狭卵形至卵形。

      4.鳞茎由几枚瓣状的小鳞茎紧密地排列而成；总苞具长喙 ·············· 蒜*A. sativum* L.

4.鳞茎由肉质鳞片环绕而成；总苞不具长喙。

　　5.内轮花丝基部扩大，每侧各具一齿；叶为中空的圆筒状 ························· 洋葱 *A. cepa* L.

　　5.内轮花丝基部无齿；叶线状三棱形或三棱状半圆柱形。

　　　　6.鳞茎近球形；伞形花序中常多少具珠芽 ··············· 薤白（小根蒜）*A. macrostemon* Bung.

　　　　6.鳞茎卵形至狭卵形；伞形花序中无珠芽 ··············· 球序韭 *A. thunbergii* G. Don

3.鳞茎圆柱形。

　　4.花丝长度为花被的2/3，花被片长度为2.8～5mm。

　　　　5.植株高大，高30～75cm；花梗近等长，长1.5～3.5cm；鳞茎折断后呈红色

　　　　　　 ··· 矮韭 *A. anisopodium* Led.

　　　　5.植株矮小，高10～35cm，花梗不等长，长0.5～1.5cm；鳞茎折断后不呈红色

　　　　　　 ··· 细叶韭 *A. tenuissimum* L.

　　4.花丝长度为花被片的1.5～2倍，花被片长6～8.5mm ············· 葱 *A. fistulosum* L.

（11）百合属 *Lilium* L.

1.花直立；叶为披针状线形或线形。

　　2.花被上有紫红色斑点 ···························· 有斑百合 *L. concolor* Salisb. var. *bushianum* Backer

　　2.花被上无紫红色斑点 ···························· 渥丹（山丹）*L. concolor* Sal.

1.花倾斜或下垂；叶宽线形或披针形。

　　2.叶腋无珠芽；花红色，无斑点 ···················· 条叶百合 *L. callosum* Sieb. et Zucc.

　　2.叶腋有珠芽；花橙红色，有黑色斑点 ················ 卷丹 *L. lancifolium* Thunb.

（12）绵枣儿属 *Scilla* L.

　　绵枣儿 *S. sinensis*（Lour.）Merr.

（一一〇）薯蓣科 Dioscoreaceae

　　草质藤本，光滑或稍具刺，有肥厚的地下根茎或块茎。叶互生，少有对生或稀为3叶轮生，单叶全缘或为掌状分裂，主脉和侧脉均为基出，且为网状脉。花单性，雌雄异株或同株，排列成穗状、总状或圆锥花序；花钟状或开展，小形，花被片6枚，辐射对称，2轮排列；雄花具雄蕊6枚，或3枚退化，3枚发育，花丝着生于花柱基部；雌花子房下位，3室，花柱3，每室有2枚胚珠。果为蒴果或浆果，蒴果有3翅，熟时3瓣裂。种子扁平或球形，常有翅。

薯蓣属 *Dioscorea* L.

　　穿龙薯蓣 *D. nipponica* Mak.

（一一一）菝葜科Smilacaceae

攀缘状灌木，有刺或无刺。叶互生或对生，有掌状脉3～7条，叶柄两侧常有卷须。花单性异株（国产属），稀两性，排成伞形花序；花被裂片6，2列而分离，或外轮的合生成一管而内轮的缺；雄蕊6，稀更多或更少，花丝分离或合生成一柱；子房上位，3室，每室有下垂的胚珠1～2颗；雌花中有退化雄蕊。果为浆果。

菝葜属Smilax L.

牛尾菜S. riparia A. DC.

（一一二）鸢尾科Iridaceae

多年生或一年生草本，通常具根状茎、块茎或鳞茎，多数种类只具有地下茎，少数有地上茎，分枝或不分枝。叶多基生，稀互生，剑形或线形，基部有套折状叶鞘，具平行脉。花两性，常大而鲜艳，有多种颜色，辐射对称，稀两侧对称，单生、数朵簇生或呈穗状、总状、聚伞及圆锥花序，花下有草质或膜质苞片；花被管细长或成喇叭状，花被片6，2轮排列；雄蕊3；子房下位，3室，中轴胎座，胚珠多数，花柱1，上部3分枝，圆柱形或扁平花瓣状，柱头3～6。蒴果熟时室背开裂。种子多数，半圆形或不规则的多面体，稀圆形，平滑或有皱缩，常有附属物或小翅。

分属检索表

1. 花整齐；雄蕊间距离相等，并不聚合于一侧 ································ （1）鸢尾属Iris

1. 花不整齐；雄蕊多少聚合于一侧 ································ （2）唐菖蒲属Gladiolus

（1）鸢尾属Iris L.

1. 外花被片上具鸡冠状突起。

  2. 花黄色；叶剑形，宽约1cm ································ 长白鸢尾I. mandshurica Maxim

  2. 花蓝紫色；叶线形，宽1.5～2cm ································ 粗根鸢尾I. tigridia Bunge

1. 花被上不具鸡冠状突起。

  2. 花茎分枝 ································ 歧花鸢尾I. dichotoma Pall.

  2. 花茎不分枝。

   3. 根状茎木质；植株形成密丛 ································ 马蔺I. lactea Pall.

   3. 根状茎不为木质；植株不形成密丛。

    4. 每花茎顶端生一朵花。

     5. 苞膜质，绿色，边缘带红紫色 ················ 矮紫苞鸢尾I. ruthenica var. nana Max.

     5. 苞硬，干膜质，绿色，有时边缘略带红色 ················ 单花鸢尾I. uniflora Pall.

    4. 每花茎顶端生2～4朵花。

5. 叶具明显中脉。

　　6. 叶线形，长30～40cm，宽约2mm，苞膜质 ························· 北陵鸢尾*I. typhifolia* Kit.

　　6. 叶宽线形，长30～80cm，宽0.5～1.2cm，苞近革质 ········· 玉蝉花*I. ensata* Thunb. var. *ensata*

5. 叶无明显中脉，花较小 ··· 溪荪*I. sanguinea* Donn ex Horn.

（2）唐菖蒲属*Gladiolus* L.

唐菖蒲*G. grandavensis* Van Houtte

（一一三）美人蕉科Cannaceae

多年生、粗壮草本。茎具叶。叶大，长椭圆形，叶柄有鞘。花大，美丽，红色或黄色，不对称，排成顶生的穗状、总状或狭圆锥花序；萼片3，小，常绿色；花瓣3，萼片状，绿色或他色，基部合生成一管；退化雄蕊5，其中3或2枚极扩大而似花瓣，为花中最明显的部分，其中较狭的1枚常弯成唇瓣，其他1枚旋卷，边有1个1室的花药；子房下位，3室，有胚珠多颗。果为小蒴果，有小软刺。

（1）美人蕉属*Canna* L.

大花美人蕉*C. generalis* Bail.

（一一四）兰科Orchidaceae

多年生草本，陆生，附生或腐生。通常具根状茎或块茎，稀具假鳞茎。茎直立、攀缘或匍匐状。单叶互生，稀对生或轮生，基部常具抱茎的叶鞘，有时退化成鳞片状。花单生或排列成总状、穗状或圆锥状花序；花两性，稀单性，两侧对称或辐射对称；花被片6，排列成2轮，外轮3片为萼片，通常花瓣片，离生或部分合生，中央的1片称中（背）萼片，有时与花瓣靠合生成兜，两侧的2片称侧萼片，略歪斜，离生或靠合，稀合生为1合萼片；内轮两侧的2片称侧花瓣，中央1片特化而称唇瓣，唇瓣有各种形状，常因子房或花梗作180度扭曲而位于花的下方，基部常成囊状或有距，先端分裂或不分裂；雄蕊与花柱合生称蕊柱，能育雄蕊通常1枚，生于蕊柱顶端，少为2枚侧生；退化雄蕊有时存在，成为小突起，稀较大而为花瓣状；花药通常2室，花粉黏合成花粉块，稀为粒状，不为花粉块；花粉块通常2～8个，具有花粉块柄和粘盘或缺；雌蕊由3心皮合生而成，子房下位，1室，侧膜胎座，含多数胚珠；在蕊柱上柱头侧生，稀为顶生，3个柱头通常2个发育且常黏合，另1柱头不发育，变成小突体，称蕊喙，位于花药基部，少为3个柱头多少合生，均能育而无蕊喙。蒴果三棱状圆柱形或纺锤形，常于侧面3或6纵缝开裂。种子极多，微小，无胚乳，胚小，未分化。

分属检素表

1. 花序明显呈螺旋状扭转 ·· （1）绶草属*Spiranthes*

1.花序不明显呈螺旋状扭转。

2.叶基生，基生叶2枚 ···（2）羊耳蒜属*Liparis*

2.叶茎生，2枚以上。

3.花无距，唇瓣凹陷呈浅囊状 ···································（3）角盘兰属*Herminium*

3.花有距，唇瓣3裂成为十字形 ····································（4）玉凤花属*Habenaria*

（1）绶草属*Spiranthes* L. C. Dick.

绶草*S. sinensis*（Pers.）Ames.

（2）羊耳蒜属*Liparis* L. C. Dick.

羊耳蒜*L. japonica*（Miq.）Max.

（3）角盘兰属*Herminium* L.

角盘兰*H. monorchis*（L.）R. Br.

（4）玉凤花属*Habenaria* Willd.

十字兰*H. linearifolia* Max.

第三章 沈阳地区常见脊椎动物

第一节 鱼类

　　鱼纲动物是脊索动物门中种数最多的一类，终生在水中生活，鳍运动并维持身体平衡，听觉器只有内耳，多数体被鳞片，身体温度随环境变化，是变温动物。鱼类分软骨鱼类和硬骨鱼类。软骨鱼类脊索退化，具脊椎骨，内骨骼是软骨，体被盾鳞，有5~7对鳃裂。硬骨鱼类的内骨骼或多或少发生骨化，体被硬鳞、栉鳞或圆鳞，具鳃盖。

　　沈阳地区鱼类均属硬骨鱼。

一、硬骨鱼纲（OSTEICHTHYE）

　　硬骨鱼纲为种类最多的一个类群，基本特征是偶鳍无中轴骨，不呈叶状。无内鼻孔。鳞为硬鳞或骨鳞。尾鳍一般为正尾型，内骨骼一般为硬骨，上下颌、鳃盖骨系和肩带等有膜骨出现。心脏具发达的动脉球。通常无喷水孔。

硬骨鱼纲分目检索表

1. 体一般被硬鳞或裸露；尾为歪型尾······································鲟形目Acipenseriformes

　 体被栉鳞、圆鳞或裸露；尾一般为正型尾···2

2. 鳔存在时具鳔管··3

　 鳔存在时无鳔管··7

3. 前部脊椎骨不形成韦伯氏器···4

　 第一至第四或第五脊椎骨形成韦伯氏器···6

4. 体不呈鳗形；一般具腹鳍··5

　 体呈鳗形或细长；发育过程有叶状幼体······························鳗鲡目Anguilliformes

5. 无脂鳍；无侧线···鲱形目Cluepiformes

　 一般有脂鳍；有侧线···鲑形目Salmoniformes

6. 体被圆鳞或裸露；两颌多无牙；有顶骨和下鳃盖骨··················鲤形目Cypriniformes

　 体裸出或被骨板；两颌有牙；无顶骨和下鳃盖骨；第三与第四脊椎骨合并····················7

7. 上颌骨不与前颌骨固连或愈合为骨喙···鲇形目Siluriformes

上颌骨与前颌骨愈合为骨喙；腹鳍一般不存在···8

8. 第三与第四脊椎骨合并···鲀形目Etraodontiformes

第三与第四脊椎骨不合并···9

9. 体左右对称，头两侧各有1眼··10

体不对称，两眼位于头部一侧···鲽形目Pleuronecriformes

10. 背鳍一般无鳍棘··11

背鳍一般具鳍棘···12

11. 背鳍与臀鳍多呈后位；腹鳍一般腹位·································鳉形目Cyprinodontiformes

背鳍与臀鳍较长，背鳍1~3个，臀鳍1~2个，腹鳍胸位或喉位·············鳕形目Gadiformes

12. 体呈鳗形；左右鳃孔愈合为一··合鳃鱼目Synbranchiformes

体一般不呈鳗形；左右鳃孔分离··鲈形目Perciformes

二、辽宁野外常见硬骨鱼

（一）鲑形目

上颌缘一般由前颌骨与上颌骨构成，具齿；一般有前后脂眼睑；多数有脂鳍，位于背鳍后或臀鳍前；发光器有或无；鳔如存在，大多具鳔管；一般被圆鳞；通常胸鳍位低，腹鳍腹位。

沈阳地区本目仅有银鱼科Salangidae。

银鱼科Salangidae

体半透明，细小柔软，前部近圆柱形，后部侧扁。头长而平扁；头顶骨骼很薄且半透明，从体外可看到脑的形状。口裂大。吻尖长特化或短钝。背臀鳍前方或重叠；胸鳍基肌肉发达或不明显；臀鳍基较长；尾鳍叉状；具脂鳍。雌雄异形。雄鱼成体略高，胸鳍一般尖长；臀鳍大，起点较远于背鳍基前端，且沿基部体侧具1行"臀鳞"，繁殖季节臀鳍中部鳍条膨大扭曲。有的种类吻背和头腹面具追星。雌鱼无臀鳞。

本科在沈阳地区仅有银鱼属Protosalanx。

银鱼属*Protosalanx*

大银鱼*Protosalanx hyalocranius*

（二）鲤形目

上颌口缘由前颌骨及上颌骨组成。上下颌一般无牙，犁骨无牙。上咽骨（第五对鳃弓的鳃骨）扩大呈镰刀状，其上生齿1~3行。口多少能伸缩。嗅球常近鼻囊，嗅神经不通过眼腔。体被圆鳞或裸露。无脂鳍。一般无上肋骨，具肌肉间刺。鳃盖条3根。鳔如存在，具管与肠相连。

鲤形目分科检索表

1. 口前吻部无须或仅有1对吻须 ·· 鲤科Cyprinidae

   口前部具2对或更多吻须 ··· 鳅科Cobitidae

1. 鲤科

咽喉处有咽喉齿。最后一对鳃弧腹面部分特别粗壮，成为下咽骨。吻部无须或仅有1对吻须，具角质咽磨、体常被覆瓦状圆鳞，无脂鳍；偶鳍前部仅有1根不分支鳍条，下咽齿1~4行，背鳍分支鳍条30以下。多数种类只有1个背鳍，腹鳍在腹位，且和臀鳍明显分开，尾鳍分叉；身体被覆圆鳞。

本科包括9个亚科。

鲤科亚科检索表

1. 鳃的上方无鳃上器官 ·· 2

   鳃的上方有螺形鳃上器官 ·································· 鲢亚科Hypophthalmichthyinae

2. 臀鳍无硬刺 ·· 3

   臀鳍有硬刺 ··· 鲤亚科Cyprininae

3. 臀鳍分支鳍条在7根以上 ·· 4

   臀鳍分支鳍条不到7根 ·· 7

4. 下颌前缘无锋利的角质 ·· 5

   下颌前缘有锋利的角质 ······················· 鲴亚科Xenocyprininae

5. 无腹棱，背鳍无硬刺 ·· 6

   有腹棱，背鳍有硬刺 ······················· 鲌亚科Culterinae

6. 第五眶下骨与眶上骨接触 ······················· 鲂亚科Danioninae

   第五眶下骨不与眶上骨接触 ······················· 雅罗鱼亚科Leuciscinae

7. 鳞片基部无放射肋 ······················· 鮈亚科Gobioninae

   鳞片基部有放射肋 ······················· 鲃亚科Barbinae

8. 头短、口小具须1对或无须 ······················· 鱊鲏亚科Rhodeinae

[1] 鲢亚科Hypophthalmichthyinae

同其他鲤科鱼类不同的是，鲢亚科鱼类的眼睛位于头轴（吻部和尾鳍分叉处的连线）的下方，这也是鉴定鲢亚科鱼类最显著的特征。

鲢亚科分属检索表

1. 腹棱完全···鲢属Hypophthalmichthys

腹棱不完全···鳙属Aristichthys

（1）鲢属*Hypophthalmichthys*

鲢*Hypophthalmichthys molitrix*

（2）鳙属*Hypophthalmichthys*

鳙鱼*Hypophthalmichthys nobilis*

[2] 鲤亚科Cyprinina

背鳍与臀鳍均有一骨化了的锯齿状硬刺。背鳍有9～22条分支鳍条，臀鳍常有5～6条分支鳍条，仅鲃鲤属（*Puntioplites*）有8条分支臀鳍条。吻与上颌有须1～2对或无。咽齿1～3行。

鲤亚科分属检索表

1. 须2对，下咽齿3行，体宽，略侧扁···鲤属*Cyprinus*

无须，下咽齿1行，体侧扁而高···鲫属*Carassius*

（1）鲫属*Carassius*

鲫*Carassius auratus*

（2）鲤属*Cyprinus*

鲤属分种检索表

1. 只有靠近鳍的两侧和中间靠近尾部的地方有鳞·····················镜鲤*Cyprinus carpio*

体常被覆瓦状圆鳞···鲤*Cyprinus carpio*

[3] 鲌亚科Culterinae

体延长侧扁，腹部自胸鳍后方至肛门或腹鳍至肛门间有腹棱。口前位或上位，口裂斜或垂直。侧线完全，约位于体侧中央。背鳍具硬刺。臀鳍具18～29分枝鳍条。咽齿3行。鳔3或2室。

鲌亚科分属检索表

1. 口上位，下颌坚厚急剧上翘···红鲌属*Erythroculter*

口端位，口裂向上倾斜··鳘属*Hemiculter*

（1）红鲌属*Erythroculter*

翘嘴红鲌*Erythroculter ilishaeformis*

（2）鳘属*Hemicculter*

鲦鱼*Hemicculter leuciclus*

[4] 鲌亚科Danioninae

体侧扁、腹面自胸部至腹鳍圆形。

本地区仅有马口鱼属*Opsariichthys*。

马口鱼属*Opsariichthys*

马口鱼*Opsariichthys bidens*

[5] 雅罗鱼亚科Leuciscinae

身体长形，近圆筒状或稍侧扁，腹部圆，一般无腹棱。吻钝或稍尖。各鳍条均没有硬刺，背鳍分枝鳍条7～12，较小。臀鳍分枝鳍条6～14，尾鳍分叉。肛臀距较近，鳞片一般较大。侧线完全、平直。下咽齿1～3行，侧扁或者臼齿状。鳃裂大，鳃耙通常较小。鳔两室，后室较大。腹腔膜银白色、黑色或灰色。

雅罗鱼亚科分属检索表

1. 下咽齿1行 ··· 青鱼属*Mylopharyngodon*

　下咽齿2行 ··· 草鱼属*Ctenopharyngodon*

（1）青鱼属*Mylopharyn*

青鱼*Mylopharyn godonpiceus*

（2）草鱼属*Ctenopharynodon*

草鱼*Ctenopharynodon Idella*

[6] 鮈亚科

体侧扁或略呈圆筒形，头中等大，略侧扁或近圆锥形；口下位，弧形或马蹄形；唇简单，无乳突，或发达且具乳突，下唇分叶；一般具须1对，位于口角；眼中等大，侧上位；背鳍大多无硬刺，臀鳍分枝鳍条6根，尾鳍分叉，上下叶几乎等长；下咽齿多为2行或1行。

鮈亚科分属检索表

1. 唇薄，下唇不分叶 ··· 2

　唇厚，下唇分叶 ································· 棒花鱼属*Abbottina*

2. 下唇无乳突 ································· 麦穗鱼属*Pseudorasbora*

　下唇具乳突 ································· 蛇鮈属*Saurogobio*

（1）棒花鱼属*Abbottina*

棒花鱼*Abbottina rivularis*

（2）麦穗鱼属*Pseudorasbora*

麦穗*Pseudorasbora parva*

（3）蛇鮈属*Saurogobio*

蛇鮈*Saurogobio dabryi*

[7] 鳑鲏亚科

为小型淡水鱼类，最大不过180mm；体呈卵圆形或菱形；头短，口小；须1对或无；臀鳍始于背鳍基下方，背、臀鳍颇长，有或无硬刺；背鳍分枝鳍条8～18根，臀鳍7～15根；腹鳍腹位；尾鳍叉状；侧线鳞完全或不完全；下咽齿1行；鳔有鳔管，分2室，前短后长，肠管盘绕形状独特，不作回折走向，而是逆时针走向，并盘卷成圆形或椭圆形。

本地区仅鳑鲏属*Rhodeinae*。

鳑鲏属*Rhodeinae*

鳑鲏*Rhodeus sinensis*

2. 鳅科Cobitidae

身体多为拉长的侧扁或圆筒形，头部平扁。口小、居下位，上颌由前颌骨形成，有一行下咽齿，没有角质垫。眼睛很小，部分鱼种眼下有刺，另有须3～6对，吻须2对，口角须有1或2对，颏须与鼻须则各1对或没有。

鳅科分属检索表

1. 身体不具花纹···泥鳅属*Misgurnus*

　身体侧具有花纹···花鳅属*Cobitis*

（1）泥鳅属*Misgurnus*

泥鳅*Misgurnus anguillicaudatus*

（2）花鳅属*Cobitis*

北方花鳅*Cobitis granoei*

（三）鲈形目

鲈形目是鱼类中种类和数量最多的一个目。为多源性类群，故很难用简单的性状描述全面概括其鉴别特征。本目大多数物种具有如下特征：鳔无鳔管。背鳍、臀鳍、腹鳍一般均具鳍棘，通常有2个背鳍，第1背鳍全部由鳍棘组成；无脂鳍；腹鳍通常胸位，有时喉位，具1枚鳍棘，鳍条不超过5枚；尾鳍通常发达，鳍条不超过17枚。上颌口缘由前颌骨组成。眼与头骨皆对称。无眶蝶骨，有中筛骨，后颞骨通常分叉。肩带无中乌喙骨。无韦伯氏器。有背、腹肋骨，无肌间骨。

鲈形目分科检索表

1. 短近长方形，体偏扁···斗鱼科Belontiidae

　　体延长粗壮，体偏圆··2

2. 上下颌具尖利牙齿··鳢科Channidae

　　上下颌具细牙···3

3. 口裂达眼中心下方··沙塘鳢科Odontobutidae

　　口裂不达眼中心下方···塘鳢科Eleotridae

1. 塘鳢科Eleotridae

头平扁或侧扁。眼中等大或小，不突出于头的背面，无游离眼睑；眼上方有时具骨质嵴。口大或中等大，下颌常突出。上下颌具细牙，腭骨常无牙。前鳃盖骨边缘具棘或无棘。体被栉鳞。无侧线。背鳍2个，分离；第一背鳍具6~8鳍棘。臀鳍与第二背鳍相对，同形。胸鳍大，基部不呈肌柄状。腹鳍胸位，左右两腹鳍相互靠近，彼此分离。尾鳍圆形或稍尖。为暖水性海水或淡水小型鱼类。

本地区本科有3属。

（1）鲈塘鳢属*Perccottus*

葛氏鲈塘鳢*Perccottus glenii*

（2）黄黝鱼属*Hypseleotris*

黄黝鱼*Hypseleotris swinhonis*

（3）沙塘鳢属*Odontobutis*

沙塘鳢*Odontobutis obscurus*

2. 鳢科Channidae

体延长而略呈圆筒形，往后逐渐侧扁；头部较为平扁，头背部平斜。口大，开于吻端，下颌略为突出；上下颌、锄骨和腭骨均有锐利的牙齿。具有辅助的呼吸器官，是由第一鳃弓之上鳃骨及舌头骨构成的上鳃器。身体与头部都有鳞片，属圆鳞，头顶部位的鳞片特大，因而看起来像蛇头；侧线完整。背鳍和臀鳍基底都甚长，具有胸鳍，有些种类并无腹鳍，尾鳍为圆形；各鳍皆无硬棘。

本地区仅有鳢属*Channa*。

鳢属*Channa*

乌鳢*Channa argus*

3. 斗鱼科Belontiidae

体呈椭圆形且侧扁。头中大，有些种类的吻部短而钝，有些则略长而尖。口小，开口斜裂，口能伸缩，下颌较为突出；颌齿是细小的锥状牙齿；锄骨和腭骨均无齿。有一特殊的辅助呼吸器官，是由第一鳃弓之上鳃骨扩大而形成的上鳃器，又称为迷路器官。鳞片为中大型的栉鳞，有些种类的侧线退化。臀鳍的基底远长于背鳍基底；多数种类的腹鳍会延长如丝状。

地区仅有斗鱼属*Macropodus*。

斗鱼属*Macropodus*

体长椭圆形，侧扁。尾柄不明显。仅前鳃盖骨无锯齿；鳃盖膜愈合，不连于鳃峡；鳃上腔内有瓣状辅助呼吸器官。背鳍基一般短于臀鳍基，二鳍均有较多鳍棘，前者第三至第四鳍条，后者第六至第七鳍条延长；腹鳍胸位，第一鳍条延长呈丝状；尾鳍上下叶均延长。体侧有10余条蓝绿色横带纹，带纹之间暗红；头侧略红；自吻端经眼至鳃盖有1条褐条纹，其上下在眼后又各有1条；鳃盖后角有1个暗绿色圆斑，边缘或有黄边；背鳍与臀鳍灰黑而有红边；腹鳍第一鳍条及尾鳍红色。雌鱼体色较暗。

本地区仅有圆尾斗鱼（*Macropodus ocellatus*）

（四）鲇形目Siluriformes

体裸出或被骨板。上颌骨退化，仅余痕迹，用以支持口须。口须1～4对，上、下颌有齿，咽骨正常具细齿。无续骨、下鳃盖骨及顶骨。第二、第三、第四（有时第五）椎骨彼此愈合。无肌间骨。常具脂鳍，胸鳍位低，常和背鳍一样具一强大的骨质棘。鳔大，分3室，鳔中隔的构造复杂，少数种类鳔包在脊椎骨变异的骨质囊中。无幽门盲囊。

鲇形目分科检索表

1. 头部有须4对，包括2对吻须和2对颌须 ·· 鲿科Bagridae

　头部有须1～3对，多数上下颌各1对 ·· 鲇科Siluridae

1. 鲿科Bagridae

上颌突出，大于下颌。两颌及腭骨具绒毛状牙带。头部具须4对鳃盖膜不与峡部相连。鳃盖条7～13。皮肤光滑。尾鳍圆形、截形或叉形。背鳍向后渐侧扁。头顶裸露或被皮膜。口下位或亚下位，弧形。上、下颌有绒毛状齿带。犁骨具齿。前后鼻孔分离，相距甚远。有须4对，其中鼻须1对，上颌须1对，下颌须2对。鳃孔宽阔，鳃膜不与峡部相连。背鳍短，有硬刺；其后又或长或短的脂鳍。胸鳍具硬刺，刺后缘通常有锯齿，前缘光滑或具较弱锯齿。尾鳍叉形，内凹，平截或圆形。侧线完全。

鲿科分属检索表

1. 臀鳍具21～25根鳍条 ·· 黄颡鱼属*Pelteobagrus*

臀鳍具18～20根鳍条 ·· 拟鲿属*Pseudobagrus*

（1）黄颡鱼属*Pelteobagrus*

黄颡鱼*Pelteobagrus fulvidraco*

（2）拟鲿属*Pseudobagrus*

乌苏里拟鲿*Pseudobagrus ussuriensis*

2. 鲇科Siluridae

体延长，前部平扁，后部侧扁，背鳍只一个，体黏滑无脂鳞，表面裸出或具骨板；有须4～6条；口大，两颌有利齿，下咽骨正常具细齿；鳃盖下骨不存在；无脂鳍，背鳍甚小或缺，无棘；臀鳍大而长，臀鳍与尾鳍连，分枝的鳍条为50～85，尾鳍亦小。

本地区仅有鲇属*Silurus*。

鲇属*Silurus*

1. 腹部灰白色，体侧有不规则暗纹，各鳍色暗 ··························· 怀头鲇*Silurus soldatovi*

腹部白色，体侧具不规则的灰黑色斑块，各鳍色浅 ··························鲇鱼*Silurus asotus*

第二节 两栖类

两栖动物是一类原始的、初登陆的、具5趾型的变温四足动物，皮肤裸露，分泌腺众多，混合型血液循环。其个体发育周期有一个变态过程，即以鳃（新生器官）呼吸生活于水中的幼体，在短期内完成变态，成为以肺呼吸能营陆地生活的成体。

两栖动物既有从鱼类继承下来适于水生的性状，如卵和幼体的形态及产卵方式等；又有新生的适应于陆栖的性状，如感觉器、运动装置及呼吸循环系统等。变态既是一种新生适应，又反映了由水到陆主要器官系统的改变过程

一、两栖类分目检索表

1. 终生有尾的两栖动物，幼体和成体区别不大 ····································· 有尾目Caudata

幼体和成体区别甚大，仅蝌蚪有尾 ··· 无尾目Anura

（一）有尾目Caudata

终身有尾的两栖动物，一共有8科60属300多种，幼体与成体形态上差别不大，主要包括蝾螈、小鲵和大鲵。有尾目有发展完全的前肢和后肢，大小大约一致。没有鼓膜或外耳开口。牙齿位于下颌。身体没有鳞片或尖锐的爪子。通常行体内受精。

有尾目分科检索表

1. 眼小，无眼睑；犁骨齿一长列，与上颌齿平行成弧形；沿体侧有纵肤褶······ 隐鳃鲵科Cryptobranchidae

　具眼睑；犁骨齿列不成长弧形；沿体侧无纵肤褶··· 2

2. 犁骨齿或为二短列或呈"U"字形 ·· 小鲵科Hynobiidae

　犁骨齿成"∧"形 ··· 蝾螈科Salamandridae

（二）无尾目Anura

成体基本无尾，卵一般产于水中，孵化成蝌蚪，用鳃呼吸，经过变态，成体主要用肺呼吸，但多数皮肤也有部分呼吸功能。无尾目是生物从水中走上陆地的第一步，比其他两栖纲生物要先进，虽然多数已经可以离开水生活，但繁殖仍然离不开水，卵需要在水中经过变态才能成长。因此不如爬行纲动物先进，爬行纲动物已经可以完全离开水生活。

无尾目分科检索表

1. 舌为盘状，周围与口腔黏膜相连，不能自如伸出·············· 盘蛇蟾科Discoglossidae

　舌不呈盘状，舌端游离，能自如伸出··· 2

2. 肩带弧胸型··· 3

　肩带固胸型··· 5

3. 上颌无齿；趾端不膨大；趾间具蹼；耳后腺存在；体表具疣·············· 蟾蜍科Bufonidae

　上颌具齿·· 4

4. 趾端尖细，不具黏盘；耳后腺存在···························· 锄足蟾科Pelobatidae

　趾端膨大，呈黏盘状；耳后腺缺，大部分树栖性···················· 雨蛙科Hylidae

5. 上颌无齿，趾间几无蹼；鼓膜不明显···························· 姬蛙科（Microhylidae）

　上颌具齿；趾间具蹼；鼓膜明显··· 6

6. 趾端形直，或末端趾骨呈"T"字形······························· 蛙科Ranidae

　趾端膨大呈盘状，末端趾骨呈"Y"字形·························· 树蛙科Rhacophoridae

二、辽宁野外常见两栖类动物

（一）有尾目Caudata

1. 小鲵科Hynobiidae

全变态（个别种有童体形），多数有肺（仅爪鲵属无肺），睾丸不分叶，肛腺1对，体外受精。前颌骨鼻突短，左右鼻骨在中线相触，有间颌骨。四肢较发达,指4，趾5或4；皮肤光滑无疣粒，有或无唇褶，有眼睑和颈褶；体侧有肋沟。

小鲵科分属检索表

1. 前足4个指，后足4个趾·····························极北鲵属*Salamandralla*

　前足4个指，后足5个趾·····························小鲵属*Hynobius*

（1）极北鲵属*Salamandralla*

极北小鲵*Salamandralla keyserlingii*

（2）小鲵属*Hynobius*

东北小鲵*Hynobius leechii*

2. 蝾螈科Salamandridae

通常全变态，偶有童体形，均有肺（个别属退化或残迹状），睾丸分叶，肛腺3对，体内受精。前颌骨2或1，鼻突一般左右分离（疣螈属例外），均较长与额骨相连接，无间颌骨。

本地区仅有蝾螈属*Cynop*。

蝾螈属*Cynops*

东方蝾螈*Cynops orientalis*

（二）无尾目Anura

1. 蟾蜍科Bufonidae

肩带弧胸型，无肩胸骨，肩胛骨长，前端不与锁骨重叠。椎体前凹型；荐椎通常有骨髁2个，其横突宽大；荐椎前椎骨7～8枚，有些属种的寰椎与第一枚躯椎合并；成体和亚成体均无肋骨。头骨的骨化程度较高。大部分种类头部皮肤与骨骼粘连；鼻骨大而成对，左右彼此邻接。额骨与顶骨愈合成1对额顶骨，于颅骨背中线互相缝合。舌长，椭圆形，舌端无缺刻。瞳孔一般为圆形。指间无蹼，趾间具蹼，关节下瘤显著。皮肤粗糙，具耳旁腺。后肢发育较差，常常以爬行作为主要运动方式，不善跳跃。

本地区仅有蟾蜍属*Bufo*。

蟾蜍属*Bufo*

1. 雄蟾背面多呈橄榄黄色。雌蟾多为浅绿色；疣粒灰色，上面有红点；雌蟾背呈绿灰色，上有美丽酱色花斑，疣粒上多有土红色点⋯⋯⋯⋯⋯⋯⋯⋯⋯⋯⋯⋯⋯⋯⋯⋯ 花背蟾蜍*Bufo raddei*

雄蟾蜍背面多为黑绿色，体侧有浅色斑纹；雌蟾背面斑纹较浅，瘰疣乳黄色，有棕色或黑色的细花斑 ⋯⋯⋯⋯⋯⋯⋯⋯⋯⋯⋯⋯⋯⋯⋯⋯⋯⋯⋯⋯⋯⋯⋯⋯⋯⋯⋯⋯⋯⋯ 中华蟾蜍*Bufo gargarizans*

2. 铃蟾科Bombinatoridae

体背面皮肤粗糙，具大小瘰疣或刺疣；腹面皮肤光滑。舌为盘状，后端无缺刻，周缘与口腔黏膜相连，不能自由伸出；瞳孔心形；外侧趾间具蹼；无外跖突。配对时，抱握胯部。

本地区仅有铃蟾属*Bombina*。

铃蟾属*Bombina*

东方铃蟾*Bombina orientalis*

3. 蛙科Ranidae

具有平滑、潮湿的皮肤，肢大而且有力，后足趾间蹼发达。腰部纤细。骨质胸骨，不具肋骨。水平瞳孔，日行性。

蛙科分属检索表

1. 有背侧褶粗⋯⋯⋯⋯⋯⋯⋯⋯⋯⋯⋯⋯⋯⋯⋯⋯⋯⋯⋯⋯⋯⋯⋯⋯⋯⋯ 侧褶蛙属*Pelophylax*

背侧褶细⋯⋯⋯⋯⋯⋯⋯⋯⋯⋯⋯⋯⋯⋯⋯⋯⋯⋯⋯⋯⋯⋯⋯⋯⋯⋯⋯⋯⋯⋯⋯⋯⋯⋯ 2

2. 鼓膜后方具深色三角斑⋯⋯⋯⋯⋯⋯⋯⋯⋯⋯⋯⋯⋯⋯⋯⋯⋯⋯⋯⋯ 蛙属*Rana*

鼓膜后方无深色三角斑⋯⋯⋯⋯⋯⋯⋯⋯⋯⋯⋯⋯⋯⋯⋯⋯ 腺蛙属*Glandirana*

（1）林蛙属*Rana*

1. 背面皮肤较光滑⋯⋯⋯⋯⋯⋯⋯⋯⋯⋯⋯⋯⋯⋯⋯⋯ 东北林蛙*Rana dybowskii*

背部中间有脊线纹⋯⋯⋯⋯⋯⋯⋯⋯⋯⋯⋯⋯⋯⋯ 黑龙江林蛙*Rana amurensis*

（2）侧褶蛙属*Pelophylax*

1. 生活时体背面颜色多样，有淡绿色、黄绿色、深绿色、灰褐色等颜色，杂有许多大小不一的黑斑纹 ⋯⋯⋯⋯⋯⋯⋯⋯⋯⋯⋯⋯⋯⋯⋯⋯⋯⋯ 黑斑侧褶蛙*Pelophylax nigromaculatus*

生活时体背面绿色或橄榄绿色，鼓膜及背侧褶棕黄色；四肢背面绿色或有棕色横纹，股后正中有棕黄色纵线纹，其上方为浅棕色，其下方有一条与之平行的酱色宽纵纹 ⋯ 金线侧褶蛙*Pelophylax plancyi*

（3）腺蛙属*Glandirana*

东北粗皮蛙*Glandirana emeljanovi*

4. 雨蛙科Hylidae

适于树栖，指、趾末端多膨大成吸盘，末两骨节间有一间介软骨。中国的雨蛙体形较小。背面皮肤光滑,绿色。头部皮肤骨质化（可防御干旱）；次在性陆栖或水栖；有的在叶腋处或树叶上产卵,卵泡被叶片裹着,有的在池内筑成泥窝之后产卵；雌蛙的背面皮肤在繁殖季节形成"育儿"场所，如有的背面皮肤褶叠成"囊袋"状（如囊蛙），后端留有孔隙卵在袋内生长发育，有的背周缘皮肤隆起形成浅碟状（如碟背蛙），用以盛卵，也有的使卵完全裸露贴在背上；卵的多少和孵出期、蝌蚪的形态和生态，皆因属种而异；有的属于直接发育类型，孵出时已完成变态。

本地区仅有雨蛙属*Hyla*。

雨蛙属*Hyla*

东北雨蛙*Hyla japonica*

5. 姬蛙科Microhylidae

小型蛙类，最小的身长不及1.5cm，少数身长可达到8～9cm。形态特征多样性。

本地区仅有狭口蛙属*Kaloula*。

狭口蛙属*Kaloula*

北方狭口蛙*Kaloula borealis*

第三节　爬行类

由石炭纪末期的古代两栖类进化而来，心脏有两心房一心室，心室有不完全膈膜，体温不恒定，是真正适应陆栖生活的变温脊椎动物，并由此产生出恒温的鸟类和哺乳类。爬行类不仅在成体结构上进一步适应陆地生活，其繁殖也脱离了水的束缚，与鸟类、哺乳类共称为羊膜动物（amniota）。

本地区仅有龟鳖目Testudoformes和有鳞目Squamata。

一、爬行类分目检索表

（一）龟鳖目Testudoformes

龟鳖目俗称龟，其所有成员是现存最古老的爬行动物。特征为身上长有非常坚固的甲壳，受袭击时龟可以把头、尾及四肢缩回龟壳内。大多数龟均为肉食性。龟通常可以在陆上及水中生活，亦有长时间在海中生活的海龟。龟亦是长寿的动物，自然环境中有超过百年寿命的。

龟鳖目分科检索表

1. 附肢无爪，背甲无角质甲，而被以软皮，并具有7纵棱，形大；海产 ………… 棱皮龟科Dermochelyidae
   附肢至少各具1爪；背甲纵棱至多3条，或不具棱………………………………………… 2
2. 体外被以角质甲……………………………………………………………………………… 3
   体外被以革质皮…………………………………………………………………… 鳖科Trionychidae
3. 附肢呈桨状；趾不明显，仅具1～2爪；形大；海产…………………………… 海龟科Cheloniidae
   附肢不呈桨状，趾明显，具4～5爪；非海产…………………………………………………… 4
4. 头大，尾长，腹甲与缘甲间具缘下甲……………………………………平胸龟科Platysternidae
   头小；尾短，腹甲与缘甲相接，无缘下甲……………………………………… 龟科Testudinidae

（二）有鳞目Squamata

有鳞目是现代爬行动物中最为兴盛的一个类群。体表满被角质鳞片，一般无骨板，身体多为长形。前后肢发达或退化。体内受精，雄性有1对由泄殖腔壁向外翻出的囊状交配器，称半阴茎。卵生或卵胎生。营水生、陆生、树栖或地下穴居等多种生活方式。

此目分为蜥蜴亚目和蛇亚目。

有鳞目分亚目检索表

1. 有四肢，少退化但肢带残存…………………………………………………… 蜥蜴亚目Lacertilia
   无四肢……………………………………………………………………………… 蛇亚目Serpentes

[1]蜥蜴亚目Lacertilia

体表被以角质鳞片；绝大多数蜥蜴类有四肢，少数种类四肢退化，但肢带残存；左右下颌骨在前端紧密结合，上下颌骨表面着生有齿；尾长一般超过体长；具有成对的交接器；多数种类有活动眼睑和鼓膜。栖息方式多样，有陆栖、穴居、水栖、树栖等。

我国常见蜥蜴亚目分科检索表

1. 头部背面无大形成对的鳞甲………………………………………………………………………… 2

头部背面有大形成对的鳞甲 ·· 5

2. 趾端端大；大多无动性眼睑 ······················· 壁虎科Gekkonidae

趾侧扁；有动性眼睑 ··· 3

3. 舌长，呈二深裂状；背鳞呈粒状；体形大 ·············· 巨蜥科Varanidae

舌短，前端稍凹；体形适中或小 ··· 4

4. 尾上具2个背棱 ································· 异蜥科Xenosauridae

尾不具棱或仅有单个正中背棱 ···················· 鬣蜥科Agamidae

5. 无附肢 ····································· 蛇蜥科Anguidae

有附肢 ·· 6

6. 腹鳞方形；股窝或鼠蹊窝存在 ···················· 蜥蜴科Lacertidae

腹鳞圆形；股窝或鼠蹊窝缺 ···················· 石龙子科Scincidae

[2]蛇亚目Serpentes

体表披以鳞片；无四肢及肢带，无胸骨；左右下颌骨在前端以韧带相连，有利于吞咽较大食物；上下颌骨表面着生有齿；尾长明显短于体长；无活动眼睑，视力很差；鼓膜和外耳孔退化消失；舌末端分叉，有很强的伸缩性，是灵敏的化学探测器官。雄性有成对的交接器，体内受精，卵生或卵胎生。树栖、穴居、陆栖或水栖。

我国蛇亚目常见科检索

1. 头、尾与躯干部的界线不分明，眼在鳞下，上颌无齿；身体的背、腹面均被有相似的圆鳞，尾非侧扁
··· 盲蛇科Typhlopidae

头、尾与躯干部界线分明；眼不在鳞下；上下颌具齿；鳞多为长方形 ··········· 2

2. 上颌骨平直；毒牙存在时恒久竖起 ·· 3

上颌骨高度大于长度；具有能竖起的管状毒牙 ············· 蝰科Viperidae

3. 颊沟存在 ··· 4

颊沟缺 ·································· 钝头蛇科Amblycephalidae

4. 前方上颌牙不具沟 ··· 5

前方上颌牙具沟 ·· 7

5. 后肢退化为距状爪；头部背面被以大多数细鳞 ············· 蟒科Boidae

后肢无遗留；头部背面被以少数大形整齐的鳞片 ·································· 6

6. 额鳞后缘与成对顶鳞相接触 ···················· 游蛇科Colubridae

额鳞后缘与单个形大的枕鳞相接触，背鳞较大，15行 ······ 闪鳞蛇科Xenopeltidae

7. 尾圆形 ····································· 眼镜蛇科Elapidae

尾侧扁 ······································· 海蛇科Hydrophiidae

二、辽宁野外常见爬行类

（一）龟鳖目常见物种

1. 龟科Emydidae

背甲略微隆起或低平；头背覆有鳞片或平滑，或枕部具细鳞；头、颈、四肢及尾能完全缩入匣甲内；背腹甲通过缘甲以骨缝或韧带连接，无下缘盾；颞区有凹陷，颞弓或存或缺；颚骨与方轭骨分离；耳室后部不完全封闭，镫骨多少外露；上颚咀嚼面宽窄均有，有嵴或无嵴。椎板六边形或八边形。前乌喙骨与肩胛骨成直角相交，乌喙骨远端不扩大；肱骨上的挠骨突和尺骨突分离；指、趾多少具蹼，中指（趾）有3个骨节；掌骨长，爪4或5枚。具臭腺及肛侧囊。本科为半水栖或水栖龟类，也有陆栖种类。

本地区仅有拟水龟属*Chinemy*。

拟水龟属*Chinemys*

乌龟*Chinemys reevesii*

2. 泽龟科Emydidae

背甲呈流线型。常见于丘陵地带半山区的山间盆地或河流谷地的水域中，常于附近的小灌丛或草丛中。形态特征多样。

本地区仅有彩龟属*Trachemys*，为外来种。

彩龟属*Trachemys*

巴西红耳龟*Trachemys scripta*

（二）蜥蜴亚目常见物种

1. 蜥蜴科Lacertian

体和尾细长，头顶被大型对称鳞片。背鳞5～10行，覆瓦状排列，起强棱腹鳞6～8行，均起棱。鼠蹊窝1对。

本地区仅有草蜥属*Takydromus*。

草蜥属*Takydromus*

白条草蜥*Takydromus wolteri*

2. 石龙子科Scincidae

体形中等大小，头顶具对称排列的鳞片，体表被覆瓦状排列的光滑圆形角质鳞片，眼一般较小，大多具活动的眼睑，瞳孔圆形，骨膜深陷或被鳞，具有颞弓及眶后弓，前颌骨、鼻骨成对，额顶骨单块。牙齿为侧生齿，呈圆锥形或钩状，齿冠侧扁或球状。常具翼骨齿。5趾型四肢一般发达，也有退化或缺失者，四肢退化者身体延长，尾粗且长，圆形，易断，断后能再生，但再生部分无脊椎骨。无股窝或鼠蹊窝。以陆地生活为主，喜在干燥及多岩石处活动，亦有营水栖、树栖及穴居生活。

本地区仅有石龙子属*Eumeces*。

石龙子属*Eumeces*

中国石龙子*Eumeces chinensis*

（三）蛇亚目常见物种

1. 游蛇科Colubridae

头背面覆盖大而对称的鳞片，背鳞覆瓦状排列成行；腹鳞横展宽大。上颌骨不能竖立，其上生有细齿；少数种类为后沟牙类毒蛇，即最后2～4个细齿形成较大而有纵沟的沟牙。形态和习性多样性丰富，树栖、穴居、水栖或半水栖。卵生。

游蛇科分属检索表

1. 体色棕黑，无花纹 ································ 东亚腹链蛇属*Hebius*

　体色为其他颜色，有花纹 ·································· 2

2. 眼后有明显黑斑 ································ 颈槽蛇属*Rhabdophis*

　眼后无明显黑斑 ·································· 3

3. 身体花纹呈环状 ································ 白环蛇属*Lycodon*

　身体花纹不呈环状 ·································· 4

4. 卵生 ·································· 5

　卵胎生 ································ 红纹滞卵蛇属*Oocatochus*

5. 背鳞数目少于19片，体背有一纵线 ················ 东方蛇属*Coluber*

　背鳞数目多于（等于）19片，体背无纵线 ·········· 锦蛇属*Elaphe*

（1）锦蛇属*Elaphe*

1. 体背黑色 ································ 棕黑锦蛇*Elaphe schrenckii*

　体背棕灰色 ·································· 2

2. 鳞片几乎没有光泽 ································ 团花锦蛇*Elaphe david*

鳞片有光泽···3

3. 体背棕灰色，前段无斑纹，后段及尾部具更明显的黄色横斑·····················赤峰锦蛇*Elaphe anomala*

枕部有一黑的线纹··白条锦蛇*Elaphe dione*

（2）滞卵蛇属*Oocatochus*

红纹滞卵蛇 *Oocatochus rufodorsatus*

（3）东亚腹链蛇属*Hebius*

东亚腹链蛇 *Hebius vibakari*

（4）颈槽蛇属*Rhabdophis*

虎斑颈槽蛇 *Rhabdophis tigrinus*

（5）白环蛇属*Lycodon*

赤链蛇 *Lycodon rufozonatus*

（6）东方蛇属*Coluber*

黄脊游蛇 *Coluber spinalis*

2. 蝰科Viperidae

头大、呈三角形，而且很高，与颈区分很明显，眼中等，瞳孔垂直椭圆，躯干一般较粗短，尾短或中等。背鳞比较小，多少呈斜方菱形交错排列，腹鳞横向扩大，形单列。

本地区仅有亚洲蝮属*Gloydiu*。

亚洲蝮属*Gloydiu*

1. 左右眼睛后方也长着一条白色花纹·····················乌苏里蝮*Gloydius ussuriensis*

左右眼睛后方也长着一条白色花纹·····················黑眉蝮*Gloydius saxatilis*

第四节　鸟类

鸟类体均被羽，恒温，卵生，胚胎外有羊膜。前肢成翼，有时退化。多营飞翔生活。心脏是2心房2心室。仅保留右体动脉弓，左体动脉弓退化。骨多空隙，内充气体。呼吸器官除肺外，有辅助呼吸的气囊。我国的鸟类分为游禽、涉禽、攀禽、陆禽、猛禽、鸣禽六大类。此六类统称为鸟类的六大生态类群。

一、鸟类分目检索表

1. 脚适于游泳；有发达的蹼···2

　　脚适于步行；无蹼，或不发达···8

2. 鼻呈管状···鹱形目Procellariiformes

　　鼻不呈管状···3

3. 趾间具全蹼···鹈形目Pelecaniformes

　　趾间不具全蹼···4

4. 嘴通常扁平，先端具嘴甲；雄性具交接器·············雁形目Anseriformes

　　嘴不扁平；雄性不具交接器···5

5. 翅尖长；尾羽正常发达··鸥形目Lariformes

　　翅短，或尖或圆；尾羽甚短···6

6. 翅尖；后趾形小，位高或退化··鸽形目

　　翅圆；后趾存在···7

7. 前趾各具瓣状蹼···䴙䴘目Podicipediformes

　　前3趾间具有很大的脚蹼···································潜鸟目Gaviiformes

8. 颈和脚均较短；胫部全部被羽；无蹼···11

　　颈和脚均较长；胫的下部裸出；蹼不发达·······························9

9. 后趾发达，与前趾同在一个平面上，眼先裸出·······鹳形目Ciconiiformes

　　后趾不发达或完全退化，存在时位置亦较其他趾稍高，眼前常被羽·········鹤形目Gruiformes

10. 嘴爪均特强锐且弯曲；嘴基具蜡膜···11

　　嘴爪形或平直或仅稍曲；嘴基不具蜡膜（鸽形目例外）·········13

11. 足呈对趾型，舌厚而且为肉质，尾脂腺被绒羽·······鹦形目Psittaciformes

　　足不呈对趾型，舌正常，尾脂腺被羽或裸出·······························12

12. 蜡膜裸出，两眼侧置，外趾不能反转（鹗属例外），尾脂腺被羽·······21

　　蜡膜被硬须掩盖，两眼向前，外趾能反转，尾脂腺露出·········鸮形目Strigiformes

13. 三趾向前，一趾向后（有时无后趾），各趾彼此分离（除极少数外）·······20

　　趾不具上例特征···14

14. 足大都呈前趾型，嘴短阔而平扁，无嘴须·············雨燕目Apodiformes

　　足不呈前趾型，嘴强而不平扁（夜鹰目例外）常具嘴须·········15

15. 足呈异趾型···咬鹃目Trogoniformes

　　足不呈异趾型···16

16. 足呈对趾型 ·· 17

　足不呈对趾型 ··· 18

17. 嘴强直呈凿状，尾羽通常坚挺尖出 ·································· 䴕形目Piciformes

　嘴端稍曲，不呈凿状，尾羽正常 ····································· 鹃形目Cuculiformes

18. 嘴长或强直，或细而稍曲，有时更具盔突，鼻不呈管状，中爪不具栉缘 ·········佛法僧目Coraciiformes

　嘴短阔，鼻通常呈管状，中爪具栉缘 ···················· 夜鹰目Caprimulgiformes

19. 嘴基柔软，被以蜡膜，嘴端膨大而具角质（沙鸡除外） ······· 鸽形目Columbiformes

　嘴全被角质，嘴基无蜡膜 ·· 20

20. 后爪不比其他趾的爪长，雄者多具距 ····························· 鸡形目Galliformes

　后爪较他趾的爪长，无距 ······································· 雀形目Passeriformes

21. 有明显的眶上嵴，喙上无齿突 ································· 鹰形目Accipitriformes

　无眶上嵴，喙上有齿突 ···································· 隼形目Falconiformes

二、辽宁野外常见鸟类

（一）鸡形目Passeriformes

走禽。体结实，喙短，呈圆锥形，适于啄食植物种子；翼短圆，不善飞；脚强健，具锐爪，善于行走和掘地寻食；雄鸟具大的肉冠和美丽的羽毛；有的跗跖后缘具距。早成鸟。

这一目的鸟有鸡、鹌鹑、孔雀等。人们通常把这一目的鸟中体形较大种的统称为"鸡"，体形较小的一些种类称为"鹑"。由于这一目的鸟腿脚强健，擅长在地面奔跑，按生态习性，被称为陆禽。这一目中的鸟有些体态雄健优美，色彩艳丽，其中不少是珍稀物种和经济物种，家鸡还与人类的生活关系密切。

雉科Phasianidae

头顶常具羽冠或肉冠。嘴粗短而强，上嘴先端微向下曲，但不具钩；鼻孔不为羽毛所掩盖着。翅稍短圆。尾长短不一，尾羽或呈平扁状，或呈侧扁状。跗跖裸出，或仅上部被羽，雄性常具距，但有时雌雄均有；趾完全裸出，后趾位置较高于他趾。雌雄同色或异色；若异色时，雄者羽色华丽。

本地区仅有雉属*Phasianus*。

雉属*Phasianus*

环颈雉 *Phasianus colchicus*

（二）雁形目Anseriformes

　　雁形目鸟类均为水栖性鸟类，体形大小不一，大者如天鹅体长可达1.5m，小者如棉凫体长仅30cm。头较大，有的种类具有明显的冠羽，喙多为扁平形，尖端具有嘴甲，大多长颈。翅长而尖，适于长途跋涉，初级飞羽10～11枚，次级飞羽缺第5枚，大多数种类的次级飞羽色彩艳丽，具有抢眼的金属光泽，被称作翼镜，大多数种类的尾巴很短，但也有个别种类具有异乎寻常长的中央尾羽，如针尾鸭，本目鸟类绒羽发达，脚短，多着生于身体的中后部，跗跖前侧覆盖网状鳞，三趾向前，有蹼或半蹼相连，一趾向后，较其他三趾为短。多雄雌异色，部分种类如天鹅雄雌同形同色。

鸭科Anatidae

　　游禽类最大的一科，除南极之外世界各地都有分布。天鹅，雁和多种多样的鸭类都是鸭科的成员，这些成员外形和习性各异：有些食植物，有些则食鱼；有些只能飘浮在水面上，有些则擅长潜水；有些是飞行能力最强的鸟类之一，有些则不善于飞行。天鹅、雁和一些鸭子如麻鸭类雌雄相差不大，但很多鸭类雌雄相差悬殊，雄鸟有艳丽的羽毛，而雌鸟则羽色暗淡，这一点以鸳鸯表现最为明显。

鸭科分属检索表

1. 后趾不具蹼瓣 ··· 2

　后趾具蹼瓣 ·· 3

2. 颈较体长，或与体等长 ··· 天鹅属Cygnus

　颈较体短 ·· 4

3. 后趾仅具狭型蹼瓣 ··· 5

　后趾具宽型蹼瓣 ··· 秋沙鸭属Mergus

4. 上喙边缘齿突明显 ··· 雁属Anser

　上喙边缘齿突不明显 ·· 黑雁属Branta

5. 嘴型短厚似鹅 ·· 6

　嘴型广平 ·· 7

6. 头不具羽冠，初列飞羽的外缘不呈银灰色 ··· 棉凫属Nettapus

　头具羽冠，初列飞羽的外缘呈银灰色，雄鸟翼上具帆状饰羽1对 ····················· 鸳鸯属Aix

7. 雌雄体色近乎相同 ··· 麻鸭属Tadorna

　雌雄体色差异很大 ··· 8

8. 体形较大，翼在280mm以上 ·· 潜鸭属Aythya

　体形较小，翼在280mm以下 ·· 鸭属Anas

9. 喙缘栉突形长而显著，雄鸟具羽冠·· 狭嘴潜鸭属*Netta*

喙缘栉突不显著·· 潜鸭属*Aythya*

（1）雁属*Anser*

鸿雁*Anser cygnoides*

（2）黑雁属*Branta*

黑雁*Branta bernicla*

（3）天鹅属*Cygnus*

1. 嘴基的黄色延伸到鼻孔以下··· 大天鹅*Cygnus cygnus*

黄色仅限于嘴基的两侧，沿嘴缘不延伸到鼻孔以下················· 小天鹅*Cygnus columbianus*

（4）麻鸭属*Tadorna*

1. 喙黑色，基部无皮质瘤··· 赤麻鸭*Tadorna ferruginea*

喙赤红色，基部生有一个突出的红色皮质瘤···················· 翘鼻麻鸭*Tadorna tadorna*

（5）鸭属*Anas*

鸭属分种检索表

1. 嘴型广平··· 2

嘴大而扁平，先端扩大成铲状，形态极为特别···················· 琵嘴鸭*Anas clypeata*

2. 繁殖羽头部覆盖金属光泽的绿色羽毛·· 3

繁殖羽头部无金属光泽的绿色羽毛···················· 斑嘴鸭*Anas poecilorhyncha*

3. 两颊近嘴基处有大型白色圆斑·························· 鹊鸭*Bucephala clangula*

两颊近嘴基处无大型白色圆斑··· 4

4. 嘴黄色··· 绿头鸭*Anas platyrhynchos*

嘴黑色··· 罗纹鸭*Anas falcate*

（6）潜鸭属

凤头潜鸭*Aythya fuligula*

（7）秋沙鸭属*Mergus*

秋沙鸭属分种检索表

1. 雄性繁殖羽两翅灰黑色····························· 斑头秋沙鸭*Mergellus albellus*

雄性繁殖羽两翅暗褐色·· 2

2. 体侧具鳞状纹······································· 中华秋沙鸭*Mergus squamatus*

体侧无鳞状纹··· 普通秋沙鸭*Mergus merganser*

（三）戴胜目Upupiformes

中型攀禽。嘴细长而下弯。尾较长，尾羽10枚。第3和第4趾基部愈合。栖息树林、林缘或平原。主要以昆虫或蠕虫为食。在洞中筑巢。每窝产卵3～8枚。由雌鸟孵卵。

本地区仅戴胜科Phoeniculidae。

戴胜科Phoeniculidae

头顶羽冠长而阔，呈扇形。颜色为棕红色或沙粉红色，具黑色端斑和白色次端斑。头侧和后颈淡棕色，上背和肩灰棕色。下背黑色而杂有淡棕白色宽阔横斑。初级飞羽黑色，飞羽中部具一道宽阔的白色横斑，其余飞羽具多道白色横斑。翅上覆羽黑色，也具较宽的白色或棕白色横斑。腰白色，尾羽黑色而中部具一白色横斑。颏、喉和上胸葡萄棕色。腹白色而杂有褐色纵纹。虹膜暗褐色。嘴细长而向下弯曲，黑色，基部淡肉色，脚和趾铅色或褐色。

本地区仅戴胜属*Upupa*。

戴胜属*Upupa*

戴胜*Upupa epops*

（四）佛法僧目Coraciiformes

佛法僧目鸟类体形大小不一,体形大者和老鹰差不多，小者比麻雀大不了多少。脚短小，趾前3后1，并趾型。羽色艳丽，有时具金属辉亮，或是黑白斑驳状；雌雄相似，或差异极少。羽色大都艳丽，以蓝、绿色占优势，部分为黑、白色，其他色则较少；羽毛结构着生紧密，副羽及盲囊有存有缺；尾脂腺裸露或被羽；雌雄同色或异色。嘴形多样；翅大都宽长，初级飞羽10～11枚；尾短或适中，方形至凸形，尾羽 10～12枚；跗跖短，趾纤弱，后趾偶有缺如，前趾基部多少有愈合。头骨索腭型，基翼突退化或不存在；胸骨后方具2～4个切刻；足的肌肉缺栖肌，但有股尾肌、半腱肌和副半腱肌，深跖腱再分向各趾之前，并在屈趾长肌延伸至后趾的小狭片下某点完全或不完全地拼合（戴胜例外）；鸣器结构发生于气管与支气管间位置。

翠鸟科Alcedinidae

体较小，喙长而宽阔，尾较短。水栖或林栖两。水栖者常直挺地停息在近水的低枝或岩石上，伺机捕食鱼虾。林栖者以澳大利亚和新几内亚一带为分布中心，其中澳大利亚的笑翠鸟是体形最大的翠鸟，以蛇和蜥蜴为食。一般在土崖壁上穿穴为巢。雌雄共同孵卵，但只由雌鸟喂雏。

本地区仅翠鸟属*Alcedo*。

翠鸟属*Alcedo*

普通翠鸟*Alcedo atthis*

（五）鹃形目Cuculiformes

中小型攀禽。头骨的跗盖型为索腭。嘴形稍粗厚，微向下曲，但不具钩。翅有第5枚次级飞羽。尾8~10枚。具适于攀缘的对趾型足，脚小而弱，足呈对趾型，即第2、3趾向前，第1、4趾向后。雏鸟为晚成性。尾脂腺裸出。羽无副羽。雌雄大都相似。大多不自营巢，营卵寄生（或称巢寄生）繁殖，自己不筑巢、不孵卵，而是将卵产于其他鸟巢中，由义亲代孵代养。雏鸟为晚成性。

本地区仅杜鹃科Cuculidae。

杜鹃科Cuculidae

中、小型攀禽，体多瘦长。羽衣松软，无副羽。翅尖长，尾长，呈网型或凸型。嘴长适中，上嘴拱形。腿较短而细弱。

本地区仅杜鹃属1属。

杜鹃属*Cuculus*

大杜鹃*Cuculus canorus*

（六）鸽形目Columbiformes

陆禽，体形中等，嘴爪平直或稍弯曲，嘴基部柔软，被以蜡膜，嘴端膨大而具角质（沙鸡除外）；颈和脚均较短，胫全被羽。嗉囊发达。雏鸟为晚成鸟。喜群栖，并有集群迁徙现象。主要以植物的果实，种子等为食，兼吃少量的昆虫类等动物性食物。

本地区仅鸠鸽科Columbidae。

鸠鸽科Columbidae

嘴爪平直或稍弯曲，嘴基部柔软，被以蜡膜，嘴端膨大而具角质；颈和脚均较短，胫全被羽。

鸠鸽科分属检索表

1. 嘴较短···鸽属*Columba*

　嘴较长··2

2. 半领环无白点···斑鸠属*Streptopelia*

　半领环具密集白点···珠颈斑鸠属*Spilopelia*

（1）鸽属*Columba*

岩鸽*Columba rupestris*

（2）斑鸠属*Streptopelia*

灰斑鸠*Streptopelia decaocto*

（3）珠颈斑鸠属*Spilopelia*

珠颈斑鸠*Spilopelia chinensis*

（七）鹤形目Gruiformes

除少数种类外，概为涉禽。眼先被羽或裸出；翅大都短圆，第1枚初级飞羽较第2枚短；尾短，有12枚尾羽。颈和脚均较长，胫的下部裸出；脚趾一般细长，后趾不发达或完全退化，存在时位置亦较高；趾间无蹼，有时具瓣蹼。不具真正的嗉囊，盲肠较发达。鸣管由气管与支气管的一部分构成；鹤的气管发达，能在胸骨和胸肌间构成复杂的卷曲，有利于发声共鸣。

鹤形目分科检索表

1. 体形较小，嘴短⋯⋯⋯⋯⋯⋯⋯⋯⋯⋯⋯⋯⋯⋯⋯⋯⋯⋯⋯⋯⋯⋯⋯⋯秧鸡科*Rallidae*

　 体形较大，嘴长⋯⋯⋯⋯⋯⋯⋯⋯⋯⋯⋯⋯⋯⋯⋯⋯⋯⋯⋯⋯⋯⋯⋯⋯鹤科*Gruida*

1. 鹤科Gruidae

头小颈长，嘴长而直，脚细长，羽毛白色或灰色，群居或双栖，常在河边或海岸捕食鱼和昆虫。

本地区仅有鹤属*Grus*。

鹤属*Grus*

1. 全身几乎纯白色，头顶裸露无羽、呈朱红色⋯⋯⋯⋯⋯⋯⋯⋯⋯⋯⋯⋯丹顶鹤*Grus japonensis*

　 全身大都灰色，头顶裸出部朱红色，并具稀疏的黑色发状短羽⋯⋯⋯⋯⋯⋯灰鹤*Grus grus*

2. 秧鸡科Rallidae

中小型涉禽，头小，喙细长，腿和趾都长。善于快速步行，偶尔也会进行短距离的飞行。

本地区仅有骨顶属1属。

骨顶属*Fulica*

骨顶鸡*Fulica atra*

（八）鹳形目Ciconiiformes

鹳形目鸟类颈和脚均长，脚适于步行；嘴形侧扁而直；眼先裸出；胫的下部裸出；后趾发达，与前趾同在一平面上。大、中型涉禽。雌雄性羽色相同或相似。嘴长，嘴形大都侧扁而长，有的呈匙状。眼先常裸出。颈长而细。翅形不一，较长或短阔。第5枚次级飞羽缺如。尾较短，多为平尾，腿长，胫的下半部裸出。趾长，趾向前，一趾向后，前后趾在同一水平面上。前3趾基部具微蹼（少数种类蹼发达）。尾脂腺被羽。羽毛大都具副羽。

鹳形目分科检索表

1. 大型涉禽 ·· 2

    体形较小，50cm以下 ·· 4

2. 中趾之爪的内侧具栉缘 ··· 鹭科Ardeidae

    中趾之爪内侧不具栉缘 ·· 3

3. 嘴粗厚而侧扁，不具鼻沟 ·· 鹳科Ciconiidae

    嘴呈匙状或筒状，徐向下曲，鼻沟几乎伸至嘴端 ··············· 鹮科Threskiorothidae

4. 嘴较长 ·· 丘鹬科Scolopacidae

    嘴较短 ·· 5

5. 体形似鸥形目鸟类 ·· 燕鸻科Glareolidae

    体形似雀形目鸟类 ·· 鸻科Charadriidae

1. 丘鹬科Threskiorothidae

    涉禽，有细长的嘴和腿，体羽多暗淡或斑驳，不少种类形态相似难于区分，鹬常见于海滨地区，是各地湿地最重要的涉禽之一，也有一些种类生活于森林地区甚至内陆的高山地区。

丘鹬科分属检索表

1. 嘴长 ·· 2

    嘴较短 ·· 3

2. 下弯明显 ··· 杓鹬属Numenius

    下弯不明显 ·· 塍鹬属Limosa

3. 具有后趾 ··· 鹬属Tringa

    不具后趾 ·· 三趾鹬Calidris

（1）鹬属Tringa

1. 腿长，近绿色 ·· 青脚鹬Tringa nebularia

    腿长，暗红色 ·· 鹤鹬Tringa erythropus

（2）塍鹬属Limosa

黑尾塍鹬Limosa limosa

（3）杓鹬属Numenius

1. 体长60cm左右 ··· 大杓鹬Numenius madagascariensis

体长30cm左右 ·· 小杓鹬*Numenius minutus*

（4）三趾鹬属*Calidris*

三趾鹬*Calidris alba*

2. 鸻科Charadriidae

长而尖的翅膀；丰满的身体；圆头和短脖子；嘴形细狭，尖端具隆起；鼻孔直裂，有鼻沟；跗骨后侧具网状鳞，前缘亦常具网状鳞；趾不具瓣蹼；中爪不具栉缘。

鸻科分属检索表

1. 大中型涉禽 ··· 长脚鹬属*Himantopus*

　中小型涉禽 ··· 2

2. 嘴型似长圆锥 ··· 砺鹬属*Haematopus*

　嘴型较尖 ··· 3

3. 中型涉，颈部略 ·· 麦鸡属*Vanellus*

　小型涉禽，颈部较短 ··· 鸻属*Charadrius*

（1）长脚鹬属*Himantopus*

黑翅长脚鹬*Himantopus himantopus*

（2）砺鹬属*Haematopus*

砺鹬*Haematopus ostralegus*

（3）鸻属*Charadrius*

1. 黑或褐色的全胸带，腿黄色 ··· 2

　黑色胸带不完整，腿黑色 ······························· 环颈鸻*Charadrius alexandrinus*

2. 黄色眼圈明显，翼上无横纹 ··························· 金眶鸻*Charadrius dubius*

　黄色眼圈不明显，翼上有横纹 ······················· 剑鸻*Charadrius hiaticula*

（4）麦鸡属*Vanellus*

1. 雄鸟夏羽额、头顶和枕黑褐色，头上有黑色反曲的长形羽冠 ·············· 凤头麦鸡*Vanellus vanellus*

　雄鸟夏羽额、头顶和枕灰色，后颈缀有褐色 ·························· 灰头麦鸡*Vanellus cinereus*

3. 燕鸻科Glareolidae

体长约20cm，体褐色，腰白色；叉尾，翅长而尖。晨昏飞行在河流、湖泊上空捕食昆虫。

本地区仅有燕鸻属*Glareola*。

燕鸻属*Glareola*

普通燕鸻*Glareola maldivarum*

4. 鹭科Ardeidae

大、中型涉禽，主要活动于湿地及林地附近。长嘴、长颈、长脚的外形，羽色有白色、褐色、灰蓝色等，有些鹭科鸟类羽色有冬羽、夏羽分别。或是繁殖期会在头、胸、背等部位出现丝状饰羽，繁殖期过后逐渐消失。飞行时长颈会缩成S形、长腿会伸出尾后、振翅缓慢。

鹭科分属检索表

1. 大型涉禽···2

　中型涉禽···4

2. 体色为白色···白鹭属*Casmerodius*

　体色为灰色···3

3. 体色为近灰色···鹭属*Ardea*

　背部灰色，腹部白色···夜鹭属*Nycticorax*

4. 头颈部深褐色，背部灰色，腹部白色···池鹭属*Ardeola*

　头背部为黄褐色，腹部白色···牛背鹭属*Bubulcus*

白鹭属*Casmerodius*

1. 嘴黄色···大白鹭*Casmerodius albus*

　嘴黑色···2

2. 眼先裸出部分黄绿色···中白鹭*Mesophoyx intermedia*

　眼先裸出部分夏季粉红色，冬季黄绿色····································小白鹭*Egretta garzetta*

（2）鹭属*Ardea*

苍鹭*Ardea cinerea*

（3）池鹭属*Ardeola*

池鹭*Ardeola bacchus*

（4）夜鹭属*Nycticorax*

夜鹭*Nycticorax nycticorax*

（5）牛背鹭属*Bubulcus*

牛背鹭*Bubulcus ibis*

5. 鹳科Ciconiidae

大型涉禽。嘴形粗健而长，略侧扁，嘴基部粗厚，先端渐变尖细。鼻孔呈裂缝状，不具鼻沟。颈和脚长，有利于鹳在水中摄食或捕食较远和试图逃跑的动物。飞行时颈向前伸直，有利于定位。胫的下部裸出无羽，跗跖部被网状鳞，具4趾，后趾位置不较他趾为高，前3趾的基部有蹼相连，爪短粗而钝，尾短。雌雄性羽色相似，但通常雄性略大于雌性。体羽大都呈黑色、白色。喙、脚和颊部皮肤多为鲜艳的颜色。

本地区仅有鹳属*Ciconia*。

鹳属*Ciconia*

东方白鹳*Ciconia boyciana*

（九）鸥形目**Lariformes**

嘴细而侧扁；翅尖长；尾短圆或长而呈叉状；脚短，前趾间具蹼，雄性不具交接器。世界有4科24属115种，中国有4科15属37种。多为海洋鸟类，有些见于内陆江河湖沼。

本地区仅有鸥科1科。

鸥科Laridae

体形稍大而笨重。嘴较粗大而直，或粗健或细长；嘴端稍微下曲或端尖。鼻孔呈椭圆形或线缝隙状。翅长而尖，第一枚或第二枚初级飞羽通常最长，一般在翅折合时，翅尖端多数超出尾尖端。尾羽12枚，尾形长，呈圆形或尖叉状尾。跗跖多数较粗壮，前趾间具蹼膜，后趾形小而位置稍高。雌雄性成鸟羽色几相近，但有季节差异，幼鸟通常羽色较暗具斑。

鸥科分属检索表

1. 无后趾 ··· 三趾鸥属*Rissa*

　　有后趾 ··· 2

2. 尾形似燕尾，叉状较深 ··· 燕鸥属*Sterna*

　　尾部叉状较浅 ·· 3

3. 头羽黑色延伸至颈部 ··· 噪鸥属*Gelochelidon*

　　头羽不呈黑色，如具黑色不延伸至颈部 ································· 鸥属*Larus*

（1）鸥属*Larus*

1. 虹膜和嘴黑色，脚红色 ··· 黑嘴鸥*Larus saundersi*

　　虹膜棕褐色，嘴和脚暗红色，脚有时呈珊瑚红色 ········· 遗鸥*Larus relictus*

（2）三趾鸥属*Rissa*

三趾鸥*Rissa tridactyla*

（3）燕鸥属*Sterna*

普通燕鸥*Sterna hirundo*

（4）噪鸥属*Gelochelidon*

鸥嘴噪鸥*Gelochelidon nilotica*

（十）隼形目Falconiformes

隼形目多为单独活动，飞翔能力极强，也是视力最好的动物之一。隼形目与其他鸟类不同，雌鸟往往比雄鸟体形更大。隼形目有5科，中国有2科。这一目中的鸟包括了汉语中常说的鹰、隼、鹞、雕、鹫、鸢等。隼形目都是肉食性，体态雄健，在各国的文化中具有神话色彩。

隼形目分科检索表

1. 上喙的左右两侧只具有弧状的边缘轮廓，并不具有明显的齿突，少数具有双齿突……鹰科Accipitridae

上喙的左右两侧的均具有单个的齿突，骨棍结构也是清晰可见……隼科Falconidae

1. 鹰科Accipitridae

昼行性猛禽，具有宽阔的翅膀，钩状的喙，强壮的腿和脚以及锋利的爪子。所有的鹰类的鸟喙上都有一个蜡质膜。这种蜡质膜通常颜色鲜艳，覆盖上颌骨的基部。在大多数物种中，它们的大眼睛被眶上脊遮住，使脸看起来很凶猛。成鸟翼展50～300cm，全长25～150cm；体重80～12.5kg。

鹰科分属检索表

1. 喙较小，体细瘦，翅膀较长，尾细长……鹞属Circus

喙粗壮下钩，体较粗壮，翅膀短宽，尾长……鹰属Accipiter

（1）鹞属Circus

1. 上体黑色……鹊鹞Circus melanoleucos

上体蓝灰色……白尾鹞Circus cyaneus

（2）鹰属Accipiter

1. 上体到尾灰褐色……2

上体鼠灰色或暗灰色……雀鹰Accipiter nisus

2. 头顶缀有棕褐色……松雀鹰Accipiter virgatus

头顶无棕褐色点缀……苍鹰Accipiter gentilis

2. 隼科Falconidae

喙较鹰科鸟类短，先端两侧有齿突，基部不被蜡膜或须状羽；鼻孔圆形，自鼻孔向内可见一柱状骨棍；翅长而狭尖，扇翅节奏快；尾较细长。翅狭长而尖。例如图红隼。雄鸟上体红砖色，背及翅上具黑色三角形斑；头顶、后颈、颈侧蓝灰色。飞羽近黑色，羽端灰白；尾羽蓝灰色，具宽阔的黑色次端斑，羽端灰白色。下体乳黄色带淡棕色，具黑褐色羽干纹及粗斑。嘴基蓝黄色，尖端灰色。脚深黄色。雌鸟上体深棕色，杂以黑褐色横斑；头顶和后颈淡棕色，具黑褐色羽干纹；尾羽深棕色，带9～12条黑褐色横斑。亚成鸟：似雌鸟，但纵纹较重。与黄爪隼区别在尾呈圆形，体形较大，具髭纹，雄鸟背上具点斑，下体纵纹较多，脸颊色浅。简易识别：眼下有眼斑，背红有黑斑。胸有黑斑。飞翔时悬停。雌鸟比雄鸟大。部分雄鸟和雌鸟长度相同。身形较为纤细。嘴爪比雌性小。

本地区仅有隼属*Falco*。

隼属*Falco*

1. 头侧、后颈、颈侧蓝灰色···2

　头侧、后颈、颈侧蓝灰色淡石板灰色·······································阿穆尔隼*Falco amurensis*

2. 上体棕红色，杂以黑褐色横斑···红隼*Falco tinnunculus*

　上体深棕色，杂以黑褐色横斑···燕隼*Falco subbuteo*

（十一）䴙䴘目Podicipediformes

水鸟。羽毛松软如丝，头部有时具羽冠或皱领；嘴细直而尖；翅短圆，尾羽均为短小绒羽；脚位于体的后部，跗骨侧扁，前趾各具瓣状蹼。与潜鸟科的主要区别是脚趾上具瓣蹼。翅膀短，能飞却不善飞，因而不是迫不得已它很少起飞。突然受到惊吓时可以跃离水面起飞，但飞得很低，几乎贴着水面。

冬季栖息于溪流，夏季到湖沼中繁殖，主要以小鱼、虾、昆虫等为主。早成性。繁殖于淡水湖泊。在水面以枝、叶等筑浮巢，每窝产卵6～7枚。䴙䴘分布广泛，除两极和大洋中的岛屿外，几乎遍及全球。

䴙䴘科Podicedidae

体圆，在水上浮沉如葫芦，又名水葫芦，颈侧羽色红褐色，体侧带点黑红褐色，背部羽毛黑色，尾部羽毛白色，以小鱼、虾等为食

本地区仅有䴙䴘属*Tachybaptus*。

䴙䴘属*Tachybaptus*

1. 成年个体体长约26cm ···小䴙䴘*Tachybaptus ruficollis*

　成年个体体长46～51cm ···凤头䴙䴘*Podiceps cristatus*

（十二）雀形目Passeriformes

为中、小型鸣禽，喙形多样，适于多种类型的生活习性；鸣管结构及鸣肌复杂，大多善于鸣啭，叫声多变悦耳；筑巢大多精巧，雏鸟晚成性。离趾型足，趾3前1后，后趾与中趾等长；腿细弱，跗跖后缘鳞片常愈合为整块鳞板；雀腭型头骨。体形大小不一，大者如鸦科部分种类体长可达50cm以上，小者如鹟科莺亚科部分种类体长仅6～7cm。善于筑

巢，雀形目鸟类多为晚成雏，常有复杂的占区、营巢、求偶行为。

雀形目分科检索表

1.喙与头近等长，或稍短···2

喙较头短···3

2.羽色单一，多为深色··鸦科Corvidae

羽色多为黄色··黄鹂科Oriolidae

3.喙较锋利，凶猛肉食性···伯劳科Laniidae

喙较尖细，杂食性··4

4.尾羽呈深叉状··燕科Hirundinidae

尾羽非深叉状··5

5.上下喙边缘不紧密切合而微向内弯，因而切合线中略有缝隙····················鹀科Emberizidae

上下喙可紧密切合··6

6.离趾型足，趾3前1后，后趾与中趾等长···雀科Passeridae

腿细长后趾具长爪··鹡鸰科Motacillidae

1. 伯劳科Laniidae

嘴形大而强，上嘴先端具钩和缺刻，略似鹰嘴。翅短圆，通常呈凸尾状。脚强健，趾有利钩。性凶猛，嗜吃小型兽类、鸟类、蜥蜴等各种昆虫以及其他活动物。

本地区仅有伯劳属*Lanius*。

伯劳属*Lanius*

1.尾上覆羽棕红色···红尾伯劳*Lanius cristatus*

尾上覆羽淡灰色··楔尾伯劳*Lanius sphenocercus*

2. 鸦科Corvidae

体形最大的鸣禽。体壮，喙短粗，尾较短，羽色暗淡，羽衣可为单色的，或有对比明显的花纹。通常有光泽，雌、雄性相像。

鸦科分属检索表

1.羽色多黑色或深褐色··鸦属*Corvus*

羽色不为一色··2

2.羽色黑白相间，具蓝绿金属光泽··鹊属*Pica*

额至后颈黑色，背部浅灰蓝色···灰喜鹊属*Cyanopica*

（1）鹊属*Pica*

喜鹊*Pica pica*

（2）灰喜鹊属*Cyanopica*

灰喜鹊*Cyanopica cyanus*

（3）鸦属*Corvus*

小嘴乌鸦*Corvus corone*

3. 燕科Hirundinidae

体小呈流线型，以活动敏捷，擅长飞行而著称，生有完整的支气管环，为鸣禽所少见。喙平直，脚细弱，翼尖且长。在急速飞行中捕食昆虫。家燕尾羽分叉，为典型"燕尾"。善于在高空疾飞啄取昆虫。喙短而宽扁，基部宽大，呈倒三角形，上喙近先端有一缺刻；口裂极深，嘴须不发达。雌雄羽色相似，体羽大多黑色或灰褐色。

本地区仅有燕属*Hirundo*。

燕属*Hirundo*

1. 上体从头顶一直到尾上覆羽均为蓝黑……………………………………………… 家燕*Hirundo rustica*

上体从头顶一直到尾上覆羽均为蓝绿色，后颈具有栗黄色或棕栗色领环……… 金腰燕*Hirundo daurica*

4. 雀科Passeridae

小型鸣禽，喙形多样，颈椎15枚。鸣肌发达。适于多种类型的生活习性；鸣管结构及鸣肌复杂，大多善于鸣啭，叫声多变悦耳；离趾型足，趾3前1后，后趾与中趾等长；腿细弱，跗跖后缘鳞片常愈合为整块鳞板；雀腭型头骨。雏鸟晚成性。

本地区仅麻雀属Passer。

麻雀属*Passer*

［树］麻雀*Passer montanus*

5. 鹡鸰科Motacillidae

身体小，头顶黑色，前额纯白色，嘴细长，尾和翅膀都很长，黑色，有白斑，腹部白色。

本地区仅鹡鸰属*Motacill*。

鹡鸰属*Motacilla*

白鹡鸰*Motacilla alba*

6. 鹀科Emberizidae

圆锥形的鸟喙，许多体羽的颜色和图案都很单一，主要是棕色、黑色、灰色、黄色和白色，经常挑染棕色或灰色。体较小，体形多样。

本地区仅鹀属*Emberiza*。

鹀属*Emberiza*

1. 尾羽有较多的白色 ⋯⋯⋯⋯⋯⋯⋯⋯⋯⋯⋯⋯⋯⋯⋯⋯ 小鹀*Emberiza pusilla*

　尾羽主要为黑色 ⋯⋯⋯⋯⋯⋯⋯⋯⋯⋯⋯⋯⋯⋯⋯ 芦鹀*Emberiza schoeniclus*

7. 黄鹂科Oriolidae

中型鸣禽。喙长而粗壮，约等于头长，先端稍下曲，上喙端有缺刻；鼻孔裸露，盖以薄膜；翅尖长；尾短圆，跗跖短而弱。体羽鲜丽，多为黄、红、黑等色的组合，雌鸟与幼鸟多具条纹。树栖性，以昆虫、浆果为主食，鸣声洪亮悦耳。

本地区仅黄鹂属*Oriolus*。

黄鹂属*Oriolus*

黑枕黄鹂*Oriolus chinensis*

第五节　哺乳类

哺乳动物是动物世界中形态结构最高等、生理机能最完善的动物。与其他动物相比，哺乳动物最突出的特征在于胎生以及其幼崽由母体分泌的乳汁喂养长大。哺乳动物具有比较发达的大脑，因而能产生比其他动物更为复杂的行为，并能不断地改变自己的行为，以适应外界环境的变化。

一、哺乳类分目检索表

1. 具有后肢 ⋯⋯⋯⋯⋯⋯⋯⋯⋯⋯⋯⋯⋯⋯⋯⋯⋯⋯⋯⋯⋯⋯⋯⋯⋯⋯⋯⋯ 2

　后肢缺 ⋯⋯⋯⋯⋯⋯⋯⋯⋯⋯⋯⋯⋯⋯⋯⋯⋯⋯⋯⋯⋯⋯⋯⋯⋯⋯ 12

2. 前肢特别发达，指及肢间具翼膜，适于飞翔 ⋯⋯⋯⋯ 翼手目Chiroptera

　前肢构造不适于飞翔 ⋯⋯⋯⋯⋯⋯⋯⋯⋯⋯⋯⋯⋯⋯⋯⋯⋯⋯⋯ 3

3. 牙齿全缺，身被鳞甲 ⋯⋯⋯⋯⋯⋯⋯⋯⋯⋯⋯⋯⋯ 鳞甲目Pholidota

　有牙齿，体无鳞甲 ⋯⋯⋯⋯⋯⋯⋯⋯⋯⋯⋯⋯⋯⋯⋯⋯⋯⋯⋯ 4

4. 上下颌的前方各有1对发达的呈锄状的门牙 ⋯⋯⋯⋯⋯⋯⋯⋯⋯ 5

　门牙多于1对，或只有1对而不呈锄状 ⋯⋯⋯⋯⋯⋯⋯⋯⋯ 6

5. 上颌具1对门牙 ⋯⋯⋯⋯⋯⋯⋯⋯⋯⋯⋯⋯⋯⋯ 啮齿目Rodentia

上颌具前后2对门牙 ·· 兔形目lagomopha

6. 四肢末端指（趾）分明，指（趾）端有爪或趾甲 ····························· 7

四肢末端趾愈合，或有蹄 ·· 10

7. 前后足跗趾与他趾相对 ·· 灵长目Primates

前后组跗趾不与他趾相对 ·· 8

8. 吻部尖长，向前超出下唇甚远。正中1对门牙通常明显大于其他各对 ········· 食虫目Insectivora

上下唇通常等长，正中1对门牙小于其余各对 ························· 9

9. 体形呈纺锤状，适于游泳；四肢变为鳍状 ·························· 鳍足目Pinnipedia

体形通常适于陆上奔走；四肢正常；趾分离，末端具爪 ············· 食肉目Carnivora

10. 体形特别巨大，鼻长而能弯曲 ································ 长鼻目Proboscidea

体形巨大或中等，鼻不延长也不能弯曲 ························· 11

11. 四足仅第3或第4趾大而发达 ······························ 奇蹄目Perissodactyla

四足第3、4趾发达而等大 ································· 偶蹄目Artiodactyla

12. 同型齿或无齿，呼吸孔通常位于头顶，多数具背鳍；乳头腹位 ············ 鲸目Cetacea

多为异型齿，呼吸孔再吻前端，无背鳍；乳头胸位 ············· 海牛目Sirenia

二、辽宁野外常见哺乳动物

（一）食肉目Carnivora

四肢强劲，灵活性非常强，牙齿尖锐而有力，具食肉齿（裂齿），即上颌最后1枚前臼齿和下颌最前1枚臼齿。上裂齿两个大齿尖和下裂齿外侧的两个大齿尖在咬合时像尖锐的刺刀，可将韧带、软骨切断。大齿异常粗大，长而尖，颇锋利，起刺穿作用。野外攻击性强，速度快。

本地区仅有鼬科1科。

鼬（貂）科Mustelidae

中小型兽类，躯体细长，四肢较短。头形狭长，耳一般短而圆，嗅觉、听觉灵敏。犬齿较发达，裂齿较小；上臼齿横列，内叶较外叶宽；臼齿齿冠直径大于外侧门齿高度。体毛软，多无斑纹。前后足均5指（趾）；跖行性或半跖行性；爪锋利，不可伸缩。尾一般细长而尖，有些种类尾较粗，如水獭和獾。大多肛门附近有臭腺，可放出臭气驱敌自卫。

鼬科分属检索表

1. 颈长，体长而四肢短 ·· 鼬属Mustela

颈短粗，体粗壮，四肢短粗 ·· 2

2. 吻鼻部狭长而圆,酷似猪鼻 ·· 猪獾属*Arctonyx*

  吻鼻长，鼻端粗钝，不似猪鼻·· 狗獾属*Meles*

（1）鼬属*Mustela*

黄鼬*Mustela sibirica*

（2）猪獾属*Arctonyx*

猪獾*Arctonyx collaris*

（3）狗獾属*Meles*

狗獾*Meles meles*

（二）啮齿目Rodentia

上下颌只有1对门齿，喜啮咬较坚硬的物体；啮齿目动物一般比较小，多数在夜间或晨昏活动，许多种类的繁殖能力很强。

啮齿目分科检索表

1. 无前臼齿 ··· 2

  有前臼齿 ··· 松鼠科Sciuridae

2. 尾细长无毛 ··· 鼠科Muridae

  尾短小毛短 ··· 仓鼠科Cricetidae

1. 鼠科Muridae

臼齿缺少纵列的釉质齿突，这是区别于仓鼠科的特征。耳短而厚，向前翻不到眼睛。后足较粗大。食性广泛，适应力强，部分种类有迁移习性。

本地区仅有大鼠属*Rattus*。

大鼠属*Rattus*

褐家鼠*Rattus norvegicus*

2. 仓鼠科Cricetidae

臼齿具有纵列的釉质齿突。哺乳动物最大的科，形态特征较多样。

本地区仅有麝鼠属*Ondatra*。

麝鼠属*Ondatra*

麝鼠*Ondatra zibethicus*

3. 松鼠科Sciuridae

中等体形的啮齿动物，体长多在120～250mm；少数为大型种类，体长超过600mm，有树栖、半树栖半地栖及地栖3种类型。由于栖息环境不同，躯体结构也有差异。树栖种类体较细长，尾粗大而呈圆形，尾毛蓬松。前后肢几等长，耳壳较大。地栖种类适应于穴居生活，体较粗壮，尾短小，后肢略长于前肢，耳壳退化，有的种类仅为皮褶。半树栖半地栖种类体形居中，尾长而扁圆，被有长毛。3种类型均前足4指，后足5趾。

松鼠科分属检索表

1. 体形较小，体具花纹 ································· 花栗鼠属*Tamias*

　体形较大，体无花纹 ····································· 2

2. 多数身体颜色均— ································· 松鼠属*Sciurus*

　腹部红色或与背部颜色不同 ······················· 丽松鼠属*Callosciurus*

（1）花栗鼠属*Tamias*

金花鼠*Tamias sibiricus*

（2）丽松鼠属*Callosciurus*

红腹松鼠*Callosciurus erythraeus*

（3）松鼠属*Sciurus*

欧亚红松鼠*Sciurus vulgaris*

（三）食虫目Insectivora

体形较小，吻部多细尖，能灵活活动，大脑无沟回。门齿大而呈钳形，犬齿小或无，臼齿多尖，齿尖多呈"W"形，适于食虫。四肢短小，通常为5趾，跖行性。食虫目动物均为身体被以柔毛或硬刺的、外形似小老鼠的小型有胎盘类动物。

本地区仅有猬科Erinaceidae。

猬科Erinaceidae

有刺而尾短，体背和体侧满布棘刺，头、尾和腹面被毛；吻尖而长，尾短；前后足均具5趾，跖行，少数种类前足4趾；齿36～44枚，均具尖锐齿尖，适于食虫；受惊时，全身棘刺竖立，卷成如刺球状，头和4足均不可见。分布于亚洲、欧洲、非洲的森林、草原和荒漠地带。

本地区仅有刺猬属*Erinaceus*。

刺猬属*Erinaceus*

远东刺猬*Erinaceus amurensis*

第四章 生态适应与进化

第一节 生物的适应性

生命系统与环境系统之间的信息传递和交换会表现出自我调节，这种自我调节的特征即为生态适应。相应的信息积累则表现出有序度和组织程度的提高，即为生态进化。生态适应与生态进化是生命系统与环境系统在相互作用的生态过程中产生的特有现象，是宏观环境与微观环境共同影响的结果。

所有的生物都要既适应物理环境，又适应生物环境，如果不适应就不可能生存。因此，生物的适应性被称为一条生物学公理。适应是指对某组环境条件的生态适应组合，即生物个体在与已变化的环境因子相互作用情况下获得的对该物种有益的结果。如果一个物种对其环境适应得好，它就能在该环境中生存，而且能有效繁殖。就进化而言，繁殖上的成功是衡量生物适应好坏的主要标准，生存则是第二位的。

适应性依赖于物种的基本特征，即自然选择所赋予物种的可塑性。因此，生物适应性的强弱受物种遗传性的制约。生物的适应意义在于能够最大限度地有利于生物的生存和繁殖。生物有机体的进化必然是沿着适应的线索前进，由基因直至生态系统的全方位适应。各种各样的适应现象最终都可以归结为形态结构适应、生理适应和行为适应。

物种在长期演化过程中，有的物种自然产生了，而有的物种却从地球上自然消失了，这种新物种的形成和某些物种的消失，以及不同物种间的共同演化现象，实际上是物种适应环境的过程。只有适应客观演变规律者才能继续演进与繁衍，这就是"适者生存"的理论基础，即生物本身对其周围环境能不能适应的问题。

自然选择是生物个体或种群对生存环境扩大适合度和增强适应的机制。适应现象可以出现于不同的层次水平，如形态学、生理学、行为学、群体社会学等方面的适应。但适应往往不是完美无缺的，因为生物要从事多种机能活动，适应则要在各种各样的机能活动中有助于体现协调作用。而且，物理环境和生物环境从来也不会静止不动，而是经常变化不定的，所以适应也不断地受制于自然选择的精细调节。

第二节　外来物种入侵与进化

目前，外来物种入侵被全世界公认为是最严重的生态和经济威胁之一。外来植物造成了农作物、草原和牧场的减产，破坏了许多自然陆地生态系统。另外，外来入侵植物阻塞河道、改变淡水和海洋生态系统的功能。如今，这些植物中的许多物种已经通过立法被列为有害杂草。外来入侵动物也在改变陆生、淡水和海洋生态系统的生物群落结构，驱使许多土著物种濒临灭绝。外来入侵病虫害正在感染农作物、家畜、鱼类、狩猎动物、用材树种、园艺植物等。然而，这些威胁只是生态和进化的冰山一角。外来物种在全世界的引种事件导致了外来种以及与外来种有相互作用的土著物种的快速进化。

外来生物的入侵是由于其自身的入侵性和环境的可入侵性以及传播过程综合导致的结果。较强的入侵性是外来生物入侵的重要因素之一。入侵性较强的外来植物通常伴随着较高的生长、繁殖和扩散能力，使其在定殖和扩散过程中产生较大的生长优势，排挤甚至替代本地物种，最终形成以外来植物为优势的单优势种群落。植物的生长、繁殖和扩散能力是决定一个外来植物能否成为入侵植物的内在因素，也是入侵生物学研究中的核心问题之一。

第三节　叶片功能性状与外来植物的入侵性

较快的生长速度和高的繁殖能力导致外来入侵植物较强的入侵性，因此可通过比较外来入侵植物与非入侵植物与生长、繁殖和扩散能力相关性状的差异来量化外来入侵植物的入侵性。这类指标包括比叶面积、叶片养分含量、光合速率、养分利用效率、叶片建成成本和防御物质含量等。

比叶面积（Specific leaf area, SLA）、叶片养分含量（如氮）、光合速率等与植物的相对生长速率（RGR）呈显著的正相关关系。较高的光合速率使植物在单位时间内单位叶片固定更多的CO_2和能量，形成更多的有机物，为植物的快速生长提供物质和能量保证。较高的SLA一方面直接促进光合速率，另一方面可以增加单位质量叶片的光合作用面积，提高植株水平上的CO_2固定能力。营养元素（如氮）是光合作用过程的必要物质，其含量与光合速率呈显著的正相关关系，较高的养分含量有利于提高植物的光合速率。较高的营养元素利用效率也能导致较高的光合速率。较高的SLA、叶片氮含量和光合速率有助于提高植物的RGR。

叶片建成成本（Construction costs, CC）指构建叶片时消耗光合作用合成的有机物的量，高的CC延长光合产物对构建叶片消耗资源的偿还时间（Payback time, PT），减少光合产物向其他生命活动的投入，降低植物的生长和繁殖速率。光合能量利用效率，即光合速率与CC的比值（Photosynthetic energy-use efficiency, PEUE）能更好地反映植物的光合碳积累速率，较高的PEUE表明在相同的CC下植物具有较高的光合速率，缩短PT，以更高的速率和更长的时间合成有机物投入生长和繁殖，提高植物的生长速率。

植物为了提高适合度（Fitness, 对环境的适应能力），权衡资源在生长和防御（如木质素、纤维素、半纤维素等）方面的分配策略。高的防御分配能减少资源向生长繁殖的投入。在缺少天敌取食的情况下，自然选择导致植物减少资源向防御方面的投入，增加向生长繁殖的分配，以增强植物的竞争能力。另外，高的防御物质含量同时也导致较慢的凋落叶分解速率，不利于植物对营养元素的循环利用。

一、外来入侵植物与本地植物叶片性状差异的原因

叶片性状受基因型和环境因素的共同影响。不同的物种由于其特定的基因型决定了其特定的性状，相同的物种在不同的环境下性状也有差异。相比于本地植物，外来入侵植物通常具有较高的比叶面积、叶片营养元素含量（氮、磷、钾等）、光合速率、呼吸速率、资源利用效率和凋落物分解率，以及较低的叶片建成成本、叶片消耗资源的偿还时间、碳氮比和防御物质含量（如木质素、纤维素、酚类等）。外来入侵植物与本地植物的性状差异一方面可能是由于外来入侵植物与本地植物遭受的自然选择压力不同的结果，另一方面，外来入侵植物也可能因为自身的表型可塑性差异和先天的性状优势导致其与本地植物的性状差异。

（一）外来入侵植物增强竞争能力的进化

Blossey和Nötzold（1995）提出外来植物增强竞争能力的进化假说（Evolution of increased competitive ability, EICA），在较大程度上解释了外来植物成功入侵的原因，成为入侵生物学领域引用频率较高的假说之一。EICA假说与天敌逃逸假说（Enemy release hypothesis, ERH）密切相关，都是从植物与天敌的相互作用及其变化来讨论外来植物的入侵。

ERH基于3个前提：一是自然天敌对植物的种群有限制作用，二是天敌对外来植物的限制作用小于本地植物，三是植物能够利用天敌限制作用减小的优势。基于这3个前提，

植物被引入新的生境以后，由于缺少长期共同进化的自然天敌（取食昆虫、病原菌以及病毒等）的选择压力，而新生境的天敌对外来植物没有形成或形成较小的选择压力，进而获得压力释放，导致外来植物种群的扩增。

最佳防御理论（Optimal defence hypothesis, ODH）认为，植物权衡有限的资源在存活、生长、储存、繁殖以及防御之间的分配，最大限度地增加植物的适合度。植物到达新生境以后，由于天敌选择压力减小，为了提高适合度，资源向生长投入增加，防御投入减少，提高外来植物的生长和繁殖能力，即发生增强竞争能力的进化。

Müller-Schärer等（2004）认为外来植物并没有完全逃离天敌的限制，主要从专性天敌（Specialist enemy）的选择压力中获得释放，而在引入地也可能遭受广谱天敌（Generalist enemy）的取食。在原产地，植物受到专性天敌和广谱天敌共同的选择压力，有必要对专性天敌和广谱天敌进行防御投入。植物对专性天敌的防御主要是量的防御（物理防御），依赖于防御物质量的投入。例如，增加木质素、单宁、纤维素等含量，增加叶片的韧度，降低可食性，造成专性天敌的取食困难。量的防御特点是需要的防御物质含量大，投入成本高，牺牲植物生长的代价大。而植物对广谱天敌的防御主要是质的防御（化学防御），需要的防御物质含量少，成本低，防御效率高，牺牲植物生长的代价小。然而，较高的化学防御物质一方面被专性天敌当作信号物质而吸引专性天敌，甚至可能会被专性天敌当作自身的防御物质防御其天敌，故化学防御物质含量不能太高。在原产地，由于遭受专性天敌和广谱天敌的取食压力，植物对专性天敌的防御投入的资源较多，牺牲生长的代价大。当植物到达新生境以后，摆脱了专性天敌的选择压力，导致植物量的防御减少，生长繁殖分配增加，而质的防御可能增加或降低，但是其防御所需要的资源少，并不影响资源在生长繁殖方面的投入。因此，在新生境外来植物总的防御投入减少，发生增强竞争能力的进化，提出了修订的增强竞争能力的进化假说。

外来入侵植物对专性天敌的防御降低，理论上物理防御物质含量低于本地植物。而纤维素、半纤维素和木质素等是植物细胞壁的主要构成物质，也是植物重要的物理防御物质。因此，外来入侵植物纤维素、半纤维素和木质素等物理防御物质应该低于本地植物。

外来入侵植物由于物理防御投入降低，自然选择导致生长繁殖投入增加。外来入侵植物促进生长繁殖的性状如SLA、光合速率、资源利用效率等可能高于本地植物，而资源消耗性状如CC等可能低于本地植物。大量研究表明，相对于本地植物，外来入侵植物具有较高SLA、光合速率、资源利用效率和低的CC，与理论假说一致。但是，由于受物种和土壤等非生物因素的影响，研究结果也可能不一致。

自然天敌不仅影响植物防御物质的含量，也可能影响叶片养分的含量，因为自然天敌更倾向于取食养分含量高的叶片。由于天敌的选择压力降低，外来入侵植物也可能发生养分含量增加的进化。研究表明，多数外来入侵植物叶片养分含量（如氮和磷等）确实高于本地植物。

　　木质素、纤维素等物质不仅具有防御功能，也影响凋落物的分解速率。Melillo等（1982）的研究表明，叶片凋落物的分解速率与木质素含量和木质素与氮的比率呈显著的负相关关系。外来入侵植物较低的防御物质含量和高的养分含量促进其凋落物的分解。有研究表明外来入侵植物确实具有较高的凋落叶分解速率。同时，凋落物较快的分解速率有利于养分的循环利用，促进外来入侵植物对养分的吸收，提高叶片养分含量，进而促进入侵。

（二）表型可塑性

　　表型可塑性是物种的固有特性，指同一基因型在不同的环境条件下出现不同的表型，是对不同环境压力做出快速响应的生长策略。较高的表型可塑性有利于植物对非限制性资源的吸收和利用，有利于外来植物入侵。表型可塑性主要是针对基因型而言，也有学者认为表型可塑性具有遗传基础。表型可塑性和遗传分化是生物适应异质生境的两种方式，但这两种方式并不冲突，均可促进物种的适应能力。表型可塑性与外来植物入侵性的关系是入侵生物学中最早提出的科学假说之一。

　　通常认为，外来入侵植物具有较大的表型可塑性。一般情况下，一个特定的外来入侵植物通常能够占据广阔的生境，成为生态位理论中的广幅种。在物种传播过程中可能遭遇到多样化的生境压力，而表型可塑性可以使外来植物在新生境的定殖过程中利用潜在的资源，帮助物种缓冲或者屏蔽新生境的选择压力，以保持物种的种群增长而促进定殖扩散。

　　并非所有的表型可塑性都是适应性的，只有增加物种适合度的可塑性才具有适应意义。在资源受限、存在胁迫的条件下，物种需要保持一定的生理功能以维持正常的生命活动，在这种条件下如果外来物种仍然具有较高的可塑性，那么可能降低外来物种的生理功能，导致其个体减小、繁殖能力降低等，则不利于外来物种的入侵。在环境资源受限的条件下，物种更需要维持性状相对稳定的能力，以保持高水平的适合度。因此，并不是在所有的生境中表现出高的可塑性对物种都是有利的，只有提高或维持物种整体适合度的可塑性对个体或种群才是有利的。

　　多数情况下，受干扰的生境更容易遭受外来植物的入侵，这可能与外来入侵植物对适宜生境表现出较大的可塑性有关，因为干扰地区的土壤资源可利用性通常较高。在丰富的资源条件下，高的表型可塑性提高外来植物对资源的捕获能力，增加外来入侵植物叶片养分含量等，提高光合速率，促进外来植物入侵。因此，在特定的环境条件下，由于外来入侵植物表型可塑性不同，也可能导致与本地植物叶片性状的差异也不同。

（三）外来入侵植物先天的性状优势

当植物被引入以后，天生的性状优势如较高的资源捕获能力、较快的生长速率、高的繁殖能力、高的生产率和对环境较大的耐受能力更容易形成外来入侵植物。因此，外来入侵植物与本地植物或非入侵植物的性状差异除了来自外来入侵植物遭受天敌取食压力降低导致的进化以外，也可能会受外来入侵植物先天性状优势的影响。

无论外来入侵植物的性状差异是进化来的还是天生的，促进其生长繁殖的性状总能提高外来入侵植物的竞争能力，促进入侵。但是，在比较外来入侵植物与非入侵植物性状的差异时，应该充分考虑外来入侵植物与非入侵植物的可比性。系统发育关系、生活史、形态以及环境因子等诸多因素都可能影响外来入侵植物与非入侵植物的性状差异。

二、性状差异的比较方法

（一）成对物种比较的优势

外来入侵植物与非入侵植物的性状差异受多种因素的影响，并且，影响因素随着比较物种数量的增加而更加复杂。在多物种的比较分析中，成对物种比较为外来入侵植物与非入侵植物性状差异的分析提供了较好的方法。亲缘关系相近的物种生理和形态等特征更加相似，在生境中对资源的需求相似，选择系统发育相近的物种比较更有意义。亲缘关系较远的物种生态位重叠较小，对资源的竞争性也较小，性状差异并不一定说明与竞争能力有关。

在野外实验中，环境异质性通常会对实验结果产生较大的影响。叶片养分含量、光合速率、SLA以及资源利用效率等都受到环境资源可利用性的影响，在不同环境条件下比较外来入侵植物与非入侵植物的性状差异毫无意义。即使在同一个生境中，环境异质性也随物种距离的增加而发生变化。选择伴生物种比较在一定程度上可以排除环境因子的影响。

在野外，成对物种比较由于只涉及两个物种，可以同时考虑系统发育关系、生活史、形态以及环境等因子的影响。多物种分组比较（如方差分析，ANOVA）的结果容易受到组内差异的影响。在分组比较中，组内差异受环境、物种、生活史等的影响可能大于组间差异，导致比较结果差异不显著。多个物种的分组比较很难甚至不能同时控制环境、物种、生活史等多种因素的影响。

（二）整合分析在生态学中的应用

整合分析（Meta-analysis）起源于20世纪初，1976年Glass命名为"Meta-analysis"，是一种定量整合独立研究结果的方法。21世纪的十多年以来，Meta-analysis在生态学领域中得到广泛应用，为生态学复杂、多元化的结果提供有效的整合手段。Meta-analysis的优点是以每个独立研究的样本量和方差作为加权因素来计算平均效应值。

在Meta-analysis过程中，涉及数据的收集、筛选、统计以及结果分析等过程。由于数据来源格式不同，选择合适的效应值（Effect size）是分析中的首要任务。大多数独立研究的数据主要以3种形式发表：①是处理组和对照组以平均数、样本量以及标准差（或标准误）的形式给出；②是以2×2列联表的形式给出；③是转换成相关系数的形式给出。在生态学中，以第①种形式发表的数据比较常见。这里仅介绍以平均数、样本量以及标准差（或标准误）形式发表数据的效应值的选择。

标准化的均值差（Hedges' d）和反应比（Response ratio, lnR）是生态学中应用最多的两种形式的效应值。Hedges' d是Hedges和Olkin（1985）在Glass（1976）的原型△经过两次修改提出的，$\triangle = (\overline{X}_E - \overline{X}_C)/S_C$，其中$\overline{X}_E$和$\overline{X}_C$分别为处理组和对照组的平均数。△的缺点是对均值标准化的过程中只用了对照组的标准差。Hedges（1981）将处理组和对照组的结合标准差（S）代替S_C提出Hedges' g，$S = \sqrt{[(N_E-1)(S_E)^2 + (N_C-1)(S_C)^2]/(N_E+N_C-2)}$，$N_E$、$N_C$和$S_E$、$S_C$分别表示处理组和对照组的样本量和标准差。但是，由于Hedges' g的样本量最好超过10，最小也不能小于5，因此Hedges和Olkin（1985）在Hedges' g的基础上增加了样本权重系数（J），即Hedges' d=J$(\overline{X}_E - \overline{X}_C)/S_C$，$J = 1-3/[4(N_E+N_C-2)-1]$。Hedges等（1999）提出了以反应比来计算效应值，并将其取自然对数（lnR），$\ln R = (\overline{X}_E/\overline{X}_C) = \ln(\overline{X}_E) - \ln(\overline{X}_C)$。Hedges' d考虑到小样本的因素，而lnR可以将结果取自然对数的反函数（$e^{\ln R-1}$）转换成增加率。在应用中Hedges' d和lnR各有优势。

在整合每个独立研究结果时，必须考虑选择合适的模型（固定效应模型和随机效应模型）。固定效应模型（Fixed effect models）假定每个独立研究的效应值相同，为一个值，仅仅是由于取样误差导致效应值之间存在差异。随机效应模型（Random effect models）假设每个独立研究之间有随机变量，不享有同一个效应值。随机效应模型在整合各个独立研究的时候，考虑了独立研究之间的变异，以研究内和研究间的方差之和的倒数为权重系数计算加权平均效应值（Rosenberg et al., 2000）。事实上，在生态学中，每个独立研究不可能享有一个共同的效应值，因为在不同独立研究之间，环境、物种和测量仪器等的差异都会导致每个独立研究不可能享有一个共同的效应值。因此，多数研究以随机效应模型计算加权平均效应值。

第五章　辽宁省国家级自然保护区简介

一、辽宁蛇岛老铁山自然保护区

　　蛇岛老铁山国家级自然保护区位于辽东半岛南端，大连市旅顺口区西部，是1980年经国务院批准建立的野生动物类型保护区，是辽宁省环境保护系统建立的第一个国家级自然保护区。1993年蛇岛老铁山国家级自然保护区纳入首批"中国生物圈保护区网络"单位。

　　保护区气候属温带亚湿润季风气候，土壤类型主要为棕壤土，同时还零星分布着一些地域性土壤–草甸土、风沙土、盐土和水稻土等。蛇岛上除裸岩地段外，土体厚度一般为20~60cm，比较厚的土层为蛇岛蝮蛇冬眠提供了有利条件。

　　蛇岛因生存大量的蛇岛蝮蛇（*Gloydius shedaoensis*）因而得名。蛇岛蝮蛇是一种管牙类的毒蛇，其种群数量在20000条左右，是蛇岛的主宰者，也是保护区的主要保护之一。蛇岛独特的海岛生态系统造就了蛇岛蝮蛇特殊的生活习性，主要南北迁徙的小型候鸟食。一年有两年活动高峰，在炎热的夏天和寒冷的冬天则进入"夏眠"和"冬眠"。

　　老铁山是东北亚大陆候鸟漂洋过海南北迁徙的主要通道之一，迁徙鸟的种类多、数量大，被誉为"老铁山鸟栈"，现已记录的鸟类302种，隶属18目39种，占全国猛禽的47.56%，占辽宁猛禽的90.70%。除了鸟类之外，还有黑斑蛙（*Rana nigromaculata*）、大蟾蜍（*Bufo bufogargarizans*）等两栖类动物，丽斑麻晰（*Eremias argus*）、白条锦蛇（*Elaphe dione*）、虎斑游蛇（*Rhabdophis tigrinus*）等4种爬行类动物，及刺猬（*Erinaceus europaeus*）、野兔、蝙蝠等16种哺乳类动物。

二、大连斑海豹国家级自然保护区

　　大连斑海豹自然保护区位于大连市渤海沿岸，是1992年经大连市人民政府政府批准建立，1997年晋升为国家级自然保护区，2007年5月经国务院审批通过建立的野生动物类型保护区，是一个以保护斑海豹以及生态环境为主自然保护区。

　　斑海豹是国家Ⅱ级重点保护水生野生动物，它是中国鳍足类的代表，也是鳍足类唯一在中国水域繁殖的种类。斑海豹是一种冬季生殖，冰上产仔的冷水性海洋哺乳动物，分布范围较小，辽东湾是斑海豹在西太平洋最南端的一个繁殖区，也是中国海域唯一的繁殖区。由于斑海豹具有较高的经济价值，长期以来，遭到过量猎杀，致使其种群数量急剧减少。在中国，斑海豹主要分布于渤海、黄海的广大海区，斑海豹主要栖息在渤海辽东湾一带，栖息的环境是海水、河水、浮冰、泥沙滩、岩礁和沼泽地。在斑海豹不同的生命周期中，栖息环境条件不同：产仔时需要在浮冰上；换毛时需要岸滩或沼泽地；休息或晒太阳时需要岩岸；捕食和交配是在水中进行。

三、辽宁城山头海滨地貌国家级自然保护区

辽宁城山头海滨地貌国家级自然保护区位于大连市金州区大李家镇境内，1989年4月经金州区政府批准建立区级自然保护区，1996年12月经大连市人民政府批准晋升为市级自然保护区，1998年12月经辽宁省人民政府批准晋升为省级自然保护区，2001年经国务院批准晋升为国家级自然保护区。该保护区是一个以地质遗迹及海滨喀斯特地貌为主要保护对象的自然保护区。

城山头海洋生态系统自然保护区，集海洋和海岸生态系统、海湾生态系统、海岛生态系统于一区，在拟定保护区内具有如此丰富的海洋生态系统多样性，这在国内沿海是罕见的、不可多得的。同时，由于拟定保护区地处独特的地理区位，又受到不同性质水团的影响，是中国北方海域海洋生物物种多样性最为丰富的海域。

保护区有丰富地质资源，海岸礁石和海滨喀斯特地貌景观，齐全、完整的6亿年前震旦系地层和点缀于其中的动植物化石，推覆地质构造形成的飞来峰、构造窗等构造奇观地质遗迹，唐代古城墙、永清寺、积石基古迹等人为遗迹资源。海滨喀斯特地貌和晚寒武系地层剖面，是地球特定发展阶段的记录，同时也是研究地球发展史的宝贵资料，通过研究其分布、形态、形成时代、演变过程，对研究古地理环境演变、海平面升降、预测未来的发展趋势提供科学依据。

四、辽宁仙人洞国家级自然保护区

辽宁仙人洞国家级自然保护区位于辽宁省大连庄河市仙人洞镇境内，1981年9月经辽宁省政府批准建立省级自然保护区，1992年10月经国务院批准晋升为国家级自然保护区。该保护区是一个以赤松-栎林生态系统及珍稀濒危野生动植物为主要保护对象的森林生态系统类型保护区。

保护区属暖温带湿润季风气候区，南濒黄海，夏季受海洋季风影响，多为东南风，冬季多为西北风，寒潮侵袭时有严寒，春秋两季气候凉爽。四季温和，雨热同季，光照和降雨集中，并具有一定海洋性气候特点。地下水类型以第四纪松散岩层孔隙水为主，伴有少

量的基层裂隙水。

保护区属长白、华北两大植物区系的过渡地带，特种具有地带多样性特点。保护区有高等植物810种，其中木本178种、草本632种。主要乔木树种有赤松（*Pinus densiflora*）、红松（*Pinus koraiensis*）、黑松（*Pinus thunbergii*）、麻栎（*Quercus acutissima*）、蒙古栎（*Quecusmongolica*）、糠椴（*Tilia miqueliana*）、黄檗（*Phellodendron amurense*）、花曲柳（*Fraxinus hynchophylla*）、核桃楸（*Juglans mandshurica*）等。顶极植被为赤松、麻栎混交林。区内有大面积的天然赤松林和10种栎树，如麻栎、辽东栎、栓皮栎（*Quercus variabilis*）、蒙古栎等。保护区灌木种类也很多。东北地区独有的第四纪冰川残留下的天然亚热带植物十几种，如海州常山（*Clerodendrum trichotomum*）、三桠钓樟（*Lindera obtusiloba*）等，是我国樟科植物分布的最北限，十分珍贵。保护区内国家一级重点保护植物有人参（*Panax ginseng*）、银杏、紫杉（*Taxus cuspidate*）。国家二级重点保护植物有红松、樟子松（*Pinus sylvestnis var. mongolica*）、核桃楸、杜仲（*Eucommia ulmoides*）、野大豆（*Glycine soja*）、黄檗、紫椴、刺五加（*Radix acanthopanacis*）、刺楸（*Kalopanax septemlobus*）、水曲柳、天麻（*Gastrodia elata*）。此外还有多种真菌如：木耳、灵芝、榛蘑等。保护区拥有目前亚洲面积最大的赤松—栎林顶级植物群落，天然赤松林达234.1hm²。

五、辽宁老秃顶子国家自然保护区

辽宁桓仁老秃顶子国家级自然保护区位于辽宁省东部，桓仁、新宾两县的八里甸子、木盂子、铧尖子、平顶山4个镇境内，始建于1981年9月15日，1998的8月18日经国务院批准为国家级自然保护区。该保护区是以森林及野生动植物为主要保护对象的森林生态类型的自然保护区。

该区域为长白山脉龙岗支脉向西南的延续部分，土壤类型主要以棕色森林土和暗棕色森林土为典型代表。该区气候属别北温带大陆性季节风气候中的辽东冷凉湿润气候区。由于受海洋性气候和森林环境极高差的影响，形成特殊的小气候区。

该保护区植物区系属长白植物区系的西南边缘，以长白区系为主，并具有向华北植物区系的过渡性，是长白植物区系与华北植物区系的交错地带。保护区共有低高等植物232科1788种（真菌植物50科344种、地衣植物13科84种、苔藓植物50科204种、维管束植物120科1156种）。属于辽宁新纪录的真菌植物128种、地衣植物53种、苔藓植物112种、维管束植物33种；属于中国新纪录的真菌植物78种。还有7个真菌新种：辽宁膜腹菌、沙松球囊菌、球孢红地菇、果地红菇、拟粉栖地菇、辽宁静灰球菌。

老秃顶子自然保护区植物群落组成非常复杂，垂直分布带谱比较明显。从低到高依次为：海拔950m以下为落叶阔叶带；950~1050m为冷杉枫桦等共建种组成的混交林带；1050~1180m为云冷杉暗针叶林带；1180~1250m为岳桦林带；1250~1290m为中山灌丛带；1290m以上为中山草地，在中山草地分布有高山苔原植物长金莲花、长白楼斗菜、圆叶柳、宽叶仙女木、长白棘豆等20余种。这在中山类型中试少有的。

保护区内被列为国家级重点保护的珍稀濒危植物有17种，其中国家一级保护植物有：人参（*Panax ginseng*）、紫杉（*Taxus cuspidate*）；国家二级保护植物有：双蕊兰（*Diplandrorchis sinica*）、黄檗（*Phellodendron amurense*）、刺人参（*Panax ginseng*）、刺楸（*Kalopanax septemlobus*）、核桃楸（*Juglans mandshurica*）、红松（*Pinus koraiensis*）、水曲柳（*Fraxinus mandschurica*）、紫椴（*Tilia amurensis*）、钻天柳（*Chosenia arbutifolia*）、无喙兰（*Archinecttia gaudissartu*）、天麻（*Gastrodia elata*）、平贝母（*Fritillaria ussuriensis*）、野大豆（*Glycine soja*）、黄蓍（*Astragalus membranaceus*）、狭叶瓶尔小草（*Ophioglossum thermale*）。其中双蕊兰（*Diplandrorchis sinica*）是兰科最原始的孑遗植物，仅分布于老秃顶子，是其世界独有物种。双蕊兰腐生习性，终生不具绿叶腐生小草本，它与某一类真菌共生，繁殖方式至今还是个谜。它的分布区域极其狭窄，种群数量出现逐年减少现象，具有很高的科研价值。

六、辽宁鸭绿江口滨海湿地国家级自然保护区

鸭绿江口湿地国家级自然保护区位于辽宁省东南部的东港市境内，东起东港二道沟，西至东港与庄河界，北起鹤大公路，南临黄海，沿东港境内海岸线呈带状分布，1987年经东港县人民政府批准为县级自然保护区，1992年经丹东市人民政府批准晋升为市自然保护区，1995年经辽宁省人民政府批准晋升为省级自然保护区，1997年12月经国务院批准晋升为国家级自然保护区，1999年6月加入了"东亚及澳大利西亚迁徙涉禽保护网络"，是国际上重要湿地类型保护区之一。保护区总面积为101000hm²，由陆地、芦苇沼泽、滩涂和浅海海域四大主要部分组成。该保护区是一个以近海海岸湿地生态系统及珍稀水禽候鸟为主要保护对象的自然保护区。

保护区属于暖温带湿润季风气候，其特点是既有大陆性气候又有海洋性气候。冬季漫长寒冷，干燥少雪。夏季多雨，雨热同季。保护区年平均气温9.8℃，无霜期203d。年平均降水量1000~1200mm。

保护区生态系统复杂，具有陆地、河口湾、海洋、沼泽等类型。动物群落丰富，以鸟类资源最为主要。保护区共有鸟类242种，其中世界濒危鸟类有黑嘴鸥和斑背大苇莺，国家一级保护鸟类丹顶鹤（*Grus japonensis*）、白枕鹤（*Grus vipio*）、白鹤（*Grus leucogeranus*）等8种，国家二级保护鸟类大天鹅（*Cygnus cygnus*）、白额雁（*Anser albifrons*）等29种，中日候鸟保护协定227种中在保护区发现114种，占总数50.22%。保护区每年支持的迁徙涉禽数量超过50万只，是东北亚鸟类迁徙重要中心之一。

保护区贝类资源巨大，考察表明，贝类有74种，其中具有经济价值的贝类约30种，广泛分布于滩涂之上，主要有蛤仔（*Venerupis variegata*）、文蛤（*Meretrix meretrix*）、蛏（*Sinonovacula constricta*）等，为鸟类的生存提供了丰富的食物资源。

保护区地处沿海，植物资源相对简单，主要是沼泽湿地生态系统，植被以湿生芦苇为主，各种植物都具有耐盐、低矮、种类组织贫乏，层次结构简单，生物生产力较高等特征。区内共发现植物344种，其中低等植物55种，高等植物289种。289种高等植物分属64科，其中菊科44种，占总数的15%；禾本科35种，占总数的12%；莎草科24种，占总数的8.4%，有国家重点保护植物1种，为野大豆（*Glycine soja*）。

保护区内浮游生物共计104种，其生物量比渤海略高，平均生物量（湿生）均超过500mg/m^2，个体生物量超过1000个/m^2，因此保护区也是我国重要鱼类索饵场。

七、辽宁白石砬子国家级自然保护区

辽宁白石砬子国家级自然保护区位于辽宁省丹东市宽甸县境内，是1981年9月由辽宁省人民政府批准建立省级森林自然保护区，1988年晋升为国家级。该保护区是一个以保护长白、华北植物区系交替地带原生型红松阔叶混交林的自然景观为主要保护对象的综合性森林生态系统自然保护区。

保护区属温带季风气候，冬季比较寒冷，夏季温暖湿润，冬夏、春秋昼夜的温差变化较大。该区是东北的暴雨中心，年平均降水量在1349mm。无霜期平均为132d。雨热同季，均为7—9月份。土壤分布大体是以海拔850m为界，界上针阔混交林和针叶林下的土壤为山地暗棕色森林土，界下阔叶杂木林内的土壤为山地棕色森林土。

保护区主要保护对象是白石砬子的森林生态系统，东北亚地区地带性原生型红松阔叶混交林和珍贵的野生动植物及其生存环境。保护区各类低、高等植物共计有249科、1 841种，其中真菌植物56科141属362种，地衣植物20科32属158种，苔藓植物9科144属865种，维管束植物114科1 056种。保护区共有脊椎动物357种，其中兽类6目16科43种，这些种的地理分区绝大多数属于古北界东北区长白山地亚区与松辽平原亚区；鸟类15目47科254种。绝大数属于古北界鸟类；两栖爬行类动物，两栖类有2目6科11种，爬行类有2目3科13种。保护区有野生物种2 796种，其中植物有1841种，列为国家一级重点保护植物人参（*Panax ginseng*）、东北红豆杉（*Taxus cuspidate*）2种、国家二级重点保护植物有东北刺人参（*Panax ginseng*）、钻天柳（*Chosenia arbutifolia*）、黄檗（*Phellodendron amurense*）、紫椴（*Tilia amurensis*）、红松（*Pinus koraiensis*）、松茸蘑、水曲柳

（*Fraxinus mandschurica*）。脊椎动物357种，其中列为国家重点保护动物40种，国家一级重点保护动物紫貂（*Martes zibellina*）、金钱豹，国家二级重点保护动物黑熊（*Ursus thibetanus*）、鸳鸯（*Aix galericulata*）、红隼、红脚隼（*Falco vespertinus*）、花尾榛鸡（*Bonasa bonasia*）、灰林鸮（*Strix aluco*）、长尾林鸮（*Strix uralensis*）、长耳鸮（*Asio otus*）、短耳鸮（*Asio flammeus*）、领角鸮（*Otus bakkamoena*）、纵纹腹小鸮（*Athene noctus*）、雀鹰（*Accipiter nisus*）、苍鹰（*Accipiter gentilis*）、毛脚鵟（*Buteo lagopus*）、普通鵟（*Buteo buteo*）、秃鹫（*Aegypius monachus*）、松雀鹰（*Accipiter nisus*）等；列为中日保护候鸟协定127种。昆虫598种。

本区有较完整的大面积天然红松阔叶混交林，云冷杉枫桦林、岳桦林等典型森林类型分布。本区又是野生珍稀动物分布最多的地带，黑熊（*Ursus thibetanus*）、野猪（*Sus scrofa*）、狍子（*Capreolus pygargus*）等在保护区内经常出现。森林植被的原生性、生态类型和物种的多样性分布的地带性都具有非常重要的保护价值。

八、辽宁医巫闾山国家级自然保护区

辽宁医巫闾山国家级自然保护区，位于辽宁西部，北镇、义县交界处。保护区于1981年由辽宁省人民政府批准建立省级自然保护区，1986年晋升为国家级自然保护区。主要保护对象是东亚地区特有的天然油松林及华北植物区系现存较完整的天然针阔叶混交林，属森林生态系统类型自然保护区。

医巫闾山地区属暖温带半湿润大陆性季风气候。特点是春季少雨多风，夏季酷热多雨，秋季天晴气朗，冬季寒冷干燥。土壤属于暖温带落叶阔叶林下发育的棕色森林土，局部有少量发育山地草甸土。

医巫闾山保护区是我国北方很有保护价值的具有北方特色的典型代表的森林植被类型分布地带。植物区划为华北植物区系，地处华北植物区系边缘，与蒙古、长白植物区系毗邻，是3个植物区系的交错地带。区系成分复杂，植物类型多样，兼有3个植物区系物种种群分布。保护区为研究顶极油松阔叶混交林的森林演替规律提供了理想的科学研究基地。

保护区内植物资源共有177科593属1189种。其中真菌植物29科59属101种，在维管束植物中，蕨类植物10科12属21种，裸子植物4科9属15种，被子植物106科444属927种，其中双子叶植物90科354属749种，单子叶植物16科90属178种。国家重点保护植物8种。森林资源中即分布着东亚地区特有的天然油松林，还保存着华北植物区系现存较完整的针阔叶混交林。树种中，油松（*Pinus tabulaeformis*）是闾山的乡土树种，别具一格，生长较快，树体高大，通直无节，材质极佳。在全国油松大家族中可谓出类拔萃。闾山是物种基因库、自然博物馆。

医巫闾山动物区系属古北界华北动物区系，又处于古北界华北区、东北区、蒙新区的交汇点，动物种类分布反映出区系间过渡的特点，是北方动物地理分布有机组成部分，因此种类较多，资源丰富。据调查，保护区内有野生脊椎动物320种，隶属30目75科，其中哺乳类有6目14科34种，占辽宁哺乳类总数42%；鸟类有16目45科229种，占辽宁鸟类总数的64%；两栖类有1目4科6种，占辽宁两栖类总数的46%；爬行类有3目6科16种，占辽宁爬行类总数的54%；鱼类有4目6科35种，占辽宁淡水鱼总数的34%。国家重点保护动物30种，辽宁省保护动物47种。此外，昆虫资源共有12目135科千余种。保护区内蜘蛛资源共有23科107种。

该区珍稀濒危野生动物被列为国家Ⅰ级保护的动物有：黑鹳（*Ciconia nigra*）、丹顶鹤（*Grus japonensis*）、白头鹤（*Grus monacha*）、大鸨（*Otis tarda*）等4种；国家Ⅱ级保护的动物有：雕鸮（*Bubo bubo*）、燕隼（*Falco subbuteo*）、鸳鸯（*Aix galericulata*）等26种。本区重点保护对象为天然油松林，同时，珍稀濒危野生植物被列为国家Ⅱ级保护植物的有：野大豆（*Glycine soja*）、水曲柳（*Fraxinus mandschurica*）、黄檗（*Phellodendron amurese*）、核桃楸（*Juglans mandshurica*）、刺五加（*Radix acanthopanacis*）等。

九、海棠山国家级自然保护区

辽宁海棠山国家级自然保护区位于辽宁西部，阜新市阜新县大板镇境内，科尔沁沙地南缘。1986年12月经辽宁省人民政府批准建立的省级自然保护区，2007年经国务院批准晋升为国家级自然保护区，是一个以油松栎类混交的顶极群落及野生动物为主要保护对象的自然保护区。

海棠山保护区属北温带半干旱大陆性季风气候，冬季受西伯利亚和蒙古高原大陆气团控制，寒冷干燥多风少降水。夏季要受海洋气候影响，由于地处科尔沁沙地，"十年九旱"。

海棠山自然保护区，由于地质发育时间漫长，地形错综复杂，气候受大陆与海洋气候交错影响，又加上华北、蒙古、长白3个植物区系交错地带的过渡性特点，荟萃了3个区系丰富多彩的植被类型。区内复杂的地形和多变的气候，形成了茂密的森林资源和生物多样性。植物种类高等植物有118科534属970种，其中苔藓植物105种，蕨类植物21种，裸子植物15种，被子植物829种，植物中有栽培种71种。还有菌类植物39科109种。

动物地理区划为古北界蒙新区，即处于华北、东北、蒙新3个地理区的东北区边缘，华北区的北部边缘，蒙新区的东南边缘。表现了3个区相互交汇，相互渗透的特点，是一个明显的过渡地带。在区与亚区的区划基础上，辽宁分4个动物地理省，海棠山属辽西山地丘陵省。区内有陆生脊椎动物229种，隶属21目57科，占辽宁518种的45.2%，其中哺乳类6目14科34种，两栖类1目3科7种，爬行类1目5科16种，鸟类13目35科172种，占辽宁鸟类总数的58%，而在所有脊椎动物中古北种有105种，占60.4%，东洋界仅有5种，广布种64种。该区共有昆虫506种，隶属12目106科。在各目中以鳞翅目最多共34科237种，占46.8%，鞘翅目次之20科148种，占29.3%。为害森林植被的昆虫有近百种，寄生和捕食害虫的天敌有近20种。区内有林区蜘蛛16科44种。

十、辽宁章古台国家级自然保护区

辽宁章古台国家级自然保护区位于辽宁省彰武县北部，是1986年12月01日经彰武蒙古族自治县人民政府批准建立，2003年经辽宁省人民政府批准晋升为省级自然保护区，2012年经国务院批准晋升为国家级自然保护区，是一个以沙地森林、植被及水禽为主要保护对象的沙地森林生态系统自然保护区。

章古台自然保护区属北温带半干旱大陆性季风草原气候，受西伯利亚和蒙古高原大陆气团控制。春季干旱多风，夏季炎热而雨量集中，秋季凉爽短促，冬季漫长而寒冷。保护区的土壤属于风沙土、草甸土、草炭土和水稻土。

据统计，保护区维管束植物共91科324属564种及变种，其中野生植物共84科300属499种，人工引种植物共18科37属65种。兽类共有6目16科38种。鸟类共有16目46科190种。两栖爬行动物共3目4科10种，其中两栖类1目2科5种，爬行类2目2科5种。鱼类共有1目3科11种。鲤形目鱼类种数最多。昆虫共有9目38科178种。共有大型真菌4纲8目31科67属108种。

十一、辽宁双台河区国家级自然保护区

辽宁双台河口国家级自然保护区位于辽宁省辽东湾北部盘锦市境内的双台子河入海口处，辽河三角洲的最南端。1987年经辽宁人民省政府批准建立省级自然保护区，1988年经国务院批准晋升为国家级自然保护区。主要以丹顶鹤（*Grus japonensis*）、白鹤（*Grus leucogeranus*）等珍稀水禽和海岸河口湾湿地生态系统为保护对象的自然生物类的野生动物类型自然保护区。

双台河口保护区地处中纬度地带，属于北温带半湿润季风性气候区。土壤以沼泽土和盐土、潮滩土为主，由于受长年积水影响，土壤透气性差，养分分解慢；又因土壤含盐量高，影响植物根系对土壤养分的代换吸收，造成土壤养分大量积累。

双台河口保护区湿地植物物种数量相对较丰富。高等植物区系属华北植物区，受区域湿地环境影响，分布的植物种类比较多，主要由盐沼和耐盐植物组成。保护区内分布有维管束植物128种，多为草本种类，其中，芦苇为分布面积最广阔的优势种类。

双台河口保护区野生动物资源十分丰富。保护区记录到甲壳类动物有5目22科49种，其中十足目种数最多，有38种，占绝对优势。软体类动物有4纲12目26科63种，其中双壳纲的动物有42种，在该类群中占67%。鱼类资源软骨鱼纲有4目4科5种，硬骨鱼纲有15目、53科、119种；鲤形目与鲈形目拥有的物种数分别是25种与39种，其占种数的比例分别为21%与33%。浮游动物、棘皮动物与寡毛类动物分别有51种、21种与11种。昆虫为保护区目前所了解的最大物种类群，共计有11目77科299种；鳞翅目为该昆虫类群中最大的目，共有26科144种；鞘翅目次之，有20科69种。保护区记录到野生兽类哺乳纲动物有8目12科22种；其中啮齿目有9种，为哺乳动物纲中物种最多的目；两栖爬行类动物有无尾目和有鳞目，共有15种。保护区记录到鸟类有18目59科269种；雀形目为鸟类物种数最多的目，共有27科105种；鸻形目次之，有8科58种。

双台河口保护区位于东北亚地区鸟类迁徙通道上，是海岸河口原生湿地生态系统，其类型包括原生芦苇沼泽、碱蓬沼泽、翅碱蓬沼泽、潮间滩涂等鸟类栖息地，对维护地区生态安全至关重要。

十二、辽宁努鲁儿虎山国家级自然保护区

辽宁努鲁儿虎山自然保护区位于辽宁、内蒙古两省区交界处的朝阳县北部古山子乡境内，原名是辽宁产劈山沟自然保护区。保护区2000年经由朝阳市人民政府批准建立，2001年经辽宁省人民政府批准晋升为省级自然保护区，2006年经国务院批准晋升为国家级自然保护区，是一个以蒙古栎为建群种的落叶阔叶林生态系统和丰富动植物资源为主要保护对象的自然保护区。

努鲁儿虎山自然保护区植被丰富，有维管束植物97科412属1015种，代表建群种有：油松（*Pinus tabulaeformis*）、蒙古栎（*Quecusmongolica*）、山杨（*Populus davidiana*）、糠椴（*Tilia miqueliana*）、紫椴（*Tilia amurensis*）、花曲柳（*Fraxinus rhynchophylla*）、山杏等，其中有国家二级重点保护野生植物野大豆（*Glycine soja*）、紫椴（*Tilia amurensis*）、水曲柳（*Fraxinus mandschurica*）、黄檗（*Phellodendron amurense*）4种；在动物资源方面，有脊椎动物5纲27目69科354种，其中兽类6目15科37种；包括国家一级保护野生动物金雕（*Aquila chrysaetos*）、大鸨（*Otis tarda*）两种，国家二级保护动物大天鹅（*Cygnus cygnus*）、凤头蜂鹰（*Pernis ptilorhynchus*）、黑鸢（*Milvus migrans*）等32种，并有各种鸟类15目43科共266种，其中水禽80多种，旅鸟120种，鸟类总数在我省首屈一指，形成了丰富多彩的动植物世界；爬行类3目4科14种；鱼类2目4科32种。另外，还有昆虫11目78科506种。

十三、北票市鸟化石国家级自然保护区

北票市鸟化石国家级自然保护区位于北票市上园镇，1997年5月经辽宁省人民政府批准建立省级自然保护区，1998年8月经国务院批准晋升为国家级自然保护区。保护区是以中生代晚期义县组凝灰质砂面岩地层中鸟类等古生物化石资源为主要保护对象的自然遗迹类古生物化石类型自然保护区。

辽宁北票鸟化石自然保护区地处辽西山地丘陵区，最高海拔449.3m，区内完备的中生代地层及其所含门类众多的化石，在全世界占有极其重要的地位。目前，已陆续发现鸟类化石（11属、14种）250余块，其中华龙鸟、原始祖鸟被专家们认为接近于鸟类的始祖，远比德国始祖鸟为早，孔子鸟的时代也基本可与德国的始祖鸟相比，这一发现从根本上动摇了古生物界认为德国始祖鸟是一切鸟类祖先的传统看法，为解开生命发展史中世界四大难题之一鸟类起源与早期演化的重大理论问题取得了突破，因而使世界科学界为之震惊。

辽宁北票鸟化石自然保护区不仅产出重要的鸟类化石，而且还发现众多门类的其他化石。计有6个门、14个纲、20类化石，动物化石除鸟类外，还有爬行类、鱼类、叶肢介类、介形虫类、昆虫类、双壳类和腹足类，此外还有蛋及足印类化石，共3个门、8个纲、46个属、83种。植物化石从蕨类植物到高等的被子植物计2个门、3个亚门、6个纲以及分类位置不明的硅化木、种子及孢子花粉化石等。化石种类之多、数量之大，世所罕见。国内外专家认为，该地区极有可能既是鱼类和某些昆虫类群的起源和演化中心，也是鸟类起源和早期演化区域。北票鸟化石群自然保护区的建立，对研究古地理、古气候、古生态，特别是研究生命从水中到陆地，从水中到空中的演化，具有重大的科学意义。

十四、辽宁省白狼山国家级自然保护区

葫芦岛白狼山自然保护区位于辽宁省葫芦岛市建昌县境内，地处我国燕山山脉最东侧余脉之一的松岭山系上。保护区于2001年07月由建昌县政府批准建立，2002年晋升为省级，2011年4月16日晋升为国家级自然保护区，是以森林生态系统及栖息动物为主要保护对象的永久性森林生态系统类型自然保护区。

保护区地处中纬度内陆地区，属温带半湿润半干旱大陆性季风气候。冬季寒冷而干燥，春季干旱少雨大风多，夏季酷热多雨，秋季晴朗凉爽。气候主要特点是：冬长夏短，温差较大。保护区夏季天气温暖，雨量较多，水热同季为森林植被的生长发育创造了良好的条件。

据最新的科考结果表明，白狼山自然保护区内有高等植物151科496属996种（含变

种），维管植物120科420属845种（含变种）。其中，苔藓植物31科76属151种；蕨类植物14科22属42种；裸子植物3科7属10种；被子植物103科391属793种。此外，还有大型真菌19科32属40种。保护区被子植物占绝对优势，其次是苔藓植物、大型真菌和蕨类植物，裸子植物最少。

经调查证实白狼山自然保护区拥有国家林业局公布（1999年）的《国家重点保护野生植物名录》第一批名录中的国家二级保护植物3种；国务院环境保护委员会修订发布（1987年）的《中国珍稀濒危保护植物名录》中的珍稀濒危保护植物4种；国家发布（1988年）的《国家保护野生植物名录》中Ⅱ级保护植物4种；辽宁省发布的辽宁濒危保护植物11种。属国家级保护保护植物的有野大豆（*Glycine soja*）、黄檗（*Phellodendron amurense*），紫椴（*Tilia amurensis*）、核桃楸（*Juglans mandshurica*），黄芪（*Astragalus membranaceus*）。

白狼山自然保护区内保留了较为完整的山地森林生态系统，自然条件相对优越，复杂多样的地理条件也为生存在保护区的野生动物提供了多种多样的栖息环境。据调查白狼山自然保护区共有脊椎动物26目 56科221种。其中包括兽类有6目13科29种；鱼类2目3科23种，鸟类15目、33科、152种；爬行动物有2目4科12种；两栖动物有1目3科5种。此外，无脊椎动物的昆虫有11目83科482种。保护区内共有国家重点保护动物 17种，其中，国家Ⅰ级重点保护野生动物 1种，国家Ⅱ级重点保护野生动物 16种。

参考文献

[1]李书心. 辽宁植物志（上）[M]. 沈阳：辽宁科学技术出版社，1988.

[2]李书心. 辽宁植物志（下）[M]. 沈阳：辽宁科学技术出版社，1992.

[3]傅沛云. 东北植物检索表（第二版）[M]. 北京：科学出版杜，1995.

[3]中国科学院植物研究所. 中国高等植物图鉴（第1~5册）[M]. 北京：科学出版社，1985.

[4]中国科学院植物研究所. 中国高等植物科属检索表[M]. 北京：科学出版社，1979.

[5]郑万钧. 中国树木志[M]. 北京：中国林业出版社，1984.

[6]李扬汉. 中国杂草志[M]. 北京：中国农业出版社，1998.

[7]内蒙古植物志编辑委员会. 内蒙古植物志（第五卷）[M]. 呼和浩特：内蒙古人民出版社，1980.

[9]王文和. 种子植物野外实习手册[M]. 沈阳：辽宁民族出社，2000.

附图

植物

1. 水生植物

沉水植物：狐尾藻*Myriophyllum verticillatum*

浮叶植物：荇菜*Nymphoides peltatum*

漂浮植物：紫萍*Spirodela polyrhiza*

挺水植物：莲*Nelumbo nucifera* 国家Ⅱ级

挺水植物：芦苇*Phragmites australis*　盘辽河口国家级自然保护区（2020-10-9）

2. 湿生植物

点地梅*Androsace umbellata*

看麦娘*Alopecurus aequalis*

盒子草*Actinostemma tenerum*

旋覆花*Inula japonica*

犬问荆*Equisetum palustre* 沈阳朱尔山辽河干流段（2020-5-15）

3. 旱生植物

马齿苋*Portulaca oleracea*

莓叶委陵菜*Potentilla fragarioides*

田旋花*Convolvulus arvensis*

曼陀罗*Datura stramonium*

狗尾草*Setaria viridis* 沈阳石佛寺（2021-9-27）

4. 中生植物

飞廉 *Carduus nutans*

胡桃楸 *Juglans mandshurica*

鸦葱 *Takhtajaniantha austriaca*

野西瓜苗 *Hibiscus trionum*

假苍耳 *Cyclachaena xanthiifolia* 阜新西苍土（2020-9-6）

5. 盐生植物

白刺*Nitraria tangutorum*

碱蓬*Suaeda glauca*

中华补血草*Limonium sinense*

珊瑚菜*Glehnia littoralis*

翅碱蓬*Suaeda pterantha* 盘锦辽河口国家级自然保护区（2014-9-3）

6. 沙生植物

圆叶藜*Chenopodium strictum*

少花蒺藜草*Cenchrus spinifex*

砂引草*Tournefortia sibirica*

肾叶打碗花*Calystegia soldanella*

砂钻薹草*Carex kobomugi* 葫芦岛绥中
止锚湾（2017-5-7）

7. 高山植物

东亚仙女木*Dryas octopetala* var. *asiatica*

库页红景天*Rhodiola sachalinensis*

高山龙胆*Gentiana algida*

叶状苞杜鹃*Rhododendron redowskianum*

长白山牛皮杜鹃群落

8. 腐生植物

双蕊兰*Diplandrorchis sinica*

双蕊兰生境

松下兰*Monotropa hypopitys*

松下兰生境

9. 寄生植物

列当*Orobanche coerulescens*

列当和寄主茵陈蒿

金灯藤*Cuscuta japonica*

金灯藤和寄主柳树

槲寄生*Viscum coloratum*

槲寄生和寄主榆树

10. 入侵植物

意大利苍耳*Xanthium strumarium*

圆叶牵牛*Pharbitis purpurea*

三裂叶豚草*Ambrosia trifida*

刺萼龙葵*Solanum rostratum*

刺萼龙葵群落

11. 附生植物

鼓槌石斛*Dendrobium chrysotoxum*

巢蕨*Asplenium nidus*

星蕨（*Microsorum punctatum*）+肾蕨（*Nephrolepis cordifolia*）+巢蕨（*Asplenium nidus*）

野生的铁皮石斛*Dendrobium moniliforme*

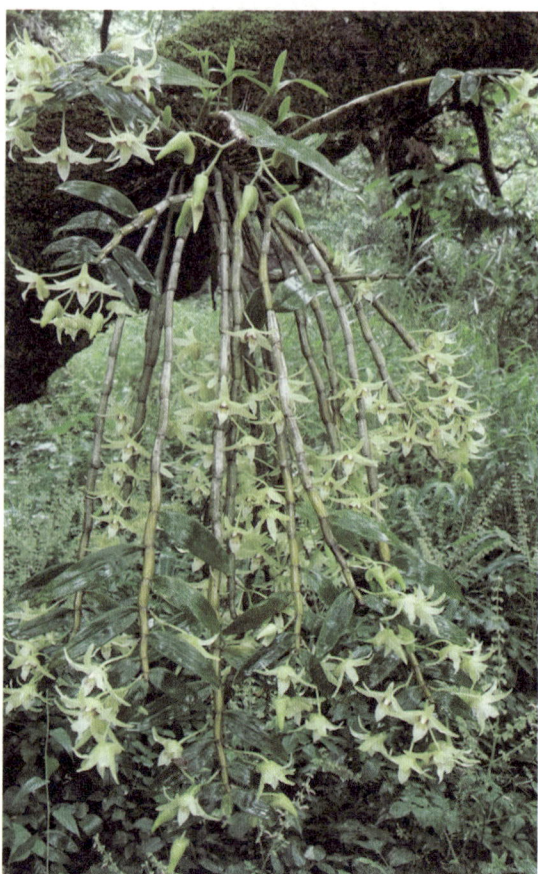

铁皮石斛*Dendrobium officinale*

鸟类

1. 走禽类

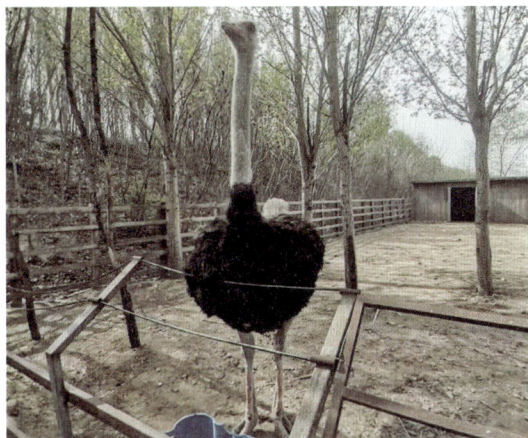

鸸鹋*Dromaius novaehollandiae*

2. 陆禽类

雉鸡*Phasianus colchicus*

3. 鸣禽类

赤胸鸫*Turdus chrysolaus*

大山雀*Parus major*

4. 攀禽类

普通翠鸟*Alcedo atthis*

白鹤*Grus leucogeranus*

大斑啄木鸟*Dendrocopos major*

丹顶鹤*Grus japonensis*

5. 涉禽类

白头鹤*Grus monachal*

白骨顶*Fulica atra*

白琵鹭 *Platalea leucorodia*

大白鹭 *Ardea alba*

苍鹭 *Ardea cinerea*

池鹭 *Ardeola bacchus*

草鹭 *Ardea purpurea*

大麻鳽 *Botaurus stellaris*

东方白鹳*Ciconia boyciana*

大杓鹬*Numenius madagascariensis*

白腰杓鹬*Numenius arquata*

翻石鹬*Arenaria interpres*

斑尾塍鹬*Limosa lapponica*

黑尾塍鹬*Limosa limosa*

红脚鹬*Tringa totanus*

凤头麦鸡*Vanellus vanellus*

6. 游禽类

反嘴鹬*Recurvirostra avosetta*

白额雁*Anser albifrons*

黑翅长脚鹬*Himantopus Himantopus*

豆雁*Anser fabalis*

斑嘴鸭*Anas zonorhyncha*

红头潜鸭*Aythya ferina*

赤麻鸭*Tadorna ferruginea*

凤头潜鸭*Aythya fuligula*

大天鹅*Cygnus cygnus*

凤头䴙䴘*Podiceps cristatus*

7. 猛禽类

黑嘴鸥*Larus saundersi*

白尾鹞*Circus cyaneus*